基因工程原理与技术

韦宇拓　编著

北京大学出版社
PEKING UNIVERSITY PRESS

图书在版编目（CIP）数据

基因工程原理与技术/韦宇拓编著.—北京：北京大学出版社，2017.5
ISBN 978-7-301-28283-0

Ⅰ.①基… Ⅱ.①韦… Ⅲ.①基因工程—高等学校—教材 Ⅳ.①Q78

中国版本图书馆 CIP 数据核字（2017）第 078563 号

书　　　　名	基因工程原理与技术
	JIYIN GONGCHENG YUANLI YU JISHU
著 作 责 任 者	韦宇拓　编著
责 任 编 辑	黄　炜
标 准 书 号	ISBN 978-7-301-28283-0
出 版 发 行	北京大学出版社
地　　　　址	北京市海淀区成府路 205 号　100871
网　　　　址	http://www.pup.cn　新浪微博：@北京大学出版社
电 子 信 箱	zpup@pup.cn
电　　　　话	邮购部 62752015　发行部 62750672　编辑部 62754271
印 刷 者	北京宏伟双华印刷有限公司
经 销 者	新华书店
	787 毫米×1092 毫米　16 开本　14.5 印张　380 千字
	2017 年 5 月第 1 版　2020 年 6 月第 2 次印刷
定　　　　价	39.00 元

开 卷 语

基因工程是 20 世纪 70 年代发展起来的一门综合学科，又称体外 DNA 重组技术。它是在基因分子水平上的人为的遗传工程。既然称为一门工程学科，就注定了它的诞生是多学科交叉、综合和积累的产物，因而更多地表现为应用型技术手段。这种技术手段有助于促进人们对生命起源和本质过程等重大生物科学问题的更深层次的探索，也使人类大幅度改善生活质量和延长寿命成为可能，并为解决人类面临的环境和资源等一系列问题提供新的手段。

20 世纪 70 年代出现的基因工程和单克隆抗体技术孕育并开启了现代生物技术的发展进程，以基因工程为核心，结合新兴的蛋白质工程、细胞工程、酶工程和发酵工程，共同形成的现代生物技术，有力地推动了生物技术及其产业的发展。目前，生物技术是全球发展最快的高新技术之一。从 20 世纪 80 年代以来，生物技术产业化经历了医药生物技术、农业生物技术和工业生物技术发展的三次浪潮，并作为高新技术广泛应用于农业、医药、环保、轻化工等重要领域，对提高人类健康水平、农牧业和工业产量与质量，解决资源、能源与环境问题，以及人类的可持续发展发挥着越来越重要的作用。

2000 年 6 月 26 日，美、英、德、日、法、中六国科学家同时向全世界宣布，人类基因组工作草图绘制完毕，这意味着生命科学的研究实现了历史性的"阿波罗登月"，这是达尔文时代以来生物学领域最重大的突破之一，它给人类带来吉祥的福音，也拉动了以基因为载体的新型经济——生物经济的发展。生物经济是以生命科学与生物技术研究开发与应用为基础的、建立在生物技术产品和产业之上的经济，是一个与农业经济、工业经济、信息经济相对应的新的经济形态。随着生命科学和生物技术的持续创新与重大突破，具有先导性、战略性地位的生物产业蓬勃发展，将催生生物经济时代的来临。生物产业在经济社会的可持续发展和人类健康上的重大作用，已经成为人们的共识，并被全世界各国政府所重视。

基因工程作为一种 DNA 重组技术，是现代生物技术的上游核心技术，已经与生物科学、医学、农学和林学等相关学科密切融合，成为这些领域非常重要的技术和基本知识，因此全国许多高校的相关本科专业都开设了《基因工程原理》课程，并将此作为生物技术和生物工程专业学生的专业必修课，同时配套了相关的实验课。

自 20 世纪 90 年代以来，国内不少的分子生物学研究领域的前辈和知名学者先后出版或者翻译了不少基因工程原理或相关的书籍和教材，为我国高校的《基因工程原理》这一课程教学和发展作出了巨大的贡献。

《基因工程原理》是一门理论性和实验性都较强的基础课程，更是一门综合性很强的课程，理论知识具有前沿性、抽象度高、跨度大和整体性强的特点，其涉及的很多实验技术和方法具有高、精、尖的特点。基因工程实验是以操作技术为主的实验，但是这些操作技术是在基因工程的基本原理指导下进行的，涉及生化、遗传、分子生物学、医学、物理化学、计算机等领域的理论知识。

正是由于《基因工程原理》课程具有包含的理论知识多、层次多、跨领域等特点,加上开设的实验课程,多是采用"喂食"式教学方法,教师对实验过程和结果的控制过强,学生容易走过场,因此,希望通过实验过程加强学生对基因工程原理的理解和掌握效果不够理想。

本书作者长期从事本科《基因工程原理》的课程教学,对这门课程进行了一定教学改革和探索,在总结长期教学经验的过程中特地编著了本书。书中增加了基因工程原理中的基础操作技术原理方面的内容,希望通过本书的教学,能够提高学生对基因工程各种理论知识的理解,能在实验过程知道为什么要这样做,如何去做。

由于作者水平和时间有限,书中可能存在错误和不足的地方,敬请广大读者批评和指正。希望能和广大同仁共同努力,为本科《基因工程原理》的课程教学作出绵薄的贡献。本书在编著过程参考了大量前人的书籍、教材和文献,不能一一列出,笔者在此表示衷心的感谢!

韦宇拓

2016 年 10 月于广西南宁

目　　录

第一章　基因工程实验室基本要求和常规仪器设备

基因工程又称DNA重组技术,其发展得益于分子生物学研究的迅速发展,分子生物学研究要想获得突破性研究成果,同样不仅要有先进的科学理念和良好的实验设计,也要依赖先进的技术和高、精、尖的仪器设备以及良好的实验环境。分子生物学实验特点是:涉及的实验对象很多是微观和微量的,容易受到外来微量物质的干扰和污染;操作程序多,容易产生交叉污染;使用的试剂有的具有易燃、有毒、有腐蚀性或易产生污染等特点;使用的仪器和设备有很多是精密的分析、控制仪器,因此对实验室环境清洁度的要求很高,对水、电和药品的使用安全性也有很高的要求。本章就所涉及的分子生物学实验室对环境的基本要求和常规的仪器设备的使用方法进行简单的概述。

第一节　实验室安全和基本环境要求

以分子生物学为基础的基因工程实验会涉及微生物和具有生物活性的生物因子,有些是可使人、动物和植物致病的生物因子;还会涉及一些有潜在生物危险、可燃、易燃、具有腐蚀性、有毒、放射和起破坏作用的、对人和环境有害的危险废弃物。中华人民共和国国家质量监督检验检疫总局制定《实验室生物安全通用要求》标准,该标准规定了实验室生物安全管理和实验室的建设原则,同时,还规定了生物安全分级、实验室设施设备的配置、个人防护和实验室安全行为的要求等。

一、实验室生物安全

1. 生物安全

生物安全(biosafety)是为了避免危险生物因子造成实验室人员暴露,向实验室外扩散并导致危害的综合措施。根据生物安全性水平,实验室可分为:基础实验室,一级生物安全水平;基础实验室,二级生物安全水平;防护实验室,三级生物安全水平;最高防护实验室,四级生物安全水平。不同的实验室对实验室环境有不同的要求,一、二级实验室对环境要求较低,实验室可以开窗,不需要空气过滤系统,但必须要有相应的防火、防漏电和污染防护设施,实验台面应该防火和耐一定的高温、耐酸碱和耐腐蚀,还要有通风橱等基础防护设施,生物实验室的通风设备设计不完善或实验过程个人安全保护存在漏洞会使生物细菌毒素扩散传播,带来污染,甚至带来严重不良后果。

对于生物安全等级为三、四级的实验室,需要执行更为严格的安全防范措施,并建立相关的责任追究制度。三、四级实验室对环境的控制要求是非常严格的,除了要求实验室具有严格安全操作程序以外,还要进行物理上的隔离,并且能够进行密封消毒,必须具有特殊的空气双过滤系统、生物安全柜和排放液体消毒系统,甚至还要具有人员安全监控条件。这类实验室也必须由专门的机构按照世界卫生组织(WHO)生物安全性要求来建造。

实验室的生物安全性要符合中华人民共和国国家标准(GB 19489—2004)《实验室生物安全通用要求》(Laboratories-General Requirements for Biosafety)规定。标准规定了实验室生物安全管理和实验室的建设原则,同时,还规定了生物安全分级、实验室设施设备的配置、个人防护和实验室安全行为的要求,该标准为最低要求,实验室还应同时符合国家其他相关规定的要求。例如,2003 年 SARS 流行后,许多生物实验室加强对 SARS 病毒的研究,之后报道的 SARS 感染病例多是因管理不善,致使科研工作者在实验室研究时被感染所致。

2. 生物性污染

生物性污染包括生物废弃物污染和生物细菌毒素的污染,如一些带致病因子的实验用生物材料废弃物(如血液、尿、粪便、痰液和呕吐物等)。开展生物性实验的实验室会产生大量含高浓度有害微生物的培养液、培养基、使用过的实验用品和器材以及细菌阳性标本等,如未经适当的灭菌处理而直接外排,就有可能造成严重的后果。

3. 生物性污染防止措施

生物类废物应根据其病源特性、物理特性选择合适的容器和地点,专人分类收集进行消毒、烧毁处理,遵循日产日清的原则。

固体可燃性废物分类收集、处理,一律及时焚烧;固体非可燃性废物分类收集,可加漂白粉进行氯化消毒处理,满足消毒条件后作最终处置。一次性使用的制品如手套、帽子、工作物、口罩等使用后放入污物袋内集中烧毁;可重复利用的玻璃器材如玻片、吸管、玻璃瓶等可以用 1000～3000 mg/L 有效氯溶液浸泡 2～6 h,然后清洗重新使用或者废弃;盛标本的玻璃、塑料、搪瓷容器可煮沸 15 min,或者用 1000 mg/L 有效氯漂白粉澄清液浸泡 2～6 h,消毒后用洗涤剂及流水刷洗、沥干;用于微生物培养的容器,用高压蒸汽灭菌后使用。微生物检验时接种培养过的琼脂平板应高压蒸汽灭菌 30 min,趁热将琼脂废弃处理。尿、唾液、血液等生物样品,加漂白粉搅拌作用 2～4 h 后,倒入化粪池或厕所,或者进行焚烧处理。

二、实验室试剂安全

1. 试剂安全

大多数分子生物学实验室的生物安全性级别都处于一级和二级,对生物安全的要求较低,但是分子生物学实验室都经常会使用到一些有毒、有害的化学试剂,如核酸实验中使用的苯酚和溴化乙锭(ethidium bromide,EB),如果使用不当会造成自身伤害和环境污染。从某种程度上可以说,实验室实际上是一类典型的小型污染源,建设越多,污染越大,因此有必要对实验室中化学试剂的安全性有充分的了解,在实验工作中应该严格遵守安全规范,保护自己的健康。在实验操作前,应该着重了解哪些物质有害健康?是如何危害健康的?应该如何防范和后处理?其实了解了这些物质危害原理就能有的放矢地防范它。此外,在实验室可能会使用到易燃、易爆试剂,如易燃的气体(氢气)和液体(酒精和乙醚)等。可以说,在整个实验过程中潜伏着可产生各种意外的因素,实验人员在思想上应有足够的重视,需具备必要的实验室化学试剂使用的安全知识,掌握防范措施及急救方法。

分子生物学实验室一般的试剂污染可以分为化学物质污染和放射性物质污染两大类。按污染物形态可分为废水、废气和固体废物三种类型,废水如含 EB 的电泳液、培养物;废气如挥发性的酸、醛、醇、苯酚、汞等;固体废物如手套、吸头等。

2. 化学物质污染

化学物质污染包括实验过程中使用的各种有毒、有腐蚀性的化学试剂的污染,如,有机物污染、无机物污染、重金属及有毒化学物质污染等。

分子生物学实验室中的有机物污染主要是指有机试剂的污染,它们大多并不直接参与化学反应,而仅仅起到溶剂的作用,不过也包括反应过程中的中间产物。常见溶剂如三氯乙烷、苯酚;载体,如乙腈、丙烯酰胺等。

无机物污染有强酸、强碱的污染,包括酸类、酸酐及与水汽产生酸的物质,例如硫酸、氟氢酸、硝酸、盐酸、五氧化二磷、醋酸、醋酸酐、酰氯化合物等;碱类,如氢氧化钠、氢氧化钾、氨水(氨气)、有机胺类及水解生成氨的化合物,前三者对眼睛的危害较大。

重金属对人的毒性极大,而且在人体中的毒性具有累积性,重金属特别是汞、镉、铅、铬等具有显著的生物毒性,长期接触可致癌,它们在水体中不能被微生物降解,而只能发生各种形态的转化或分散、富集过程(即迁移)。重金属污染能因吸附沉淀作用而富集于排污口附近的底泥中,成为长期的次生污染源;能与水中各种无机配位体(氯离子、硫酸离子、氢氧根离子等)或有机配位体(腐蚀质等)形成有更大溶解度的重金属络合物或螯合物;重金属离子的价态不同,活性与毒性也不同,其形态又随 pH 和氧化还原状况的改变而改变;在微生物作用下,有的会转化为毒性更强的有机金属化合物(如洋-甲基汞);这些重金属可被生物富集,通过食物链进入人体,造成人体慢性中毒。

有毒化学药品是指那些吸入微量即能致死的化学药品,或者是大量接触可能对健康产生危害的化学物质,包括剧毒化学物质和致癌化学物质。在生物学实验中常用的有毒化学药品,如水银及汞盐、氰化物(氰氢酸、氰化钾等)、硫化氢、砷化物、叠氮钠、氟化钠、马钱子碱等都是属于剧毒化学药品,致死剂量很低。有些化学药品是致癌性药物,如 EB,具有强诱变致癌性;焦碳酸二乙酯(diethypyrocarbonate,DEPC)闻起来有香甜味,却是一种强有力的蛋白质变性剂,而且是致癌剂。在使用这些药物时一定要戴一次性手套,实验过程中注意操作规范,不要随便触摸别的物品。有些化学物质虽然毒性不如剧毒化学药品,但过量接触或者长期接触也会对健康产生巨大的危害,甚至危及生命。如苯能深入骨髓,损害造血器官,引起患者全身无力、贫血、白细胞降低等;卤代烷能使肝、肾及神经受损害,钡盐损害骨骼,汞盐损害大脑中枢神经等。有些化学药品如乙醚、氯仿等对人会有麻醉作用,有些会引起一些人的过敏反应,最常见的是接触性皮炎。苯甲基磺酰氟(PMSF)具有神经毒性,是一种高强度的胆碱酯酶抑制剂,它对呼吸道黏膜、眼睛和皮肤有非常大的破坏性,使用者可因吸入、吞下或皮肤吸收而致命。放线菌素 D 是一种致畸剂和致癌剂。α-鹅膏蕈毒环肽具有强毒性,可能致命。N,N'-亚甲双丙烯酰胺有毒,影响中枢神经系统。甲醛毒性较大且易挥发,也是一种致癌剂,易通过皮肤吸收,对眼睛、黏膜和上呼吸道有刺激和损伤作用作。β-巯基乙醇可致命,对呼吸道、皮肤和眼睛有伤害作用。甲醇有毒,能引起失明。乙腈是一种刺激物和化学窒息剂,易挥发易燃,在通风橱中操作时应远离高温和明火。浓乙酸可能因为吸入或皮肤吸收而使实验人员受到伤害,因此,操作时应戴手套和护目镜,最好在化学通风橱中进行。过硫酸铵对黏膜和上呼吸道、眼睛和皮肤又较大危害性,吸入可致命,操作时戴手套、护目镜,始终在通风橱中操作。

还有一些其他有毒化学物质也是很危险的,如一氧化碳可与红细胞结合,氰化物可阻断血液中氧的利用,硫化氢能使呼吸中枢和血管中枢神经的麻痹。硫化氢的毒性不比氰化氢低,吸入高浓度的硫化氢气体会导致气喘,脸色苍白,肌肉痉挛,长时间在低浓度硫化氢条件下工作,也可能造成人员窒息死亡。当硫化氢浓度大于 700 ppm[①] 时,人很快失去知觉,几秒钟后就会窒息,呼吸和心脏停止工作,如果未及时抢救,会迅速死亡;而当硫化氢浓度大于 2000 ppm 时,人只需吸一口气,就可能立即死亡。

生物化学实验中有些较为激烈的反应和操作还具有一定的危险性,因此如要使用到一些有毒的化学药品和有一定危险性的操作,一定要参照生物实验室安全性常识(化学药品篇)进行。

3. 减少实验室化学物质污染的措施

实验室只宜存放少量短期内需用的药品。化学药品建议按无机物、有机物、生物培养剂分类存放。无机物按酸、碱、盐分类存放,盐类按金属活跃性顺序分类存放;生物培养剂按培养菌群不同分类存放。属于危险化学药品中的剧毒品应放在专门的毒品柜中,由专人加锁保管,实行领用经申请、审批、双人登记签字的化学试剂的使用管理制度,要遵循既有利于使用,又要保证安全的原则,管好、用好化学药品,加强安全教育。

为防止实验室的污染扩散,应遵循的污染物一般处理原则为:分类收集、存放,分别集中处理。尽可能采用废物回收以及固化、焚烧处理等方式,在实际工作中选择合适的方法进行处理,尽可能减少废物量,减少污染,废弃物排放应符合国家有关排放标准的要求。

减少实验室化学物质污染的措施如下:

① 提高认识,制订技术规范,加强管理,积极减少化学污染。

② 改进实验条件,使操作者得到有效防护,实验废弃物得到有效处理。

③ 改进实验方法,在保证实验效果的前提下,减小实验规模;用较温和的反应和安全操作代替剧烈反应和有危险的操作;使用无污染或者低污染、低毒试剂来替换高污染和高毒试剂。例如,在选用溶剂方面,优先考虑毒性较小的乙醇、丙酮、石油醚;用较安全的二氯甲烷、乙醇代替剧毒的苯、氯仿、四氯化碳等。

4. 放射物质污染

放射物质是指放射性比活度大于 7.4×10^4 Bq/kg 的物品,按其放射性大小细分为一级放射性物品、二级放射性物品和三级放射性物品。实验室常用的放射性同位素诸如 ^{131}I、^{125}I、^{32}P(可产生高能量之 β-射线)、^{35}S、^{133}Xe、^{67}Ga 等属于一级低放射性物质,对于二级放射性物品和三级放射性物品等高放射性物品如金属铀、六氟化铀、金属钍等,未经辐射物质管理部门批准,不得存放和使用。详细要求参照《放射性物品分类和目录》。

放射性物质具有放射性,能自发、不断地放出人们感觉器官不能觉察到的射线,放射

---

① ppm 为 parts per million 的缩写,表示百万分之一。

性物质放出的射线可分为四种：α射线，也叫甲种射线；β射线，也叫乙种射线；γ射线，也叫丙种射线；还有中子流，但是各种放射性物品放出的射线种类和强度不尽一致。各种射线对人体的危害都很大，许多放射性物品毒性很大。放射性物质的放射性不能用化学方法中和，只能设法把放射性物质清除或者用适当的材料予以吸收或将其屏蔽。

一般实验室的放射性废弃物为中低水平放射性废弃物，主要有放射性标记物、放射性标准溶液等。放射性废弃物的处理方法是将实验过程中产生的放射性废弃物收集在专门的容器中，外部标明醒目的标志，根据放射性同位素的半衰期长短，分别采用贮存一定时间使其衰变和化学沉淀浓缩或焚烧后掩埋处理。半衰期短的放射性同位素（如：^{131}I、^{32}P等）废弃物，用专门的容器密闭后，放置于专门的贮存室，放置 10 个半衰期后排放或者焚烧处理。放射性同位素的半衰期较长（如：^{59}Fe、^{60}Co 等）的废弃物，液体可用蒸发、离子交换、混凝剂共沉淀等方法浓缩，装入容器集中埋于放射性废物坑内。对于高反射性物质的废弃物处置要遵循国家的《放射性废物安全管理条例》。

5. 放射性物质安全防护措施

与放射性相关的实验必须要在专门的放射性实验室内进行，实验室要有严格的放射性实验室的工作规则，并定期接受相关管理部门的检查。

放射性物质安全防护的基本原则：避免放射性物质进入体内和污染身体；减少人体接受来自外部辐射的剂量；尽量减少以致杜绝放射性物质扩散造成的危害；放射性废弃物要储存在专用容器中。

6. 对来自体外辐射的防护措施

① 在实验中尽量减少放射性物质的用量，选择放射性同位素时，应在满足实验要求的情况下，尽量选用危险性小的种类。

② 实验时力求迅速，操作力求简便熟练。实验前最好预做模拟或空白试验。有条件时，可以几个人共同分担一定任务。不要在有放射性物质（特别是 β、γ 射线）的附近做不必要的停留，尽量减少被辐射的时间。

③ 由于人体所受的辐射剂量大小与接触放射性物质的距离的平方成反比。因此在操作时，可利用各种夹具，增大接触距离，减少被辐射量。

④ 创造条件设置隔离屏障。一般密度较大的金属材料如铅、铁等对 γ 射线的遮挡性能较好，密度较轻的材料如石蜡、硼砂等对中子的遮挡性能较好；β 射线、x 射性较容易被遮挡，一般可用铅玻璃或塑料遮挡。隔离屏蔽可以是全隔离，可以是部分隔离；可以做成固定的，也可做成活动的，依各自的需要选择设置。

7. 防止放射性物质进入体内的预防措施

① 防止放射性物质由消化系统进入体内。禁止在实验室吃、喝、吸烟，工作时必须戴防护手套、口罩，实验中绝对禁止用口吸取溶液或口腔接触任何物品，工作完毕立即洗手漱口。

② 防止放射性物质由呼吸系统进入体内。实验室应有良好的通风条件，实验中煮沸、烘干、蒸发等均应在通风橱中进行，处理粉末物应在防护箱中进行，必要时还应戴过滤型呼吸器。实验室应用吸尘器或拖把经常清扫，以保持高度清洁，遇有污染物应慎重妥善处理。

③ 防止放射性物质通过皮肤进入体内。实验中应小心仔细,不要让仪器物品,特别是沾有放射性物质的部分割破皮肤。操作应戴手套,遇有小伤口时,一定要妥善包扎好,戴好手套再工作,伤口较大时,应停止工作。

④ 所有使用放射物质的操作过程,应在铺有可弃式吸收材料的托盘或实验桌上进行。

三、实验室的环境条件要求

实验的仪器设备和环境条件对实验结果的准确性和有效性将产生重要影响,一个好的实验环境,会给实验带来更为精确的结果。实验室根据不同的仪器设备要求和不同的实验要求,设置相应的实验环境并加以控制,确保实验结果准确有效。

1. 实验室环境条件基本要求

实验室的标准温度为 20～25℃,实验室内的相对湿度一般应保持在 50%～70%。除了特殊实验室外,温、湿度对大多数理化实验影响不大,但是对一些对环境要求很高的仪器设备或者检测方法,特别要注意实验室的环境条件出现的异常,例如,环境的温度和湿度不能满足某些仪器对温度、湿度的要求,超过仪器规定范围且明显影响检测结果时,要注意是否会对设备造成损坏或者影响到实验结果。实验室的防噪音、防震、防尘、防腐蚀、防火、防磁与屏蔽等方面的环境条件应符合仪器设备以及在室内开展的实验项目对环境条件的要求,如天平室和精密仪器室对温、湿度的控制较为严格。对一些对环境要求很高的仪器设备还要对实验室开门和进入人数进行控制,以免引起室内温度、湿度的波动变化。由于无菌操作的要求,实验过程中经常使用酒精灯,因此,微生物学实验室不能安装吊扇。

实验室应保持整齐洁净,每天工作结束后要进行必要的清理,定期擦拭仪器设备,仪器设备使用完后应将器具及其附件摆放整齐,盖上仪器罩或防尘布,一切用电的仪器设备使用完毕后均应切断电源。

电力是实验室的重要动力,一般的用电和实验用电必须分开,实验室对电源的首要要求是电源的安全性、可靠性及连续性,要求提供稳压、恒频的电源。对一些精密、贵重仪器设备,要求提供稳压、恒流、稳频、抗干扰的电源;根据仪器设备的特殊要求,必要时须建立不中断供电系统,还要配备专用电源,如不间断电源(UPS)等。

水源是实验室重要的配置,因此操作区内必须设置有水源,用于标本处理(如细菌染色)的水槽与工作人员洗手用的水槽不能混用。水槽最好选用进口 PP 水槽,注塑模制压制一体成型,可装盛强酸、强碱,并配一个 PP 落水口片和 PP 提笼以方便维护。实验室水槽、下水管道应耐酸、碱及有机溶剂,并采取防堵塞、防渗漏措施。水槽安装处应有上、下水,水槽安装两个低位水龙头,一个高位水龙头。清理微生物或者有毒物质的实验室的洗手水嘴宜使用非触摸式红外感应水龙头,存在生物危险因素的微生物实验室等不得设置地漏。理化实验区内易受化学物质灼伤处,应设置洗眼器及紧急冲淋装置。严禁在实验室水槽中排放腐蚀及剧毒溶液,倾倒少量废液必须用大量水冲洗。每个实验室应设洗手池,且宜设置在靠近出口处。

2. 实验室的管理要求

实验室的水电和易燃物品的存放和使用都要符合消防安全要求;大型仪器设备要有

停水、停电保护，防止因电压波动或突然停电、停水造成仪器设备损坏；对于一些设备和仪器如高速离心机，如果操作不当会带来设备损坏甚至人身安全的，需要严格规范管理；实验室内严禁吸烟、吃零食、喝水和存放食物等，避免因误食引起的中毒事件发生。

此外，基因工程实验中的一些化学反应十分激烈，特别是存在易燃、易爆的条件时，因此，在整个实验过程中潜藏着发生各种意外的因素，实验人员在思想上要重视，需具备必要的化学试剂安全知识，掌握防范措施和基本的急救方法。

一个完整的标准的分子生物学实验室要求配备：实验室、仪器分析室、离心机室、细胞培养室、消毒和洗涤室。实验室可以细分为 DNA 实验室、RNA 实验室、蛋白质实验室等；仪器分析室也可以细分为暗室、电泳室、冷室、精密仪器室、放射性实验室等。不同的实验室根据实验具体情况进行合理的布置和严格的规范化管理，以达到良好的实验环境。

第二节　实验室常规仪器和设备

一个标准的分子生物学基础实验室要具有一般生物学实验室的常规仪器设备，还具有一些特殊用途的仪器设备，有些仪器一般较为精密，价格昂贵，需要遵守一定的使用规则，如果使用不当不仅得不到准确的实验结果，甚至会造成设备仪器的彻底损坏。常规仪器使用频率很高，正确的使用不仅可以获得更精确的实验结果，而且可以延长仪器设备的使用寿命，因此有必要对实验室主要常规仪器或者设备的功能和使用方法进行了解。本节主要是对基础的分子生物学实验使用到的常规仪器和设备的一般原理和使用注意事项进行概述。

一、离心机

1. 离心机的原理

根据物质的沉降系数、质量、密度等的不同，应用强大的离心力使物质分离、浓缩和提纯的方法称为离心。离心机（centrifuge）是实施离心技术的装置，离心机工作原理是通过旋转产生离心力使液相非均一系混合物（包括液-液系统，是由两种或几种互不相溶的液体所组成的乳浊液）、液-固系统（在液体中含有悬浮固体的悬浮液）、液-液-固系统等非均一系的混合物得以分开。

离心技术，特别是低温离心技术是分子生物学研究中必不可少的手段，是蛋白质、酶、核酸、病毒及细胞亚组分分离的最常用的方法之一，也是生化实验室中常用的分离、纯化或澄清的方法，尤其是超速冷冻离心已经成为研究生物大分子实验室中的常用技术方法，因此低温冷冻离心机是分子生物学研究中必备的重要仪器。

2. 离心机的种类

目前离心机已经发展出很多的种类，离心机根据不同特点分类也不一样，按照使用领域，离心机可分为工业用离心机和实验用离心机。工业离心机大量应用于化工、石油、食品、制药、选矿、煤炭、水处理和船舶等领域，包括三足式离心机、卧式螺旋推料离心机、盘片式分离机、管式分离机等。本节只重点介绍科研及分析中常用离心机的种类。

（1）按照使用目的分类。

实验用离心机按照使用目的可分为制备型离心机和分析型离心机两大类，它们由于用途不同，故其主要结构也有差异。制备型离心机主要用于分离，每次分离样品的容量比较大，可以用于获得目的产物。分析型离心机使用了特殊设计的转头和光学检测系统，以便连续地监视物质在一个离心场中的沉降过程，从而确定其物理性质。分析型超速离心机的转头是椭圆形的，以避免应力集中于孔处；此类转头通过一个有柔性的轴连接到一个高速的驱动装置上；转头在冷冻、真空的腔中旋转；转头上有 2～6 个装离心杯的小室，离心杯为扇形，由石英制成，可以上下透光；离心机中装有光学系统，在整个离心期间都能通过紫外吸收或折射率的变化监测离心杯中物质的沉降，在预定的期间可以拍摄沉降物质的照片。在分析离心杯中物质沉降情况时，在重颗粒和轻颗粒之间形成的界面就像一个折射的透镜，结果在检测系统的照相底板上产生了一个"峰"，由于沉降不断进行，界面向前推进，因此"峰"也移动，从"峰"移动的速度可以计算出样品颗粒的沉降速度。

分析型超速离心机的主要特点就是能在短时间内，用少量样品就可以得到一些重要信息，能够确定生物大分子是否存在、其大致的含量和沉降系数，结合界面扩散估计分子的大小，测定生物大分子的相对分子质量，检测生物大分子的构象变化，还能检测分子的不均一性及混合物中各组分的比例等。分析型离心机所配备的完善的柱面透镜光学系统、干涉光系统和紫外吸收扫描光学系统，结合特别配制的数据处理微机能自动计算沉降系数和相对分子质量等物理参数，也可以在离心过程中用离心机中的光学系统连续地监测样品的变化，达到分析样品纯度、形状和相对分子质量等性质的目的。不过，分析型离心机都是超速离心机，价格也较昂贵，不如制备型离心机那么常见，本节下文主要介绍的都是制备型离心机。

（2）按照转速大小分类。

离心机根据转子转速大小的不同可分为普通离心机、高速离心机和超速离心机三类。低速离心机一般转速在 4000 r/min 以下，台式小型低速离心机一般最大转速在 10 000 r/min 以下，最大相对离心力小于 $10\,000\times g$，主要是用于固、液相的沉降分离，转子有角式和外摆式。落地式低速离心机一般容量较大，一次能处理 6～12 L 样品，有些不带冷冻系统，于室温下操作，用于样品的初期日常处理，如细胞和较大细胞器的沉降等；有些带制冷系统的落地式低速离心机，即低速大容量冷冻离心机，可以用于收集需要低温条件的样品，如血液收集。

高速离心机的最大转速一般在 20 000～30 000 r/min 以下，最大相对离心力为 $90\,000\times g$ 左右，用于固、液相的沉降分离和互不相溶的液液分离，转头配有各种角式转头、荡平式转头、区带转头、垂直转头和大容量连续流动式转头。大型高速离心机一般都有制冷系统，有些离心机还有抽真空系统，目的都是为了消除高速旋转时转头与空气之间摩擦产生的热量，离心室的温度可以调节和维持在 0～4℃。高速冷冻离心机通常用于微生物菌体、细胞碎片、大细胞器、硫酸铵沉淀物和免疫沉淀物等的分离与纯化，但不能有效地沉降病毒、小细胞器（如核蛋白体）或单个分子。

超高速离心机的最高转速一般在 30 000 r/min 以上，最高可以达到 50 000～80 000 r/min 以上，相对离心力最大可达 $510\,000\times g$ 左右，目前微量超速离心机最高转速可达 150 000 r/min。超速离心机的转头具有角式、水平式、垂直式等多种类型,还有区带转头。超速离心机的出现,主要用于核酸、蛋白质和多糖等生物大分子、细胞器和病毒等的分离纯化,使生物科学的研究领域有了新的扩展。

超速离心机主要由温度控制、真空系统、转头以及驱动和速度控制系统组成,与普通离心机相比,其有消除转子与空气摩擦热的真空和冷却系统,有更为精确的温度和速度控制、监测系统,有保证转子正常运转的传动和制动装置等,此外还有一系列安全保护系统、制动系统及各种指示仪表等。与高速离心机的主要区别是,超速离心机装有真空系统,真空度可达到 1.33~3.99 kPa,这样就大大地减少了空气的摩擦阻力和摩擦所产生的高温。离心机的速度在 2000 r/min 以下时,空气与旋转转头之间的摩擦只产生少量的热,速度超过 20 000 r/min 时,由摩擦产生的热量明显增大,当速度在 40 000 r/min 以上时摩擦产生的热量就成为严重的问题,为此,将离心机的腔体密封,并由机械泵和扩散泵串联工作的真空泵系统将腔体抽成真空,这样使温度的变化小,易控制,摩擦力也会大大地降低,从而使得转子达到所需的超高转速。

超速离心机转速很高,产生的离心力极大,如果操作不当会造成机器损坏甚至可能会发生转头爆炸的严重事故(如过速和转头不平衡),所以超速离心机的离心腔是用能承受转头爆炸的装甲钢板密闭。为此使用超速离心机时,对转头和离心管的选用、操作步骤以及对使用后的保养维护都是极为严格的,应由受过专门培训的专人进行管理使用,不允许自行独立操作,使用前一定要认真仔细阅读手册。

离心机按是否具有温度控制系统可以分为普通离心机和冷冻离心机;按照转头的容量可以分为大型离心机(5 L 以上)和小型离心机(2 mL 以下),因此冷冻离心机有大型冷冻和小型冷冻离心机。小型冷冻离心机使用方便适合小量样品的离心。

3. 离心机的基本概念

(1)离心机的最高转速。

离心机的最高转速是离心机可以达到的最高转速,也就是指可以用于该离心机的转头中,转速最高的数值。离心机必须是在离心机的最高转速以下使用。

(2)转头的最高转速。

转头的最高转速是指转头盖上标明的转速。使用某一离心机转头时,必须要在该转头标定的转速以下使用。但是要特别注意,同一转头在不同型号的离心机中使用,不一定都能达到转头的最高转速,所以要考虑转头的最高允许转速。

(3)转头的最高允许转速。

转头的最高允许转速是指转头在某一特定的条件下允许使用的最高转速。在实际使用中,转头的最高允许转速低于转头的最高转速。转头的最高允许转速和离心机型号、离心管帽的材质、离心管是否装满、离心样品的密度及是否用适配器等有关。样品密度不超过 1.2 g/mL 时,转头的最高允许转速和离心管形状、材料、厚度有关,注意,同样的离心管在不同转头中使用,最高允许转速也可能不同。样品密度超过了 1.2 g/mL 时

$$转头的允许转速 = \frac{转头的最高允许转速 \times 1.2}{样品的平均密度 \times 2}$$

但此公式不适用于密度梯度离心。选择最高转速应仔细阅读离心机使用说明书、转头说明书,根据转头的参数结合实际使用情况确定转头的最高允许转速。

（4）转头 K 系数。

转头 K 系数是转头的一个特性指标，它取决于转头的形状，由离心管腔的最大离心半径和最小离心半径决定。K 系数是表征转头沉降效率高低的最直观参数，K 值越小，离心效率越高，离心实验所需的时间越短。

$$K = \frac{2.53 \times 10^{11} \times \ln\left(\frac{R_{\max}}{R_{\min}}\right)}{n}$$

$R_{\max}$：转头的最大半径，cm；$R_{\min}$：转头的最小半径，cm；n：转头的转速，r/min。

在离心时，特别是需要长时间离心时，可以通过 K 系数估算离心的沉降时间。

$$t = K/S$$

t：离心时间，h；K：实际转速下的转头 K 值；S：粒子的沉降系数。

转头的 K 值可以查表得到，选择合适的转头，在离心管允许不加满的条件下，可以通过减少各个管内样品，降低 K 值，缩短离心时间。

利用已知转头的实验条件，使用另一个离心机或者另一个转头分离相同样品时，可以查到转头的 K 系数，利用公式 $T_1/T_2 = K_1/K_2$ 来估算离心时间。这样就可以根据文献资料提供的离心条件，使用现有的转头马上建立相应实验条件。

（5）转速。

转速的定义有两种表示方法：n，单位为 r/min，即 rpm；角速度，即每秒转过的弧度数（ω）。

弧度即为弧长等于半径的圆弧所对的圆心角，$1\omega = 2\pi \times v /60 = 0.10472$ r/min。

（6）离心力。

离心力不仅为转速的函数，也是离心半径的函数，转速相同时，离心半径越长，离心力越大，故仅以转速表示离心力是不科学的。n 是指每分钟转数（revolutions per minute），单位为 r/min；RCF（relative centrifugal force）是指在离心场中作用于颗粒的离心力相当于地球重力的倍数，单位是重力加速度"g"，例如 $5000 \times g$，则表示相对离心力为 5000。

n 与 RCF 的换算公式为：

$$RCF = 11.18 \times (n/1000)^2 \times R \times g$$

例如：水平离心机半径 $R = 16$ cm，$n = 3500$ r/min 时，其 $RCF = 2200 \times g$。

水平离心机半径 $R = 8$ cm，$n = 15000$ r/min 时，其 $RCF = 20\,000 \times g$，

R：半径，即离心机轴中央到水平离心机试管底部的距离，或到垂直式离心机试管中央的距离，cm；n：转速，r/min；g：重力加速度。

可见 RCF 值是转数值的平方的函数，增加 41% 的转数就可使 RCF 提高 2 倍，所以一般情况下，低速离心时常以转数"n"来表示，高速离心时则以 RCF 来表示更为科学。RCF 值在离心管内并不是处处相等，靠近转子外侧处的值最大（$R_{\max}$），靠近中心轴处的值最小（$R_{\min}$）。计算颗粒的相对离心力时，应注意离心管与旋转轴中心的距离"R"不同，即沉降颗粒在离心管中所处位置不同，则所受离心力也不同，因此在报告超离心条件时，通常总是用地心引力的倍数"$\times g$"代替每分钟转数 n，因为它可以真实地反映颗粒在离心管内不同位置的离心力及其动态变化。科技文献中离心力的数据通常是指其平均值（RCF_{av}），即离心管中点的离心力，应用中，习惯上所说的 RCF 值都是指旋转的平均半径（R_{av}）。

4. 离心机转头的类型

离心机转头是离心机可更换选配的构件,一般都配有许多不同类型或规格的转头以适应不同的离心目的,有些品牌的大型离心机有 10 多种转头可以选配,厂家也往往提供各种转头的材料、容量等的详细参数。常用的转头有以下几种类型。

（1）定角转头。

定角转头也称角式转头,是指离心管腔与转轴成一定倾角的转头,其上有 4～32 个装离心管用的离心管腔,孔穴的中心轴与旋转轴之间的夹角在 $20°\sim40°$ 之间,夹角越大,沉淀越结实,分离效果越好。定角转头主要应用于基本的离心沉降实验（差分离心）,悬液中的成分经过离心,部分成分会沉降到试管底部,部分成分保留在上清液中,根据有效成分的不同,或者取上清液,或者取沉淀物。

定角转头是由一块完整的金属构成的整体,因此强度好,结构稳定,重心低,运转平衡,使用安全,寿命较长,操作方便。定角转头还具有较大的容量,可用于较高的转速,定角转头的孔体积从 0.2 mL 到 1 L 不等,相对离心力（RCF）可以从几个 g 到 $1\,000\,000\times g$。

就定角转头而言,K 值低,效率高。由于沉降路径短,沉淀颗粒时定角转头比水平转头的效率更高,因此,各种实验中均广泛使用定角转头。定角转头也是种类最多和使用最广泛的转头类型,许多高速离心机及微量离心机,特别是最常用的桌面小型离心机大多使用定角转头。选择何种定角转头取决于实验所需要的 RCF 值以及离心容量的多少,一般说来,转头大小和转头的最高转速成反比,即转头容量越大,其最高转速越低,如果要获得较高的 RCF 值就要选用容量小的转头。选择转头的另一个关键参数是转头的 K 系数,K 越小,离心效率越高。颗粒在沉降时先沿离心力方向撞向离心管,然后再沿管壁滑向管底,因此管的一侧就会出现颗粒沉积,这种现象称为壁效应,壁效应容易使沉降颗粒受突然变速所产生的对流扰乱,影响分离效果。另一方面,转头的角度越小产生向上的划向力就会随之增加,这会使转头上部部件离心时因承受较大的侧向力而可能造成损害,这与垂直转头上盖有时产生损坏的原因相同。转头角度越小,相对高度就越高,样品质心的高度相对就高,产生不平衡力时不平衡弯矩的危害就大,这将使离心机转轴承受附加的不平衡力作用,使离心时产生振动现象,这样在实验中引起样品区带搅动,影响实验效果,也会影响到仪器的使用精度和仪器寿命。

（2）水平式转头,也称吊篮式转头。

水平转头也称吊篮式转头,由转头主体、吊桶（离心套管）和耳轴三部分组成,离心管放置在吊桶中,吊桶是轴对称地挂在转子上。转头主体可以安装到离心机驱动轴上,一般具有 4 或 6 个转头臂,耳轴位于转头臂上,用于悬挂吊桶。吊桶是可自由活动的,转头静止时吊桶垂直悬挂,当转头转速达到 200～800 r/min 时吊桶处于水平位置。

水平式转头最适合做密度梯度区带离心,其优点是梯度物质可放在保持垂直的离心管中,离心时被分离的样品带垂直于离心管纵轴,而不像角式转头中样品沉淀物的界面与离心管成一定角度,因而有利于离心结束后由管内分层取出已分离的各样品带。此外,水平式转头为离心半径（即最小离心半径试管内梯度液的顶部到最大离心半径试管底部的距离）最大,离心样品的距离最长,可以使不同的成分充分分离。由于水平转头在运转过程中吊篮与离心轴成 $90°$,运行结束时吊篮又会恢复到静止位置,样品保持其起始方位,可以最大地减少样品沉降或区带的扰动。

水平式转头的缺点是颗粒沉降距离长,离心所需时间也长。水平转头也适合以较低转速分离大容量的样品,大容量水平转头可以根据所离心的离心管尺寸规格选配相应的适配器(塑料套筒),根据离心容器的不同还可以选择其他的附件(最多一次离心可处理12 L样品),某些吊篮还可提供密封盖,防止危险性生物样品在离心过程中产生气溶胶危害。水平转头用于低速离心机,其主要缺陷是延长了沉淀的路径,同时,减速过程中产生的对流会引起沉淀物的重新悬浮。水平式转头可应用于生物工程产物高批量离心、大量离心真空采血管、大容量培养细胞的收获离心等。

速率区带离心(根据不同成分的质量或大小的差异进行分离)或等密度梯度离心(根据不同成分的密度差异进行分离)时水平转头具有优势,因为离心半径足够长,可以使不同的成分充分分离。

(3)垂直转头。

垂直转头的离心管是垂直放置,样品颗粒的沉降距离最短,离心所需时间也短,适合用于密度梯度区带离心,离心结束后液面和样品区带要作90°转向,因而降速要慢。垂直转头是一类专用的转头,最常用在超速离心中的等密度梯度离心,特别是做DNA-氯化铯条带离心。在等密度梯度离心中,待分离成分的密度位于密度液的梯度范围内,通过离心该成分将最终保持在与其密度相等的梯度液中。等密度离心的效果不取决于离心路径的长短,而是取决于离心时间,离心时间需要够长,以使得待分离成分进入与其密度相等的梯度液中。

垂直转头具有很小的 K 值(通常为 $5\sim25$),换句话说,待分离成分只需要移动很短的一段路径即可以沉降(在这种情况下是形成条带),因此大大缩短了离心时间。选择垂直转头时,同样需要根据实验所需的容量和转速选择相应的转头。当利用高速及超高速离心机进行等密度梯度离心时,垂直转头在沉淀没有形成之前不能用来收集悬浮液中的颗粒。

(4)区带转头。

区带转头无离心管,主要由一个转子桶和一个可旋开的顶盖组成,转子桶中装有十字形隔板装置,把桶内分隔成四个或多个扇形小室,隔板内有导管,梯度液或样品液从转头中央的进液管泵入,通过这些导管分布到转子四周,转头内的隔板可保持样品带和梯度介质的稳定。沉降的样品颗粒在区带转头中的沉降情况不同于角式和水平式转头,在径向的散射离心力作用下,颗粒的沉降距离不变,因此区带转头的"壁效应"极小,可以避免区带和沉降颗粒的紊乱,分离效果好,而且还有转速高,容量大,回收梯度容易和不影响分辨率的优点,使超离心用于制备和工业生产成为可能。区带转头的缺点是样品和介质直接接触转头,转头耐腐蚀要求高,操作复杂。

(5)连续流动转头。

连续流动转头可用于大量培养液或提取液的浓缩与分离。转头与区带转头类似,由转子桶和有入口和出口的转头盖及附属装置组成,离心时样品液由入口连续流入转头,在离心力作用下,悬浮颗粒沉降于转子桶壁,上清液由出口流出。

在上述转头中,角式转头和水平转头是最常用的,无论是台式离心机、落地大容量离心机,还是落地高速离心机都在大量使用,垂直转头主要用于超速离心机。大多离心机可以配用不同的转头,可以根据实验需要改变转头或使用一个与各种的吊桶/适配器相配的转头。

5. 转头的护理

做好离心转头的日常维护,可以延长转头的使用寿命,还可以减少转头事故的发生。转头每次使用之后,要用水清洗后晾干。如果有污物,可以用温和的洗涤剂、柔软的布条或刷子清洁不易出去的残留物,注意不要使用金属工具进行清洁。如果用于危险性的生物样品的离心,运行结束之后必须消毒,注意不同转头材质不同,适用的消毒剂不同,必须选择合适的消毒剂。比如,漂白剂可以用于碳纤转头,但不能用于铝合金转头。所有转头厂商都有相关的可与其转头兼容的消毒剂的使用指南,需要仔细地阅读所提供的相关文件。

在一些情况下,转头需要用高压或紫外线灭菌。所有材质的转头,无论是碳纤转头、铝合金转头和钛合金转头均可以高压灭菌。所以高压灭菌是最简单、最通用的灭菌方法。如果不能用高压灭菌,需要与转头产家咨询合适的消毒剂。

除了转头主体需要护理,大多数转头含有一些其他附件,包括 O-形密封圈、转头螺丝等,也需要经常进行护理。O-形密封圈防止样品泄漏,必须经常润滑,大多数去污剂和消毒剂都会去除润滑脂,所以在清洗或消毒之后,必须对 O-形密封圈进行干燥处理并重新润滑,重复地清洁和高压灭菌会造成 O-形密封圈老化,因此,需要注意更换新的 O-形密封圈。转头或转头盖的固定螺丝及螺帽需要经常用柔软的绸布清洁以去除残留污物,可涂抹一层薄的原厂家提供的润滑油,以有效减少螺纹的磨损。定时检查转头固定螺帽,如果发现有缺口或磨损,需要通知转头厂家的工程师及时更换。超速转头都有厂家推荐的使用寿命,分别根据使用时间或运行的次数而定。

6. 转子平衡

离心机工作会产生巨大的离心力,转速越高,离心力越大。一个 35 mL 盛满液体的离心管在 $3000 \times g$ RCF 的加速下旋转,其有效重量要大于一个大块头的成年男子,如果转子不平衡,会使离心机产生剧烈的振动,甚至会导致转轴及转子组件损坏。因此,为确保离心机的安全运转,在离心前必须要平衡转头,绝对不可以用目测来平衡离心管,通常的原则是用托盘天平平衡所有样品管,差值控制在 1% 以内或更少。特别要注意:对于高速离心机采用两两等重对称,并成偶数对称放入的平衡方式,对于悬挂式转头,每个转头必须挂回固定的位置。

7. 离心管的选择

离心管有各种大小(1.5 mL 到 1000 mL),各种规格,所用材料也不一样,应当根据离心的目的和要求来选择合适的离心管,选择离心管时应考虑以下一些因素。

① 容量:由样品的体积决定,需要注意在有些应用中(如密度梯度离心),离心管必须装满。

② 形状:收集沉淀时,用锥型底的离心管较好,而进行密度梯度离心时用圆底的离心管效果会更好。

③ 最大离心力:离心管能承受的最大离心力的详细信息由厂家提供,在进行高速离心,特别是超高速离心时更要考虑离心管能承受的最大离心力。

④ 耐腐蚀性:玻璃离心管是耐腐蚀性能最好的离心管材料,玻璃的组成成分不同而其强度也不同,普通的钠玻璃不能耐受 $3000 \times g$ 以上的离心力,而硼硅酸盐玻璃能承受

10 000 ×g 以上；聚碳酸酯像玻璃一样透明，它的机械强度很高而且还能进行高压灭菌，但是它对很多溶剂很敏感，特别对如乙醇、丙酮以及酚等敏感，包括很多实验室用洗涤剂在内的碱性溶剂都可腐蚀它，对部分转头用的抛光剂和核酸酶抑制剂，如焦碳酸二乙酯也敏感。聚碳酸酯是一种很脆的材料，在超速离心机里甚至用 1～2 次就可能出现裂纹，因此使用前要仔细观察以确认无裂纹后才能使用。聚丙烯和结晶型塑料这两种材料的性能类似，而结晶型塑料的耐腐蚀性更好并更透明，但比聚碳酸酯稍差一些，这两种材料都可在 120℃高压灭菌 30 min，这两种材料都比聚碳酸酯软，可用穿刺法抽取样品区带。除了以上几种材料，还有聚砜和纤维素酯等材料的离心管，对于自己不熟悉的材料制成的离心管，一定要仔细阅读使用说明书。

此外还要考虑离心管的能否灭菌、透明度、能否穿刺和管帽等，一次性塑料离心管出厂时通常是消过毒的，玻璃及聚丙烯管可重复灭菌使用，多次高压灭菌可能会导致聚碳酸酯崩裂或变形；玻璃管和聚碳酸酯是透明的，而聚丙烯管为半透明；若要用穿刺管壁的方法收集样品，纤维素乙酸管和聚丙烯管相对较好，它们易于被注射管针头刺穿；大多数角式及垂直管式转头要求离心管有管帽，用于防止使用过程中样品漏出并在离心过程中支撑离心管，防止其离心时变形。特别要注意：对于放射性样品，即使是低速离心也一定要配管帽，并且要使用与所用离心管配套的管帽。

8. 大型离心机的使用注意事项

① 大型离心机应放置在水平且坚固的地面上，应至少距墙 10 cm 以上并具有良好的通风环境，周围空气应呈中性，且无导电性灰尘、易燃气体和腐蚀性气体，环境温度应在 0～30℃之间，相对湿度小于 80%。离心机应始终处于水平位置，外接电源系统的电压要匹配，并要求有良好的接地线，机器不使用时，要拔掉电源插头。大型离心机需要进行严格的水平调节后方可使用，在移动后一定要再次进行水平调节后方可使用。

② 开机前应检查转头安装是否牢固，机腔中有无异物掉入。

③ 样品应预先平衡，使用离心筒离心时离心筒与样品应同时平衡。

④ 挥发性或腐蚀性液体离心时，应使用带盖的离心管，并确保液体不外漏以免腐蚀机腔或造成事故。

⑤ 除工作温度、运转速度和运转时间外，不要随意更改机器的工作参数，以免影响机器性能，转速设定不得超过最高转速，以确保机器安全运转。

⑥ 不得在机器运转过程中或转子未停稳的情况下打开盖门，以免发生事故。

⑦ 每次操作完毕应做好使用情况记录，并定期对机器各项性能进行检修并进行转头的维护。

二、电泳仪电源系统

1. 电泳仪种类

电泳技术主要用于分离各种有机物（如氨基酸、多肽、蛋白质、脂类、核苷酸、核酸等）和无机盐；也可用于分析某种物质纯度，还可用于相对分子质量的测定。电泳技术是分子生物学研究不可缺少的重要分析手段，特别是凝胶电泳技术在分离蛋白质、核酸等生物大分子方面发挥较大的作用。

电泳系统就是进行电泳的配套仪器设备,由电泳仪(电源)和电泳槽(电泳装置)两部分组成。电泳仪是电泳分析系统的电源部分,电泳槽是电泳系统核心部分,其系统的迅猛发展主要也是体现在电泳槽上。电泳技术的飞速发展,电泳系统的种类也不断出现,如双向电泳、变性梯度凝胶电泳、蛋白质双向电泳、垂直电泳、水平电泳、脉冲场电泳、毛细管电泳、显微(细胞)电泳等。每种电泳系统的结构和操作方法有很大差异,大多需要专门的专业管理人员进行操作维护,这里不作详细的介绍,只对其电源做简单的介绍。

电泳仪按照其输出特点大致分为以下几类:

① 普通直流电源：这种电源稳压和稳流的精度较差,它是直接通过整流器把交流电源变为稳压直流电源,当交流电电压或负载电流发生变化时,整流器输出电压也会随之发生变化,一般用于对稳压、稳流不太高的电泳。

② 稳流稳压电源：电泳过程中维持电压或电流的稳定才能获得更好的分离和分析效果和实验重复性。在某些情况下稳流比稳压使用要多一些,电泳中电流不变,液体蒸发就少,在室温变化较大时用稳流得到的结果重复性较好。在提高电泳的电压时,可加快电泳速度,短时间可得到清楚的电泳图谱,但电压高会产生大量的热量,导致电泳缓冲液的水分蒸发,电泳液成分发生严重改变,所以应根据电泳的要求选择合适的电源。

③ 三恒电源：三恒电源指能进行恒压、恒流、恒功率控制的稳流电源。普通电泳仪仅有两个恒定参数,即电压和电流,现已出现了电压、电流、功率都可以恒定输出控制的三恒电泳仪,有些电泳仪可以设定一定的恒定输出程序,如先恒压一定时间,再恒定功率一定时间,这样可以根据电泳的需求设定一定的电泳条件来提高电泳的分离分析水平。

目前商品化的电泳仪的种类繁多,按照其用途和输出参数可以分成以下类型:

恒压：超高压($>$5000 V)、高压(1000～3000 V)、中压(500～1000 V)和低压($<$500 V)。

恒流：大电流($>$0.5 A)、中电流(0.1～0.5 A)和小电流($<$0.1 A)。

恒功率：大功率($>$200 W)、中功率(60～200 W)和小功率($<$60 W)。

2. 电泳仪的使用注意事项

不同的商家的电泳仪在一些附加功能上,如报警功能,断电后自动恢复等功能会不同,因此在使用过程中一定先仔细阅读使用说明书,还要注意以下事项:

① 首先用导线将电泳槽的两个电极与电泳仪的直流输出端连接,注意极性不要接反。

② 电泳仪通电进入工作状态后,禁止人体(特别是裸手)直接接触电极、电泳物及其他可能带电部分,也不能到电泳槽内取放东西,以免触电,如有需要应先断电,同时要求仪器必须有良好接地端,以防漏电。

③ 仪器通电后,不要临时增加或拔出输出导线插头,以防短路现象发生,虽然仪器内部附设有保险丝,但短路现象仍有可能导致仪器损坏。

④ 由于不同介质支持物的电阻值不同,电泳时所通过的电流量也不同,其泳动速度及电泳至终点所需时间也不同,故不同介质支持物的电泳不要同时在同一电泳仪上进行。

⑤ 在总电流不超过仪器额定电流时(最大电流范围),多个相同的电泳槽可以并联使用,但要注意不能超载,否则容易影响仪器寿命。此时最好采用稳压输出,以减少两槽之间的相互影响,对于要求高的电泳最好一个电泳槽单独使用一个电泳仪,不要把不同规格的电泳槽同时连接到一个电泳仪使用,以免相互影响。

⑥ 某些特殊情况下需检查仪器电泳输入情况时,允许在稳压状态下空载开机,但在稳流状态下必须先接好负载再开机,否则容易造成不必要的人为机器损坏。

⑦ 使用过程中发现异常现象,如较大噪音、放电或异常气味,须立即切断电源,进行检修,以免发生意外事故。

⑧ 对于高压和超高压的电泳仪,违规使用可能会带来更大的危险。

三、核酸紫外线观测仪

1. 核酸紫外线观测仪的结构和种类

核酸紫外线观测仪是核酸的检测、分析和回收的仪器,用于核酸琼脂糖凝胶电泳结果观测与切胶操作,是分子生物学核酸研究中不可缺少的工具。

核酸紫外线观测仪主要由紫外线灯管和石英滤光片组成,有的紫外线观测仪还配备有观察窗的暗箱,这样可以在没有暗室的条件进行观察,也可以对紫外线进行防护。

按照光线的照射方式,紫外线观测仪可以分为反射式和透射式两种。

反射式(也称直射式)的紫外线经过紫外滤光片,从上向下照射到胶面上再反射到观察人的眼里。一般来说反射式紫外线观测仪的紫外线光源较弱(一般只有两只灯管),波长较长(360 nm),观测 DNA 的灵敏度较低,紫外线对 DNA 的损伤较小,适合用于 DNA 的回收观察。

透射式紫外线观测仪是紫外线经过紫外滤光片由下向上透过凝胶再到观察者的眼里。透射式的紫外线光源较强(一般在 6 只灯管以上),波长较短(254 nm),观测 DNA 的灵敏度高,适合用于观测 DNA 电泳结果和进行结果拍照。需要注意的是,254 nm 短波长紫外线对 DNA 的损伤严重,核酸的荧光寿命也短,照射时间较长时褪色严重。目前已经有把两种功能结合在一起的多用途紫外线观测仪。

按照使用的方式,紫外线观测仪可以分为:

手提式:一般属于反射式紫外线观测仪,使用方便,可以对正在进行凝胶电泳的核酸进行原位观测。

台式:结构简单,但需要暗室进行观测。

暗箱式:与台式相似,加装有防紫外线观察窗的暗箱,因此不需要暗室就可以观测。

2. 紫外线观测仪的使用注意事项

紫外线滤色片易碎,不能和金属物体擦碰,不能受力,表面应保持干燥清洁,每次使用完毕要用干净纱布擦净,使其能保持正常透光,如表面有白色氧化物时,可用氧化铁红粉进行抛光清除。紫外线灯管在更换时不能直接用手接触、以免灯管被手上的痕量蛋白质玷污,造成紫外线失透。

在用紫外线光源时,要带好紫外线防护罩或防紫外线眼镜,以防紫外线对眼睛和皮肤造成灼伤,使用完毕后,应切断电源,清洁台面。

四、凝胶成像系统

1. 凝胶成像系统的构成

凝胶成像及分析系统是用于对电泳凝胶图像进行分析的系统,它利用图像采集系统将观察仪上显示的结果信息采集到计算机上,并配以相应的软件,可一次性完成 DNA、RNA、蛋白凝胶、薄层层析板等图像的成像和分析,最终可得到凝胶条带的峰值、蛋白质的相对分子质量或核酸的碱基对数、面积、高度、位置、体积或样品总量。凝胶成像系统可以快速而准确地记录下实验结果,并且可以方便地获得分析和组织实验的数据。凝胶成像系统包括以下系统组成:

① 暗室系统:由不透光的暗室构成。

② 图像采集系统:一般由可以调节的 CCD 照相机构成,图片大小最好在 1 M 以上,镜头上要加装紫外线滤镜(UV)和 590 nm 的带通型滤镜(Band Pass Filters,BP590),增强抗干扰性。

③ 紫外光观测系统:主要是由透射式的紫外线观测仪组成。

④ 计算机系统:运行图像采集系统和软件系统,采集并存储图像。

⑤ 软件分析系统:对图像中的电泳条带进行含量或大小的分析和比较。

2. 凝胶成像系统使用注意事项

使用凝胶成像系统要防止 EB 的污染,接触凝胶的手套,严禁接触成像系统暗室的门和电脑。系统使用完毕必须将胶块清理干净,保持暗箱和观测台的清洁。

暗箱体内潮湿,滤光片和镜头容易长霉产生污点,要定期查看滤光片、镜头,若存在污点,可用擦镜纸擦拭。电脑专机专用,并配备专门的移动存储器以拷贝数据,禁止上网,避免感染病毒。

五、超净工作台

1. 超净工作台的原理和构成

超净工作台实际上是一种能在局部造成高洁净度工作空间的层流(平行流)装置。其工作原理在于,空气在风机驱动下经预过滤器和高效过滤器除去空气中的微生物和尘埃颗粒,然后洁净的空气以垂直或水平层流状态通过操作区,使得操作区保持既无尘又无菌的环境。工作台由高效空气过滤器(使通过它的空气洁净)、风机(使箱体内的空气不断循环,更新)、箱体(隔离外界空气,并且为空气循环提供了风道)三个最基本的部分组成。它具有操作简单、舒适、工作效率高的特点,开机 10 min 以上即可操作,可随时使用,因而成为实验室无菌操作理想的设备。

超净工作台的洁净环境是在特定的空间内,洁净空气(过滤空气)按设定的方向流动而形成的。以气流方向来分,超净工作台可分为垂直式、内向外式以及侧向式。垂直式即工作区域的空气流动方向是垂直的,内向外式工作区域的空气流动方向由内向外;侧向式工作区域的空气流动方向由一侧向另一侧。从操作质量和对环境的影响来考虑,以垂直式较优越,所以在科研方面多见垂直流的超净工作台。

2. 超净工作台的结构和种类

对超净工作台而言,最主要的就是空气循环过滤的过程,这就是一切超净工作台为达到洁净目的采取的基本手段,在这个过程中,风机箱体内的空气不断地循环,更新;箱体的气密性使外界不洁的空气无法侵入,并且为空气循环提供了风道;高效空气过滤器捕捉空气中微生物和尘埃,使通过它的空气洁净。这里需要注意的是,超净工作台里不是处处都是洁净的,过滤器和空气循环模式只能保证空气离开过滤器出风口后在部分空间内是纯净的,一般这个空间被称为工作区域,只有在这个区域操作,才是安全的,而最脏的就是过滤器本身了。

超净工作台的空气循环模式决定了它的洁净度,空气循环模式有开环模式和闭环模式两种方式。

开环模式就是在每次循环中所有空气从外界采入并最终都回到环境中去。开环模式的超净工作台结构较简单,成本低廉,适合一般水平流式的超净工作台,但是风机和过滤器的负载较大,对其寿命会产生不良影响。同时完全开环的空气循环的洁净效率不高,且外排的空气可能会携带部分样本中的细菌等,可能会对环境造成危害,通常只用于洁净要求较低的或是无生物危害的场合。

闭环模式就是空气部分流过工作区域后经导流孔重新进入下一个循环过程,外排的气体已经过一个外排高效空气过滤器的过滤。闭环空气循环模式实际上是不完全封闭的气流循环,流过工作区域中,70%的气流经导流孔重新进入下一个循环过程,较外界吸入的空气而言,这些气体还是比较纯净的,这样过滤器的负载较小,寿命也会较长;30%的气流通过一个外排高效空气过滤器过滤后排放到外界,可以减少对环境空气的污染。

闭环模式超净工作台在箱体构造和空气过滤器上较开环模式复杂,闭环模式的超净工作台中,由供气滤板提供的洁净空气以一个特定的速度下降通过操作区,大约在操作区的中间分开,由前端空气吸入孔和后吸气窗吸走,在操作区的下部前后部吸入的空气混合在一起,并由鼓风机泵入后正压区,在机器的上部,30%的气体通过排气滤板从顶部排出,大约70%的气体通过供氧滤板重新进入操作区。为补充排气口排出的空气,同体积的空气通过操作口从房间空气中得到补充,这些空气绝对不会进入操作区,只是形成一个空气屏障。国产的超净工作台许多只有供气滤板,过滤空气进入操作区,形成一定的正压,空气从排气孔和操作口排出进入环境空气中,这种空气流动方式对周围环境和操作者都没有保护作用,但其生产成本较低。

3. 超净工作台的使用注意事项

要注意生物安全柜、通风柜、超净台的用途和使用上的区分。

生物安全柜(biological safety cabinets,BSCs)是为操作原代培养物、菌毒株以及诊断性标本等具有感染性的实验材料时,用来保护工作人员、实验室环境以及实验品,使其避免暴露于上述操作过程中可能产生的感染性气溶胶和溅出物而设计的。

通风柜(通风橱)是为在化学实验过程中清除腐蚀性化学气体和有毒烟雾而设计的。由于没有装备空气过滤器,通风柜不能有效清除微生物介质。

超净工作台(超净台)是为了保护试验品或产品而设计的,通过吹过工作区域的垂直或水平层流空气防止试验品或产品受到工作区域外粉尘或细菌的污染。

通风柜和超净工作台都不属于生物安全柜,不可在涉及感染性生物材料的实验或生产过程中使用。还要特别注意:在生物安全操作柜内禁止长时间使用酒精灯或火焰式的本生灯,因为持续燃烧所产生的热效会干扰生物安全操作柜内的气体层流,且火焰热气会大大缩短 HEPA 高效滤层的寿命。

超净工作台的使用还需注意以下事项:

① 超净工作台应安放于卫生条件较好的地方,便于清洁,操作间门窗能够密封以避免外界的污染空气对室内的影响。

② 工作台面上不要存放不必要的物品,以保持工作区内的洁净,做完实验移走所有物品并做好清洁。

③ 每次使用超净工作台时,应先开启超净工作台的紫外灯,照射 15 min 后使用。

④ 整个实验过程中,实验人员应按照无菌操作规程操作,实验结束后,用消毒液擦拭工作台面,关闭工作电源,重新开启紫外灯照射 15 min。

⑤ 超净工作台的滤材每 2 年更换一次,并作好更换记录。

⑥ 观测用的树脂有机玻璃,不能用手触摸,更不能用酒精擦洗,以免损坏影响观察,目前已有些超净工作台采用钢化玻璃来代替有机玻璃,但其阻挡紫外线较差,会对周围环境产生影响。

六、微量移液器

1. 微量移液器的种类

微量移液器(micropipet,俗称枪)是一种在一定容量范围内可随意调节的精密取液装置。其基本原理是依靠装置内活塞的上下移动调节移液量。气活塞的移动距离是通过调节轮来控制螺杆结构实现的,推动按钮,带动推动杆使活塞向下移动,排除活塞腔内的气体,松手后,活塞在复位弹簧的作用下恢复原位,从而完成一次吸液过程。微量移液器是分子生物学实验的必备工具,必须装上配套的吸头才能进行移取液体。

根据取样的容积是否连续,移液器可以分为固定容积移液器和可调连续量移液器。

固定容积移液器只有一个或两三个固定的量程,量程不可连续调节,属于早期的移液器。这些移液器可用于教学实验室中进行最常见样品容量的分配,每支移液器只能移取特定体积的溶液,每种型号都有其不同的颜色,方便鉴别。其特点是价格便宜,精度较高;缺点是不能调节容量。

可调连续量移液器装有容量调节器和直接读数容量计,取样容积是连续可调的。这类移液器使用方便,但精度高的产品价格较昂贵,都是依赖进口的产品。目前国产的移液器质量已经得到大幅度的提高,价格也低于进口产品,已被大多数实验室所使用。

可调连续量移液器在容量上实现可连续调节,但是为了保证移液器的精度、准确度和重复性,各品牌的微量移液器都配有多支不同量程规格的移液器,以实现更大范围的可连续容量调节。如吉尔森有 P2: 0.2～2 μL;P10: 0.5～10 μL;P20: 2～20 μL;P100: 20～100 μL;P200: 30～200 μL;P1000: 200～1000 μL 及大容量移液器 P5000: 1～5 mL 和 P10ML: 1～10 mL 共 8 种不同型号的移液器来实现 0.2 μL～10 mL 的可调容量。

其中型号 P20 的范围紧接 P2 的范围,并覆盖了 P10 大部分范围,但并不代表可以不要 P10,在同一操作范围中 P10 较 P20 更为精确,如 P10 的 2、5 和 10 μL 取样误差分别为

± 0.038、± 0.075 和 $\pm 0.1~\mu L$，而 P20 的 2 、5 μL 取样误差都为 $\pm 0.1~\mu L$。

微量移液器一般是利用精度来衡量其质量，移液器的精度一般是指准确性和重复性。对此，各品牌的表述并不一致，有的说是准确度和精密度，有的说是系统误差和偶然误差。所谓准确性，是指测定值与真实值（设定值）符合的程度，也就是测量值与真实值的差距大小。而在实际计算时，我们往往把设定值作为真实值（对于绝大多数移液器，其最大量程的准确性一般在 $\pm 1\%$ 左右）；所谓重复性，是指单次测定值与平均值符合的程度。随机选取一定数量的同型号移液器，分别取三个量程点（一般是移液器的最大量程、50% 量程和 10% 量程），重复一定次数测量后计算出每支移液器的精度值。微量移液器的校正可以用分析天平称量所取纯水的质量并进行计算的方法来校正移液器，1 mL 蒸馏水在 20℃ 的条件下为 0.9982 g，详细校正方法参照随移液器配套的相关说明书。

2. 微量移液器的取样程序

① 根据取样容积，选择适合量程的移液器，调节到所需要的量程。

② 将微量移液器装上吸头（不同规格的移液器用不同的吸头）。

③ 将微量移液器按钮轻轻压至第一停点。

④ 垂直握持微量移液器，使吸嘴浸入液面下几毫米，千万不要将吸嘴直接插到液体底部。

⑤ 缓慢、平稳地松开控制按钮，吸入样液。切忌太快松开控制按钮，容易导致液体倒吸入移液器内部，或使吸入体积减小。

⑥ 吸入样液后，等待 1 s，再将吸嘴提离液面，转移到需要加样的容器中。

⑦ 稍倾斜贴在容器壁，平稳地把按钮压到第一停点，再把按钮压至第二停点以排出剩余液体。

⑧ 提起移液器，然后按吸嘴弹射器除去吸嘴。

3. 微量移液器的使用注意事项

① 不同种类的移液器取样原理是一样的，但在控制取样的机械结构、吸头弹射装置和量程上，不同品牌或者不同型号的移液器会有很大的差异。随着科技及需求的发展，移液器已经涌现出很多新类型，有多通道的、自动（电动）吸样和加样的、电子加样器和分配器等许多新的类型。有些根据用途不同，材料也不同，如有些可以整体高温灭菌，有些只能部分高温灭菌或者不能高温灭菌，所以使用移液器前要先仔细阅读相关说明书。

② 移液体积必须在容量量程范围内，不可将容量计读数调节超其适用范围，尽可能选择中间容量与要取样体积相同的移液器，不同容量的移液器要选择对应的吸头。

③ 移液器调节容量时动作要平缓，不能过快，用力过大。当减少容量时，容量值从大到小缓慢调到所需设定值，小心不要超越刻度；增加容量时先调超过 1/3 圈，再按照容量值从大到小缓慢调到所设定值，小心不要超过刻度，这样可排除机械间隙，使设定量值准确。

④ 移液器使用完毕，将容量计调到最高值，使弹簧处于松弛状态，减小弹簧疲劳引起的误差。定期用蒸馏水或无水乙醇清洗密封圈、套筒和活塞，降低污染，延长移液器寿命。

⑤ 未装上吸嘴的移液器严禁直接吸取液体，吸嘴内尚存液体时勿将移液器平放或倒置，防止液体倒流进入移液器内部。

⑥ 安装吸嘴时稍加扭转压紧吸嘴,使之与套筒间无空气间隙。

⑦ 所要移取的液体温度不可超过 70℃。

⑧ 加微量样品时将吸嘴伸到液面以下并打匀,打匀样品时不要过快过猛。

⑨ 有些移液器连接吸头的套筒材料不耐氯仿,能被氯仿溶解,所以移取氯仿、丙酮或强腐蚀性的液体应该严格参照正确的方法操作,以免腐蚀损坏移液器。

⑩ 浓度和黏度大的液体,会产生误差,为消除其误差的补偿量,可由试验确定,补偿量可用调节旋钮改变读数窗的读数来设定。

七、pH(酸碱度)测量仪

1. pH 测量仪的原理

pH 测量仪也称酸度计,由电极和主机两部分组成。其工作原理是溶液的 pH 取决于溶液中氢离子的浓度,可以通过测量电极与被测溶液构成的电池电动势,得到被测溶液氢离子活度,也就是 pH。人们根据生产与生活的需要,科学地研究生产了许多型号 pH 测量仪,按仪器体积上分有笔式(迷你型)、便携式、台式还有在线连续监控测量的在线式,按测量精度上可分 0.2 级、0.1 级、0.01 级或更高精度的,本节就实验室常用的高精度 pH 测量仪器进行简单介绍。

2. pH 测量仪的使用方法和注意事项

pH 测量仪由主机和电极组成,不同品牌和型号的 pH 测量仪原理大致相似,但在主机构造、操作界面上,特别电源规格的使用上有所不同,配备的电极也不同,所以在安装使用前需要仔细阅读随机附带的说明书。电极在初次使用前要预处理,需要利用标准 pH 进行校正后再进行测量。

目前实验室使用的电极都是复合电极,其优点是使用方便,不受氧化性或还原性物质的影响,且平衡速度较快。使用时将电极加液口上所套的橡胶套和下端的橡皮套全取下,以保持电极内氯化钾溶液的液压差。下面就把电极的使用与维护简单作一介绍:

① 复合电极不用时,可充分浸泡在 3 mol/L KCl 溶液中,切忌用洗涤液或其他吸水性试剂浸洗。

② 使用前检查玻璃电极前端的球泡,正常情况下电极应该透明而无裂纹,球泡内要充满溶液,不能有气泡存在。

③ 测量浓度较大的溶液时,尽量缩短测量时间,用后仔细清洗,防止被测液黏附在电极上而污染电极。

④ 清洗电极后,不要用滤纸擦拭玻璃膜,而应用滤纸吸干,避免损坏玻璃薄膜,防止交叉污染,影响测量精度。

⑤ 测量中注意电极的 Ag-AgCl 内参比,电极应浸入到球泡内氯化物缓冲溶液中,避免电计显示部分出现数字乱跳现象,使用时注意将电极轻轻甩几下。

⑥ 电极不能用于强酸、强碱或其他腐蚀性溶液。

⑦ 严禁在脱水性介质如无水乙醇、重铬酸钾等溶液中使用。

3. 标准缓冲液的配制

酸度计所用的标准缓冲液的试剂容易提纯也比较稳定。常用的配制方法如下:

① pH 为 4.00 的标准缓冲液：称取在 105℃ 干燥 1 h 的邻苯二甲酸氢钾 5.07 g，加超纯水溶解，并定容至 500 mL。

② pH 为 6.88 的标准缓冲液：称取在 130℃ 干燥 2 h 的 KH_2PO_4 3.401 g，$Na_2HPO_4 \cdot 12H_2O$ 8.95 g 或 Na_2HPO_4 3.549 g，加超纯水溶解并定容至 500 mL。

③ pH 为 9.18 的标准缓冲液：称取硼酸钠（$Na_2B_4O_7 \cdot 10H_2O$）3.8144 g 或无水硼酸钠（$Na_2B_4O_7$）2.02 g，加超纯水溶解并定容至 100 mL。

八、超低温冰箱的使用

1. 超低温冰箱的原理

一般控制温度低于 −70℃ 的冰箱称为超低温冰箱（ultra-low temperature freezer），不同公司的产品其能达到的最低温度不同，常见的有 −60℃、−86℃ 和 −136℃，最低可以达到 −152℃。超低温冰箱是 20 世纪后期发展起来的用于生物样品或药品的低温保存和储藏的设备，在生物研究、临床、医药和工业等领域都具有广泛的用途。超低温冰箱可用于保存药物、疫苗、酶、激素、干细胞、血小板、精液、移植的皮肤以及从人体抽取的标本、植物种子的种质库、基因克隆库和一些重要的生物和化学试剂等。在分子克隆实验中，−70℃ 超低温冰箱被广泛用于储存感受态大肠杆菌、感受态细胞和 λ 噬菌体原种。

超低温冰箱一般采用二级制冷，第二级制冷的冷凝器和第一级制冷的蒸发器是放在一起的，感温探头为热敏电阻，根据阻值的大小（即温度的高低）在面板上显示不同的温度。接通电源时，当面板显示温度比设定的温度高时，第一级压缩机首先启动，第一级制冷系统开始工作，使得第二级制冷系统的冷凝器温度下降，即第二级的制冷剂温度下降，经几分钟的延时后，第二级制冷系统也开始工作，它的蒸发器在冰箱内壁，这可使冰箱内部温度下降很多，它的冷凝器放出的热量全部由第一级制冷系统的蒸发器吸收，第一级冷凝器放出的热量则散入空气中。当冰箱内部温度达到设定温度后，感温探头电阻把信息传出，控制继电器失电断开，两级制冷系统全部停止工作。当超低温冰箱内温度再次升高，超出设定的温度时，超低温冰箱再次重复上述运作过程，从而使冰箱内温度始终保持在设定的温度左右。

目前超低温还具备高温警报功能，停电、过滤网堵塞检测功能，自动输入补助功能以及样品安全性警报系统，微处理和模拟控制系统，二氧化碳备用系统和记录仪系统等设备运行保障功能。

一般考察超低温冰箱的性能时，应从最低制冷温度、体积大小、外形特点（卧式或立式）、压缩机噪声大小、震动幅度、箱体内的温度均一性、故障率（尤其是压缩机）和选配件种类等结合自己的使用要求和实验室的空间排布等情况进行全面考虑。使用者主要关注超低温冰箱的可靠性和能够满足不同样品的储存条件，包括温度和气体组成。此外，有些公司为了满足生物材料对温度均一性的较高要求，在冰箱货架中采用了用于冷却的金属圈，或者将货架设计为孔形，解决散热问题，提高冷冻速度和增加温度的一致性。

2. 使用超低温冰箱的注意事项

由于超低温冰箱一般放置的都是较为重要的实验材料，价格昂贵，维修需要专门的售后服务，一旦出现故障，很难及时维修，会给实验带来很大的麻烦，所以大多实验室都会对超低温冰箱的使用制订专门的规定和注意事项。正确的维护和使用对延长超低温冰箱的使用寿命尤为关键，不规范的使用可能会缩短其使用寿命甚至造成冰箱的损坏。

超低温冰箱最为关键的是对冰箱温度和用电的控制。另外，要保持室内通风和良好的散热环境，放置的环境温度需要在 5～32℃之间，否则冰箱会报警指示冷凝器过热，严重影响制冷效果甚至不制冷；相对湿度 80%（22℃）；供电电压 220 V（AC）要稳定，供电电流要保证至少在 15 A（AC）以上，不能经常停电。对于能达到的最低温度为−86℃的超低温冰箱，其设置最低温度可以根据需要最好设置在−60～−80℃之间，不宜设置到最低值。

超低温冰箱使用时还要注意以下事项：

① 使用超低温冰箱前，要首先仔细阅读设备的操作说明书。

② 超低温冰箱的安装必须由有资质的工程师完成，安装环境和电源符合产品的要求；冰箱周围位置空间要保持 30 cm 以上距离，保证散热。

③ 超低温冰箱运输搬动过后至少要静置 24 h 才能通电，以保证制冷剂全部回流到压缩机。一般来说搬动过程倾斜不要超过 45°，但如果超过 45°了需要慢慢地放下，再慢慢地竖起来，冰箱倾斜后至少要静置 24 h 才能通电。如果需要搬动冰箱，必须在冰箱温度低于−50℃时断电，不要在温度低于−50℃时候来回插拔电源。

④ 空冰箱不放入物品，通电开机，分阶段使冰箱先降温至−40℃，正常开停后再降到−60℃，正常开停 8 h 后再调到−80℃，观察冰箱能正常开停 24 h 以上，证明冷柜性能正常。

⑤ 第一次使用冰箱，等温度降到设置的最低温度时再把物品放入，取放物品开门时间不宜过长，长时间开门会造成冰箱温度上升过高，降温慢。因此需要配置样品储存编目系统，冰箱内码放的物品之间要留一定空隙，不得盖住温度传感器。注意经常要存取的样品请放在上面二层，需要长期保存且不经常存取的样品请放在下面二层，这样可保证开门时冷气不过度损耗，温度不会上升太快。

⑥ 定期清洁过滤网和散热片，频率根据环境而定，保证散热良好，定期清理门封上的冰和冰箱里的积霜。

第三节　实验室灭菌、消毒技术

消毒与灭菌是两个不同的概念，消毒是通过物理或化学方法杀死或除去部分微生物，如病原微生物、微生物营养体等，而对于芽孢或孢子则不起作用，因此它是部分和表面的；而灭菌是通过物理或化学方法杀死或除去所有的微生物，因此它是全部和彻底的。

一、物理方法

常用于消毒灭菌的物理因素有热力、紫外线、电离辐射、超声波、微波、等离子、超声波、过滤等。

1. 高温灭菌

高温可使微生物细胞内的蛋白质和酶类发生变性而失活，从而起到灭菌作用，所以利用高温进行灭菌是实验室最常用而又方便有效的方法。常用的高温灭菌方法可以分为干热灭菌法和湿热灭菌法。

干热灭菌法有灼烧灭菌法和干热空气灭菌法。灼烧灭菌也称灼烧灭菌,是直接用火焰把微生物烧死,灭菌简便、彻底、迅速、可靠,但使用范围有限,常用于各种金属的接种工具、镊子、试管口、瓶口、棉塞等的灭菌。对于玻璃、瓷制品,灼烧前应充分干燥,以免炸裂。利用酒精灯灼烧灭菌玻璃品时,由于酒精燃烧会产生水,灼烧时间过长容易使玻璃炸裂。干热空气灭菌法是利用烘箱热空气进行烘烤灭菌,操作时逐渐升温至 $140\sim160℃$,保持 $2\sim3$ h 即可达到灭菌目的。干热空气灭菌具有速度快、方便,是实验室中常用的一种方法,但仅适用于金属、玻璃器皿,不适用于培养基和塑料等器皿。

湿热灭菌法是指用饱和水蒸气、沸水或流通蒸汽进行灭菌的方法,以高温高压水蒸气为介质,由于蒸汽潜热大,穿透力强,容易使蛋白质变性或凝固,最终导致微生物的死亡,所以该法的灭菌效率比干热灭菌法高,是实验室和大规模生产过程中最常用的灭菌方法。在同样的温度下,湿热灭菌的效果比干热灭菌好,这是因为一方面细胞内蛋白质含水量高,容易变性;另一方面高温水蒸气对蛋白质有高度的穿透力,从而加速蛋白质变性而迅速死亡,因此灭菌效力高。湿热灭菌法可分为:巴氏消毒法、煮沸灭菌法、流通蒸汽灭菌法、间歇蒸汽灭菌法和高压蒸汽灭菌法,其中高压蒸汽灭菌法是最常用的灭菌法。

高压蒸汽灭菌的原理是:水的沸点随压力的增加而提高。把待灭菌的物品放在一个可密闭的加压蒸汽灭菌锅中,当水在密闭的容器中煮沸时,其蒸汽不能逸出,致使压力增加,水的沸点和温度也随之提高。在蒸汽压达到 103.4 kPa 时,加压蒸汽灭菌锅内的温度可达到 121℃,在这种情况下,微生物(包括芽孢)在 $15\sim20$ min 便会被杀死,从而达到物品灭菌的目的。如灭菌的对象是砂土、石蜡油等面积大、含菌多、传热差的物品,则应适当延长灭菌时间。

高压蒸汽灭菌在发酵工业、医疗保健、食品检测和微生物学实验室中最为常用,它适用于各种耐热、体积大的培养基的灭菌,也适用于玻璃器皿、工作服等物品的灭菌。在高压蒸汽灭菌中,要引起注意的一个问题是,在恒压之前,一定要排尽灭菌锅中的冷空气,否则表上的蒸汽压与蒸汽温度之间不具对应关系,会大大降低灭菌效果。

在灭菌过程要注意:不同的微生物或同种不同菌龄的微生物对高温的敏感性不同,多数微生物的营养体和病毒在 $50\sim65℃$,10 min 就会被杀死,但各种孢子、特别是芽孢最能抗热,其中抗热性最强的是嗜热脂肪芽孢杆菌,要在 121℃,12 min 才被杀死,对同种微生物来讲,幼龄菌比老龄菌对热更敏感。微生物的数量多少显然会影响灭菌的效果,数量越多,灭菌时间越长。培养基的成分与组成也会影响灭菌效果。一般地讲,蛋白质、糖或脂肪存在,则提高抗热性;pH 在 7 附近,抗热性最强,偏向两极,则抗热能力下降;而不同的盐类可能对灭菌产生不同的影响;固体培养基要比液体培养基灭菌时间长。灭菌包的大小也会影响灭菌效果,灭菌包不宜过大(以不大于 50 cm×30 cm×30 cm 为宜),不宜过紧,各包裹间要有间隙,使蒸汽能对流、渗透到包裹中央。

高压蒸汽灭菌对培养基无机盐、碳水化合物、氨基酸、渗压剂、植物激素和培养基渗透压、pH 等会产生一定的影响,因此在使用时要考虑高温是否会对培养的营养成分造成破坏。高压蒸汽灭菌对培养基成分的影响主要有以下几个方面:

第一,灭菌后培养基 pH 普遍下降,主要是由于糖分和其他营养成分在高温下分解为小分子的酸性物质所致。

第二,产生混浊或沉淀,这主要是由于一些离子发生化学反应而产生混浊或沉淀。例如 Ca^{2+} 与 PO_4^{3-} 结合,就会产生磷酸钙沉淀。

第三,不少培养基颜色加深,特别是糖和蛋白质一起灭菌,所以一般葡萄糖是采取单独灭菌,然后按需要浓度添加。

第四,体积和浓度有所变化,特别是延长灭菌时间时这一现象更严重,对于挥发性的液体,如酒精、甲醇不能采用高压蒸汽灭菌。

第五,营养成分有时受到破坏,特别是生物素和生长激素等不耐高温的物质,不适合高压蒸汽灭菌。

使用高压灭菌锅前除了认真阅读使用说明书外,还需注意:① 每次使用前检查灭菌锅内的水量,向锅内加水以达水位标记为度,切忌空烧或加水不足,中途烧干而引起爆炸事故。② 正确叠放物料:放入锅内灭菌的培养基、物料等,在叠放时需留缝隙,使蒸汽畅通,若叠放紧密,将阻碍蒸汽穿透,物料内外温度不均匀,造成"死角",致使灭菌不彻底。布类物品应放在金属类物品上,否则蒸汽遇冷凝聚成水珠,使包布受潮,阻碍蒸汽进入包裹中央,严重影响灭菌效果。③ 排尽冷空气:加热灭菌时打开排气阀,使锅内冷空气排出,当水沸腾有大量蒸汽冲出时再关闭排气阀。若灭菌锅内留有冷空气,受热后它很快膨胀,压力上升,使压力与温度产生差异,即压力高、温度低,形成假性蒸汽压,造成灭菌不彻底。④ 灭菌后自然降压:灭菌结束后任其自然缓慢降温减压,若排气减压太快,锅内产生负压,会使瓶、袋内压力瞬时大于锅内压力,造成料袋鼓气膨胀拉薄、胀破,或棉塞沾污、脱落等情况发生。灭菌时棉塞被冷凝水弄湿,则失去滤菌目的,同时易导致霉菌滋生。为防止潮湿,棉塞应朝外或朝上放置,避免与锅壁接触而被壁周下流的冷凝水沾湿,也可在瓶口上包扎薄膜或套上小型塑料袋。

2. 过滤灭菌

过滤灭菌是利用滤材阻留作用除去微生物的方法,它是利用细菌不能通过一定孔径滤器的性质,将液体或气体用加压或减压的方法,通过微孔滤器,滤除细菌。过滤灭菌不能杀灭微生物及其芽孢,所以过滤灭菌法称为滤过除菌法更为科学。

过滤法除菌常用于空气过滤和某些加热易挥发(如甲醇、乙醇等)或改变性质的液体(如生物素、抗生素等)的除菌。其效果取决于过滤材料的结构、特性、滤孔大小等因素,过滤除菌应选择孔径小于 $1~\mu m$ 的滤器。滤器的种类很多,可分为液体滤器和空气滤器。

空气过滤除菌的原理是微粒随气流通过滤层时,由于滤层纤维的层层阻碍,使气流出现无数次改变运动速度和方向的绕流运动,引起微粒与滤层纤维间产生惯性冲击、拦截、布朗扩散、重力沉降、静电引力等作用,进而把微粒滞留在纤维表面上,实现过滤的目的。灭菌过的容器一般用棉花塞堵在出口处,实际上就是起到过滤除去空气中的微生物,使进入容器的空气中没有微生物污染的作用。微生物学实验室使用的超净台也是用空气过滤法除菌。

用于空气过滤的介质有纤维状物或颗粒状物、过滤纸、微孔滤膜等各种类型。纤维状或颗粒过滤介质主要有棉花、玻璃纤维、活性炭等,棉花是较常用的空气过滤介质,要求有弹性,纤维长度适中;玻璃纤维直径小,不易折断,过滤效果好;活性炭要求质地坚硬,颗粒均匀。纤维状或颗粒过滤介质简单,经济实用,但存在体积大,装填费时费力,松紧度不易掌握,空气压降大等缺点。纸类过滤介质主要是玻璃纤维纸或有机合成纤维,6 张叠在一起使用,过滤效率高,压降小,缺点是强度不大,在受潮后更是如此。微孔滤膜类过滤介质的空隙小于 $0.5~\mu m$,甚至小于 $0.1~\mu m$,能将空气中的细菌真正滤去,也即绝对过滤,绝对过滤易于控制过滤后的空气质量,节约能量和时间,操作简便。微孔滤膜类过滤介质的价格相对较贵,所以通常在空气过滤之前应将空气中的油、水除去,以提高微孔滤膜类过滤介质的过滤效率和使用寿命。

液体过滤除菌是将要消毒的液体通过致密的过滤材料,以物理阻留的原理,去除其中的微生物。滤膜过滤器是使用最广泛的液体过滤器,滤膜一般由醋酸纤维素、硝酸纤维素、尼龙、多聚碳酸酯、聚偏氟乙烯、聚醚砜树脂(PES)、聚四氟乙烯(PTFE)、陶瓷等合成纤维材料制成。滤膜的孔径一般为 $0.2~\mu m$,它可以滤除绝大多数微生物的营养细胞,过滤法的最大缺点是不能滤除病毒。一般情况下采取正压过滤,正压过滤较之负压过滤具有流速高、过滤快、不易污染、可避免蛋白质产生大量气泡等优点。选择滤膜时要注意膜是否耐酸碱、有机溶剂、高温等。

3. 紫外线灭菌

紫外线灭菌机理主要是因为它诱导了胸腺嘧啶二聚体的形成和 DNA 链的交联,从而抑制了 DNA 的复制。另一方面,由于辐射能使空气中的氧电离成[O],再使 O_2 氧化生成臭氧(O_3)或使水(H_2O)氧化生成过氧化氢(H_2O_2)。O_3 和 H_2O_2 均有杀菌作用。紫外线穿透力不大,所以,只适用于无菌室、接种箱、手术室内的空气及物体表面的灭菌,紫外线灯距照射物以不超过 $1.2~m$ 为宜。为了加强紫外线灭菌效果,在打开紫外灯之前可在无菌室内(或接种箱内)喷洒 3%～5%石炭酸溶液,一方面使空气中附着有微生物的尘埃降落,另一方面也可以杀死一部分细菌。无菌室内的桌面、凳子可用 2%～3%的来苏水(甲酚溶液)擦洗,然后再开紫外灯照射,即可增强杀菌效果,达到灭菌目的。

紫外线灭菌是用紫外线灯进行的,波长为 200～300 nm 的紫外线都有杀菌能力,其中以 260 nm 的杀菌力最强,在波长一定的条件下,紫外线的杀菌效率与强度、时间的乘积成正比。紫外线杀菌灯管又名外置电极紫外线杀菌灯管,其系统基于电磁感应的原理,即套在灯管外面的电极在接通电源后,在高频高压的情况下,在放电区产生交流磁场,变化的磁场会在灯管内产生感应电流,在含汞的情况下,使低压汞和惰性气体的混合蒸气产生放电,辐射出紫外线。紫外线杀菌灯的发光谱线主要有 254 nm 和 185 nm 两条。254 nm 紫外线通过照射微生物的 DNA 来杀灭细菌,185 nm 紫外线可将空气中的 O_2 变成 O_3,臭氧具有强氧化作用,可有效地杀灭细菌,臭氧的弥散性恰好可弥补由于紫外线只沿直线传播、消毒有死角的缺点。

一般紫外灯管都采用石英玻璃制作,因为石英玻璃对紫外线各波段都有高达80%～90%的透过率,是做杀菌灯的最佳材料。石英玻璃在炼制的时候,如果添加足够数量的钛(Ti)元素,就能使透过它的紫外线在 200 nm 以下发生截止,而对 254 nm 紫外线透过基本无影响。适当控制钛元素的添加量,就可有效地控制 185 nm 紫外线的逸出量,根据这一特点,紫外灯管可以制作成低臭氧(无臭氧)、臭氧、高臭氧等三种紫外线杀菌灯管。石英玻璃与普通玻璃在性能上有很大的差别,主要是热膨胀系数不同,一般不能封接铝盖灯头,所以石英玻璃紫外灯管的灯头材质多采用胶木、塑料或陶瓷灯头,而普通玻璃用铝盖灯头。

除了石英玻璃紫外灯管,因成本关系与用途不同,市场上还有高硼砂玻璃紫外灯管和普通玻璃紫外灯管。高硼砂玻璃成本较低,但其紫外线穿透率<50%,在性能上远比不上石英玻璃紫外灯。高硼玻璃灯管的紫外线强度很容易衰减,灯管使用数百小时后紫外线强度就大幅下降,仅为初始时的 50%～70%。而石英灯管在使用 2000～3000 h 后,紫外线强度只减到初始时的 80%～70%,光衰程度远远小于高硼灯。普通玻璃的紫外线穿透率比高硼玻璃要高得多,比石英玻璃略低,但光衰比石英玻璃紫外灯大,并且不能产生臭氧。

各种微生物对紫外线的耐受力有区别,如真菌孢子对紫外线耐受力最强,细菌芽孢次之,最微弱的是微生物营养体。紫外线属低能量的电磁辐射,穿透力很差,因此它一般仅限于物体表面和空气杀菌。由于紫外线会杀死细胞,因此紫外线消毒时要注意不能直接照射到人的皮肤,尤其是人的眼睛,最易受伤的部位是眼睛的眼角膜,紫外线杀菌灯点亮时不要直视灯管,由于短波紫外线不能透过普通玻璃,因此,必须要看时,应用普通玻璃(戴眼镜)或透光塑胶片作为防护面罩。如果不小心眼睛受伤,一般情况也无关大碍,就像被太阳光灼伤一样,严重的可滴眼药水或人乳,帮助复原。在有人的场合,不要使用有臭氧灯管,臭氧浓度高时会对人体产生一定的伤害。

紫外线对工作环境的温度和湿度有一定的要求:在 20℃ 以上,照射强度较稳定;在 5～20℃ 之间,随温度的上升照射强度增加;相对湿度 60% 以下时,杀菌能力较强,湿度增至 70% 时,微生物对紫外线的敏感性降低,湿度增至 90% 时,杀菌力衰减 30%～40%。对水进行消毒时,水层厚度均应小于 2 cm,水流动时接受 90 000 $\mu W \cdot s/cm^2$ 以上的照射剂量才能使水达到有效消毒。

紫外灯管和套管表面有灰尘和油污时,会阻碍紫外线透过,因此,要保持灯管的洁净。灯管启动时,加温至稳定状态需数分钟,端电压较高。关闭后若立即重开,常常较难启动,且易损坏灯管并减少灯管使用寿命,故一般不宜频繁启动。

二、化学方法

化学方法就是利用化学药物渗透细菌的体内,使菌体蛋白凝固变性,干扰细菌酶的活性,抑制细菌代谢和生长或损害细胞膜的结构,改变其渗透性,破坏其生理功能等,从而起到消毒、灭菌作用。一般化学药剂无法杀死所有的微生物,而只能杀死其中的病原微生物,所以起到的是消毒剂,而不是灭菌剂的作用,所用的药物称化学消毒剂。有的药物杀灭微生物的能力较强,可以达到灭菌,又称为灭菌剂。但是一种化学药物是杀菌还是抑菌,常不易严格区分。有的消毒剂在低浓度时也能杀菌,如 1∶1000 硫柳汞。由于消毒剂没有选择性,因此对一切活细胞都有毒性,它不仅能杀死或抑制病原微生物,而且对人体组织细胞也有损伤作用,所以化学方法只能用于体表、器械、排泄物和环境的消毒。常用的化学消毒剂有:石炭酸、来苏水(甲酚溶液)、氯化汞、碘酒、酒精等。化学消毒灭菌剂的选择要根据物品的性能及病原体的特性,并要严格掌握消毒剂的有效浓度、消毒时间和使用方法。

常用化学消毒灭菌方法有:

① 浸泡法。选用杀菌谱广、腐蚀性弱、水溶性消毒剂,将物品浸没于消毒剂内,在标准的浓度和时间内,达到消毒灭菌目的。

② 擦拭法。选用易溶于水、穿透性强的消毒剂擦拭物品表面,在标准的浓度和时间

里达到消毒灭菌目的。

③ 熏蒸法。加热或加入氧化剂,使消毒剂呈气态,在标准的浓度和时间里达到消毒灭菌的目的。该法适用于室内物品及空气消毒,或精密贵重仪器和不能蒸、煮、浸泡的物品的消毒。常用于熏蒸法的试剂有纯乳酸和食醋,也可用甲醛或过氧乙酸等进行熏蒸消毒。

④ 喷雾法借助普通喷雾器或气溶胶喷雾器,使消毒剂产生微粒气雾弥散在空间,进行空气和物品表面的消毒。

⑤ 环氧乙烷气体密闭消毒法。将环氧乙烷气体置于密闭容器内,在标准的浓度、湿度和时间内达到消毒灭菌目的。

第二章 核酸电泳技术

凝胶电泳(gel electrophoresis)是泛指一类利用凝胶为载体,利用电场的作用来分离具有不同物理性质(如大小、形状、等电点等)的蛋白质和核酸等生物大分子的技术。凝胶电泳的原理是当一种分子被放置在电场中时,它们就会以一定的速度移向对应的电极。电泳分子在电场作用下的迁移速度,叫作电泳的迁移率,分子的大小、形状、带电荷不同,其迁移率不同。凝胶电泳通常用于分析用途,但也可以作为制备技术,是用于分离、鉴定和提纯 DNA 片段的标准方法。凝胶电泳具有操作简单、快速、灵敏等优点,因而成为分离、鉴定、纯化核酸最常用的方法。凝胶电泳种类多,应用非常广泛,本章主要介绍核酸凝胶电泳常用的琼脂糖和聚丙烯酰胺凝胶电泳的基本原理、技术及检测方法。

第一节 核酸电泳的原理

核酸在一定 pH 条件下,是一种带电荷的分子。将其置于电场中,会以一定的速度向与其电荷性质相反的电极迁移,迁移速度称为电泳速率。

一、核酸电泳的原理

组成核酸大分子的核苷酸分子含有一个带氨基基团的碱基和三个磷酸基团,因而核酸分子是一种两性解离分子,在溶液的 pH 为 3.5 时碱基上的氨基解离,而三个磷酸基团中只有一个磷酸基团解离,此时核酸分子相当于带一个正电荷的阳离子,在电场中向负极泳动;而当溶液的 pH 为 8.0~8.3 时,核酸分子碱基上的氨基几乎不解离,而三个磷酸基团完全解离,此时核酸分子相当于带三个负电荷的阴离子,因此在电场中它就会向正极移动,所以核酸电泳中常用中性或偏碱性的缓冲液进行电泳。

带电分子在电场中的移动速率与样品分子电荷密度、电场的电压和电流成正比,与样品的大小、介质的黏度及电阻成反比。核酸是带均匀电荷的生物大分子,不同大小和分子构象的核酸分子电荷密度大致相同,因而在自由电泳的条件其对移动速率影响不大,分子大小和构象不同的核酸分子的迁移率差异很小,难以分开。当以适当浓度的凝胶作为电泳支持介质,凝胶具有分子筛效应,在分子筛的作用下,使分子大小和构象不同的核酸分子电泳速率出现较大的差异,从而达到分离核酸片段,检测其大小的目的。

在一定强度的电场条件下,DNA 分子的迁移速率取决于核酸分子的大小和本身的构型。相对分子质量小的移动速率快,具有紧密构型的分子比松散构型的移动速率快,但在中性或碱性时,单链 DNA 与等长的双链 DNA 的移动速率大致相同。若将带静电荷 Q 的离子置于电场中,它的受力简单分析如下:

$$电荷引力:F_{引}=EQ$$

根据 Stokes 公式,运动中的颗粒在溶液中受到阻力:$F_{阻}=6\pi r\eta\nu$

$$平衡时有 F_{引}=F_{阻},即 EQ=6\pi r\eta\nu$$

$$整理后得:\nu=EQ/(6\pi r\eta)$$

式中:E,电场强度;r,球形粒子的半径;η,溶液的黏度系数;ν,带电粒子运动速度。

由上式可知,相同带电颗粒在不同强度的电场里泳动速度是不同的,为了便于比较,常用迁移率代替泳动速度表示粒子的泳动情况,迁移率为带电粒子在单位电场强度下的泳动速度。若以 m 表示迁移率:上式两边同时除以电场强度 E,则得:$m=Q/(6\pi r\eta)$。

由于核酸、蛋白质和氨基酸等生物大分子的电离度 α 受溶液 pH 影响,所以常用迁移率 m 和当时条件下电离度 α 的乘积,即有效迁移率 U 表示大分子的泳动情况:

$$U=m\alpha$$

代入 m 得:$U=\alpha Q/(6\pi r\eta)$。

从上面公式可以看出,影响分子带电量 Q 及电离度 α 的因素如溶液的 pH、影响溶液黏度系数的因素如温度、分子的半径 r 等,都会影响有效迁移率,因此,电泳应尽可能在恒温条件下进行,并选用一定 pH 的缓冲液,所选用的 pH 以能扩大各种被分离组分所带电荷量的差异为好,以利于各种成分的分离。

二、核酸电泳的载体

核酸电泳中常用的电泳介质是琼脂糖凝胶和聚丙烯酰胺凝胶,琼脂糖凝胶电泳方便快速,用于检测和分离纯化,分辨力在 0.1～50 kb 之间;聚丙烯酰胺凝胶,分辨率高,可以用于测序,分辨力在 1 bp～1 kb 之间。

1. 琼脂糖凝胶

琼脂糖(agarose,Gel)是从琼脂中提纯出来的,主要是由 D-半乳糖和 $3,6$-脱水-L-半乳糖连接而成的一种多糖。琼脂糖凝胶是一种大网孔型凝胶。总的说来,琼脂糖凝胶具有以下特点:含水量大,最高可达99%以上,使被电泳的核酸分子近似于自由电泳,但是分子的扩散度比自由电泳小;琼脂作为支持体,凝胶的制备简便,电泳条带均匀、区带整齐、分辨率高、重复性好;电泳速度快,电泳时间较短;透明而不吸收紫外线,可以直接用紫外检测仪作定量测定;对蛋白质的吸附极微,区带易染色,样品易回收,有利于制备。

琼脂糖凝胶的制作是将琼脂糖粉悬浮于缓冲液中,通常使用的浓度是 1%～3%,加热煮沸至溶液变为澄清,注入模板后室温下冷却凝聚即成。琼脂糖之间以分子内和分子间氢键形成较为稳定的交联结构,这种交联的结构使琼脂糖凝胶有较好的抗对流性质。琼脂糖凝胶的孔径可以通过琼脂糖的最初浓度来控制,低浓度的琼脂糖形成较大的孔径,而高浓度的琼脂糖形成较小的孔径。尽管琼脂糖本身没有电荷,但一些羟基可能会被羧基、甲氧基特别是硫酸根不同程度的取代,使得琼脂糖凝胶表面带有一定的电荷,引起电泳过程中发生电渗以及样品和凝胶间的静电相互作用,影响分离效果。市售的琼脂糖有不同的提纯等级,主要以硫酸根的含量为指标,硫酸根的含量越少,提纯等级越高。

琼脂糖凝胶可以用于蛋白质和核酸的电泳支持介质,尤其适合于核酸的提纯、分析。由于 DNA、RNA 分子通常较大,所以在分离过程中会存在一定的摩擦阻碍作用,这时分子的大小会对电泳迁移率产生明显影响。

琼脂糖凝胶电泳操作简单,但琼脂糖凝胶垂直式电泳应用得相对较少,通常是制成水平式板状凝胶,在强度和方向恒定的电场下电泳,一般也多为实验室采用。在核酸电泳中使用低浓度的荧光嵌入染料染色,在紫外线下至少可以检出 1～10 ng 的 DNA 条带,从而可以确定 DNA 片段在凝胶中的位置。琼脂糖凝胶构成的分子筛的网孔大小不同,分离 DNA 片段大小的范围也不同,不同浓度琼脂糖凝胶可分离 DNA 片段长度从 100 bp 至约 50 kb,而在脉冲电场下可以分离 10 000 kb 以上的 DNA 分子。

由于琼脂糖凝胶是通过氢键的作用形成的,因此过酸或过碱等破坏氢键形成的方法常用于凝胶的再溶化,如 NaI 或者 $NaClO_4$ 能够将凝胶的溶解,有些凝胶回收试剂盒就是利用这一原理来将凝胶溶化,因此不必使用低熔点的琼脂糖来进行 DNA 的回收。

由于琼脂糖凝胶的弹性较差,难以从小管中取出,所以一般来说,琼脂糖凝胶不适用于管状电泳,管状电泳通常采用聚丙烯酰胺凝胶。

2. 聚丙烯酰胺凝胶

聚丙烯酰胺凝胶(polyacrylamide gel)是一种人工合成的大分子物质,由丙烯酰胺(Acr)在 N,N,N′,N′-四甲基乙二胺(TEMED)和过硫酸铵(AP)的催化下聚合形成长链,并通过交联剂 N,N′-亚甲基双丙烯酰胺(Bis)交叉连接而成,其网孔的大小主要由 Acr 与 Bis 的相对比例决定。

聚丙烯酰胺用于 DNA 电泳的原理和琼脂糖电泳相似,和琼脂糖适合分离大片段 DNA 分子相比,聚丙烯酰胺凝胶对于 5～500 bp 小片段的 DNA 分子分离效果最好。核酸的聚丙烯酰胺凝胶电泳一般采用垂直装置,用于测序和分子标记。

和琼脂糖相比,聚丙烯酰胺凝胶分辨率更高,变性聚丙烯酰胺凝胶能将相差 1 bp 的 DNA 片段电泳分开,可用于分析和制备小于 1 kb 长度的 DNA 片段,也可用于 DNA 测序和 AFLP、微卫星等分子标记等检测。聚丙烯酰胺凝胶回收的 DNA 样品纯度高,可用于严格的实验,如引物合成和转基因动物实验时回收样品。此外,聚丙烯酰胺凝胶机械强度高于琼脂糖,不容易损坏;其电泳速度很快,可容纳相对大量的 DNA,但制备和操作比琼脂糖凝胶烦琐。

三、核酸电泳的指示剂

核酸分子无法直接肉眼观测,所以电泳过程中常使用有颜色的指示剂来指示样品的迁移过程,通过指示剂和相应核酸分子的关系来判断电泳的进程。核酸电泳常用的指示剂有溴酚蓝和二甲苯青 FF,溴酚蓝呈蓝紫色,相对分子质量为 670;二甲苯青 FF 呈蓝色,相对分子质量为 554.6,其荷电量比溴酚蓝少,在凝胶中迁移率比溴酚蓝慢。两种指示剂都较小,凝胶中对它们分子筛效应小,近似于自由电泳,因此在不同浓度的凝胶中,它们迁移速度基本相同。以 0.5×TBE 为缓冲液,在 0.6%、1%、2% 的琼脂糖凝胶电泳中,溴酚蓝的迁移率分别与 1.0、0.6、0.15 kb 的双链线性 DNA 片段大致相同。以 0.5×TBE 为缓冲液,在 0.1% 琼脂糖凝胶电泳中迁移率相当于 4 kb 的双链线性 DNA 片段。在 5% 的 PAGE 迁移率相当于 260 bp 的双链线性 DNA 的迁移率,在 5% 含 7～8 mol/L 尿素聚丙烯酰胺中相当于 130 bp 单链 DNA 的迁移率。指示剂在凝胶的迁移率可以参照表 2-1,表 2-2。

表 2-1　各指示剂在不同浓度聚丙烯酰胺凝胶的迁移率

凝胶浓度*/(%)	对应的 DNA 分子大小/bp	
	溴酚蓝	二甲苯青 FF
3.5	100	460
5.0	65	260
8.0	45	160
12.0	20	70
15.0	15	60
20.0	12	45

注：* 在 1×TBE 缓冲液中浓度。

表 2-2　各指示剂在不同浓度琼脂糖凝胶的迁移速率

凝胶浓度*/(%)	对应的 DNA 分子大小/kb	
	溴酚蓝	二甲苯青 FF
0.6	1	4
1	0.5	2
1.4	0.2	1.6
2	0.15	1.2

注：* 在 0.5×TBE 缓冲液中浓度。

第二节　影响核酸电泳的因素

带电的核酸分子在一定的电场下,其迁移速率受多种因素的影响,主要因素有以下几方面：

一、核酸分子大小和构型

从 $U = \alpha Q/(6\pi r\eta)$ 公式中可以知道,影响电泳中核酸分子移动速率的因素包括核酸分子的大小、电荷数、颗粒形状和空间构型。一般而言,电荷密度愈大,电泳移动速率越快,但是由于糖-磷酸骨架在结构上的重复性质,相对分子质量相同的双链 DNA 几乎具有等量的电荷密度,即使相对分子质量不同,核酸分子的电荷密度差异也不大,所以核酸分子的电荷密度对电泳移动速率的影响不明显,例如,对于双链 DNA,电泳迁移率的大小主要与 DNA 分子大小有关,而与碱基排列及组成无关。

在一定的电场强度下,电泳中 DNA 分子的迁移速度主要取决于凝胶对核酸分子的分子筛效应。分子筛效应与 DNA 分子本身的大小和构型有关,对线形的核酸分子来说,核酸分子的迁移速度与其相对分子质量的对数值成反比关系。

在正常的电泳条件下相对分子质量相同但构型不同的质粒(plasmid)DNA 分子,电泳移动速率的大小顺序为：闭环质粒分子(ccDNA)＞线性质粒分子(LDNA)＞单链开环的质粒分子(ocDNA),但是由于质粒在电泳的移动速率还与提取质粒的状况、琼脂糖浓度、电场强度、EB 和缓冲液有关,如果在非正常电泳的条件下有可能会出现相反的情况。一般来说,相对分子质量在 10 kb 以下的质粒在较低浓度的琼脂糖凝胶上电泳,质粒

DNA 的迁移速度比相对分子质量相同的线性分子快 20％～30％。凝胶电泳正是利用这一特点不仅可分离相对分子质量不同的 DNA 分子,也可以分离相对分子质量相同,但构型不同的 DNA 分子。

二、凝胶的类型和浓度

凝胶的类型及浓度对核酸电泳的影响主要是通过分子筛效应的影响,琼脂和聚丙烯酰胺都可以通过浓度的改变来制成筛孔大小各异的凝胶,在筛孔大的凝胶中,核酸迁移速度快,筛孔小的迁移速度慢。不同的凝胶及浓度不同,筛孔的数目也不同,产生的分子筛效应不同。

DNA 的迁移率与凝胶浓度的关系可用公式

$$\log U = \log U_{\circ} K_r T$$

表示。U:迁移率;$U_{\circ}$:DNA 的自由电泳迁移率;T:胶浓度;K_r:介质阻滞系数,它是与凝胶性质、样品相对分子质量、形状等有关的常数。由此可见 DNA 电泳迁移率的对数与凝胶浓度呈线性关系,同一 DNA 分子的迁移速度在不同浓度的凝胶中各不相同,因此凝胶浓度的选择取决于要分离 DNA 分子的大小。琼脂糖和聚丙烯酰胺可以制成各种形状、大小和孔隙度的凝胶,达到可以分离不同相对分子质量核酸分子的目的。在琼脂糖凝胶电泳中,分离小于 0.5 kb 的 DNA 片段所需胶浓度是 1.2％～1.5％,分离大于 10 kb 的DNA 分子所需胶浓度为 0.3％～0.7％,DNA 片段大小在两者之间则所需胶浓度为0.8％～1.0％;在聚丙烯酰胺凝胶电泳中,分离小于 30 bp 的 DNA 片段所需胶浓度是15％～20％,而大于 0.5 kb 的 DNA 片段所需胶浓度是 2％～2.6％。琼脂糖凝胶浓度的选择大致可参考表 2-3,需要注意的是不同厂家生产的琼脂糖其纯度不一样,对电泳也会产生不同的影响。聚丙烯酰胺凝胶的筛孔主要是由 Acr 与 Bis 的相对比例决定,还受到凝胶浓度的影响,其浓度的选择可参考表 2-4 来选择。

表 2-3　不同浓度琼脂糖凝胶的分离范围

浓度/(％)	分离线状 DNA 分子的有关范围/kb
0.3	5～60
0.6	1～20
0.7	0.8～10
0.9	0.5～7
1.2	0.4～6
1.5	0.2～3
2.0	0.1～2

注:琼脂糖凝胶浓度为质量浓度(m/V)。表 2-4 同。

表 2-4　不同浓度聚丙烯酰胺凝胶的分离范围

浓度/(％)	分离线状 DNA 分子的有关范围/bp
3.5	1000～2000
5	100～500
8	80～400
12	40～200
15	25～150
20	6～100

三、电场的电压和方向

在低电压时,核酸分子的迁移速率主要受分子筛效应的影响,而受分子的电荷效应影响较小,因此在较低电压和相对分子质量较小的核酸分子电泳时,线状核酸分子的迁移速率与所加电压成正比。随着电场强度的增加,核酸分子的迁移率受电荷效应影响也会加大,表现出相对分子质量不同的核酸分子的迁移率的增加幅度是不同的,相对分子质量越大的片段,随着电压升高引起的迁移率升高幅度也越大,由此可见增加电压可以使凝胶的有效分离范围缩小。例如,在琼脂糖凝胶电泳中,要使大于 2 kb 的 DNA 片段的分辨率达到最大,所加电压不应超过 5 V/cm;分离 50 kb 以上大分子的 DNA 片段,采取较低的电压(0.5~1.0 V/cm)和较长的琼脂糖凝胶才能取得很好的分离效果。需要注意的是,在 5 V/cm 的场强下虽能得到结果,但分辨率不高,因此在需要精确测定 DNA 分子大小或要求高的分辨率时,应降低电泳的电压至 1 V/cm,并适当延长电泳距离和时间。

如果电场方向是恒定的,大于 50~100 kb 的 DNA 分子在琼脂糖凝胶上迁移速率几乎是相同的,也就是说此时无法分辨 DNA 的大小,所以在真核生物总 DNA 电泳时只能看到一条 DNA 条带,而看不到不同的染色体条带。如果电泳的电场方向周期性改变,则 DNA 分子的移动方向被迫周期性改变,经过的路径也更大,由于相对分子质量大的 DNA 分子,适应新的电场方向所需的时间长,通过脉冲电场就可以分辨相对分子质量更大的 DNA 分子(达到 10 000 kb)。用于大片段 DNA 分离的脉冲电场电泳有以下两种电泳方式:倒转电场凝胶电泳(FIGE),用于分离 10~2000 kb 的 DNA 分子;钳位均匀电场电泳(CHEF),可分离大于 10 Mb 的 DNA 分子。通常,脉冲电场电泳用以鉴定、分离制备大于 50 kb 的 DNA 大分子。

四、电泳缓冲液的离子强度

为了保持电泳过程中待分离生物大分子的电荷以及电泳环境 pH 的稳定性,电泳缓冲液通常要保持一定的 pH 和离子强度。电泳缓冲液的离子强度一般在 0.02~0.2mol/L,离子强度过低不仅缓冲能力差,还会导致电流太小,电泳缓慢,如果用蒸馏水配制凝胶和电泳,DNA 几乎不移动;离子强度过高,会在待分离分子周围形成较强的带相反电荷的离子扩散层(即离子氛),由于离子氛与待分离分子的移动方向相反,它们之间产生了静电引力,使得 DNA 分子的移动速率降低。如果误用没有经过稀释的电泳缓冲液的母液来制胶和电泳,在高离子强度的缓冲液中,不仅 DNA 分子电泳缓慢,而且电导率高,导致电流过大,产生大量的热量,严重时会引起凝胶熔化或 DNA 变性,另外高离子强度缓冲液的黏度也会对电泳速度产生影响。

使用稀释倍数过大的缓冲液进行电泳,DNA 电泳条带的带型会变粗且松散;如果用稀释倍数不够的缓冲液来制胶,电泳都表现为使 DNA 分子电泳变得缓慢,如用 2×TAE 或者 1×TBE 来作为电泳缓冲液,会导致 DNA 的移动速率降低,但是得到的 DNA 条带带型会更紧凑。因此在进行 DNA 杂交实验中,为了使带型更紧凑,提高分辨力,可以用 2×TAE 或者 1×TBE,但电泳需要在更低电压的条件下进行,并延长电泳时间。

五、核酸染料

EB 是核酸电泳中最常用的染料,它会嵌入到核酸堆积的碱基对之间并拉长线状和带缺口的环状 DNA,使其刚性更强,还会使线状 DNA 迁移率降低 15%。当 DNA 分子中嵌入的 EB 分子逐渐增多时,原来为负超螺旋状态的分子开始向共价闭合环状转变,电泳迁移速度由快变慢;当嵌入的 EB 分子进一步增加时,DNA 分子由共价闭合环状向正超螺旋状态转变,这时电泳迁移速率又由慢变快。这个临界点的游离 EB 的质量浓度为 $0.1\sim$ 0.5 g/mL,即电泳时所加的浓度。由于 EB 嵌入碱基会使超螺旋 DNA 解链,使迁移率下降,同时由于电荷的中和,也会影响到 DNA 的迁移,其对线状分子与开环分子影响较小而对超螺旋态的分子影响较大。一般的电泳可以忽略 EB 对电泳的影响,而对于特殊电泳,为了更为准确地比较 DNA 的相对分子质量,最好在无 EB 的状况下电泳,电泳完毕再进行染色。

需要注意的是,由于 EB 是带正电的分子,在电场中向负极移动,如果在凝胶中或者电泳缓冲液中添加 EB,长时间电泳后,负极的 EB 浓度升高,背景加深,而正极 EB 浓度降低,背景降低,拍出来的电泳图像中胶的正负两端背景差异很大。

目前除了 EB 外,还出现多种可以代替 EB 的无毒化学染料,不同的染料对电泳 DNA 条带的影响有所不同,不同染料在不同的电压与不同载样量下对电泳的带型扭曲程度、分辨率以及带型的影响也有所不同,所以在使用上要注意积累一定的经验。为了避免染料对电泳中 DNA 条带的影响,最好采用电泳后再染色的观测方法。

六、样品组分和加样量

与其他的电泳一样,核酸电泳同样会受到样品组分的影响。如果提取的 DNA 纯度太差,含有较多的蛋白质或多糖类物质,可能会使 DNA 滞留在胶孔中;如果样品里含有较高的盐浓度,会拖慢 DNA 的迁移并使邻孔内的 DNA 产生变形条带;同一样品使用不同的溶液溶解或上样,也会影响电泳时 DNA 的迁移速度,得到不同的电泳带形。

加样量一般是根据加样孔的大小、DNA 片段大小和需要加样量的多少来确定,当加样孔大时需要的 DNA 加样量也要相应加大,否则会造成 DNA 电泳条带过浅,甚至看不到电泳条带。相反,加样孔小时可以适当减少样品的加样量。需要注意的是,即使加样孔够大,加样量过多会造成胶孔的超载,从而导致电泳的条带拖尾或者弥散达不到分离的目的,对于大片段的 DNA 影响更大。一般每一个制胶模具均配有多个齿型大小不同的梳板,梳板齿宽厚则形成的加样孔体积大,梳齿窄薄则形成的加样孔体积小,梳板的选择主要根据加样体积来确定,一般来说,当加样量小时尽量选择薄的梳板,这样获得电泳条带清晰,便于照相和结果分析。

七、上样缓冲液

电泳样品需要按一定比例和上样缓冲液混匀后再加到胶孔中,上样缓冲液主要由指示剂和沉淀剂组成。指示剂常用的有溴酚蓝和二甲苯青 FF,沉淀剂常用 30% 甘油或 40% 蔗糖,有些上样缓冲液含有 10 mmol/L 的 EDTA,EDTA 可以螯合 Mg^{2+},防止电泳过程中 DNA 被降解。使用上样缓冲液有三个作用:第一,增大样品密度,以确保 DNA 均匀沉淀到胶孔;第二,使样品带颜色,使加样容易;第三,通过指示剂可以判断电泳进程(参见表 2-1,表 2-2)。

上样缓冲液不会对电泳的迁移率产生影响,不同的凝胶或者不同的核酸电泳会采用不同上样缓冲液。选用哪一种指示剂纯属个人喜好，但是，不同的凝胶电泳使用的缓冲液成分也有所不同，所以应根据实验中电泳凝胶的类型和核酸类型来选择相应的上样缓冲液，如在 RNA 甲醛凝胶电泳中要使用甲醛凝胶加样缓冲液，而用碱性凝胶时应当使用溴甲酚绿作为示踪染料，因为在碱性 pH 条件下，其显色较溴酚蓝更为鲜明。目前有些商品化的上样缓冲液会添加一定浓度的 SDS(十二烷基硫酸钠)，其目的是减少蛋白质对 DNA 电泳的影响，而在大片段电泳中采用 Ficoll(聚蔗糖)，可有效减少 DNA 条带的弯曲和拖尾现象。

八、其他因素

除了以上常见的主要影响因素会影响到电泳之外，还有一些其他容易被忽略的因素也会影响到电泳的结果，如温度和电渗等都会对电泳产生一定的影响。由于支持介质表面可能会存在一些带电基团，琼脂可能会含有一些硫酸基，而玻璃表面通常有 Si—OH 基团，在 pH＞3 时，这些基团电离会使支持介质表面带电，吸附一些带相反电荷的离子，在电场的作用下向电极方向移动，形成介质表面溶液的流动，这种现象就是电渗。这时可用不带电的有色染料或有色葡聚糖点在支持物的中心，以观察电渗的方向和距离。聚丙烯酰胺凝胶垂直电泳比琼脂糖水平电泳更容易受电渗的影响，所以在进行长度较大的聚丙烯酰胺凝胶电泳时，一般先用硅烷溶液处理玻璃板再制胶，这样不仅可以使制胶更容易，能减少电渗的影响，还可以使电泳完毕后卸胶时更容易，减少凝胶破裂的可能性。

正常的温度对电泳的影响不大，但是温度过高会影响到溶液的黏度，特别会使介质黏度降低，分子运动加快，引起自由扩散变快，迁移率增加。电泳中产生的热通常是由中心向四周散发的，所以介质中心温度一般要高于四周，尤其是管状电泳，由此引起中央部分介质相对于四周部分黏度下降，摩擦系数减小，电泳迁移速度增大。由于中央部分的电泳速度比边缘快，所以电泳分离带通常呈弓形。降低电流强度，可以减小生热，但会延长电泳时间，引起待分离生物大分子扩散的增加，影响分离效果。所以电泳实验中要选择适当的电场强度，同时可以适当冷却降低温度以获得较好的分离效果。一般的电泳温度对于 DNA 在琼脂糖凝胶中的电泳行为没有显著的影响，通常电泳可在室温下进行。只有当凝胶浓度低于 0.5％或者使用低熔点琼脂糖凝胶时，为增加凝胶硬度，防止电泳产生的热量融化凝胶，可在低的温度条件 4℃进行电泳。但是在变性聚丙烯酰胺凝胶电泳中，为了保持凝胶对双链 DNA 的变性作用，保证单链 DNA 的分离效果，则需要在较高的温度(60℃左右)条件下进行电泳。

凝胶厚度也会对电泳产生影响，如在琼脂糖凝胶电泳中，小于 5 mm 时，凝胶太薄，凝胶易碎，还会导致加样孔太小，造成加样的困难和样品之间容易污染；大于 7 mm 时，凝胶太厚，不但会浪费琼脂糖凝胶，还会造成核酸泳动速度慢，电泳需时长，条带松散不清楚，易造成拖尾现象，不易于观察。

此外，还有电泳装置的质量也会对电泳产生一定的影响，如铂金丝太细会导致电泳变慢，不平直会影响到带型的平整。太小的电泳槽，由于缓冲液少而缓冲能力差，不适合长时间电泳。垂直电泳对电泳槽的质量要求更高，玻璃板侧面漏电会容易形成"八"字形的电泳带型，对于大于 1000 V 以上的高压电泳(如变性 PAGE 的测序电泳)影响更大，这时用硅烷溶液处理玻璃板就更重要了，此外还有上下槽的绝缘率等都会对电泳产生一定的影响。

第三节 核酸的检测方法

核酸分子无法用肉眼直接观察,在电泳后需染色或显色并采用一定的检测方法才能观察到核酸的带型。理想的核酸染色试剂应满足以下条件:吸收和发射光谱应在可见光区,以降低散射和荧光背景;应有很强的荧光强度,以获得高灵敏度;染料的存在不会严重改变电泳谱图;有些核酸还需要做进一步的实验,如连接、转化等,染料的存在不影响下一步的实验。根据实验目的和要求不同,核酸凝胶有多种染色、检测的方法,主要可以分为两类:一类是直接染色检测法,如溴化乙锭染色法和银染法;一类是标记物检测法,首先是让标记物和待测核酸结合或者掺入待测核酸,然后再通过检测标记物来检测待测核酸,常用的标记有同位素标记、地高辛标记和荧光标记。

一、溴化乙锭染色法

溴化乙锭(ethidium bromide,EB)全称为 3,8-二氨基-5-乙基-6-苯基菲锭,是一种荧光染料,本身的荧光很弱,是核酸电泳中最常用的染色剂。

EB 分子可嵌入核酸堆积配对的碱基对之间,在紫外线激发下,发出橙红色荧光。EB 激发荧光的能量来源于两个方面:一是核酸吸收波长为 260 nm 的紫外线后,将能量传递给 EB 分子;二是 EB 分子本身主要吸收 300 和 360 nm 波长的紫外光能量,来源于这两个方面的能量最终激发 EB 分子发射出波长为 590 nm 的可见光谱中的橙红色荧光。同时 EB-DNA 复合物中 EB 发出的荧光比游离在核酸分子外 EB 分子发出的荧光强度要大几十倍,因此当核酸含量较高的时候,电泳后不需要对背景处理就可以直接观察核酸电泳的带型。如果核酸含量较低或者琼脂糖的质量较差,吸附较多的 EB 分子,会使 EB 的背景太深而看不清核酸的电泳条带,此时可将凝胶浸泡于蒸馏水中 30 min 以上,减少背景。也可以添加一定的荧光淬灭剂来加快和提高褪色效果,常用的淬灭剂有卤素粒子、重金属离子、氧分子、硝基化合物、重氮化合物、羰基化合物等。

在核酸电泳中常用 1 mmol/L 的 $MgSO_4$ 或 10 mmol/L 的 $MgCl_2$ 加快和提高褪色效果,但是使用荧光淬灭剂在时间上需要把握好,淬灭时间过长,背景降低的同时检测灵敏度也会下降。一般,1 mmol/L 的 $MgSO_4$ 不超过 1 h,10 mmol/L 的 $MgCl_2$ 约 5 min,这样可以检测到至少 1 ng 的 DNA 样品。在高离子强度的饱和溶液中,DNA 大约每 2.5 个碱基插入一个 EB 分子,单链 DNA、RNA 分子中若有自身配对的双链区也可被 EB 分子嵌入,但嵌入量少,因而检出灵敏度较低,要大于 100 ng 才能检测到。

在紫外线照射 EB-DNA 复合物时,不同波长的紫外线出现不同的效应。当用 254 nm 的紫外线照射时,紫外线能量主要由核酸分子吸收后传递给 EB 分子,其检测灵敏度最高,但对 DNA 损伤严重,会造成核酸的断裂和嘧啶二聚体的形成。此外,用 254 nm 的紫外光照射时,核酸的荧光寿命(fluorescence life time)也短,照射时间较长时褪色严重。当利用 360 nm 紫外线照射时,紫外线主要由 EB 分子吸收,检测的灵敏度较低,但对 DNA 损伤小,长时间的照射仅有少量的核酸断裂,不会形成二聚体,几乎不褪色,所以适合对 DNA 样品的长时间观察和回收等操作。300 nm 紫外线照射时,紫外线的能量主要由 EB 分子吸收,对观测样品而言,有较高的检测灵敏度,且对 DNA 损伤不是很大,仅有轻微的褪色,所以成为核酸回收实验的最适合观察波长。

需要特别注意的是,如果电泳回收 DNA 将用于连接反应,需要用 360 nm 紫外线进行观察。有研究报道,用波长小于 300 nm 紫外线照射 30s,就能使 DNA 片段的连接效率下降 98% 以上,而用 360 nm 紫外线照射 2 min,不会对连接效率产生影响(图 2-1)。

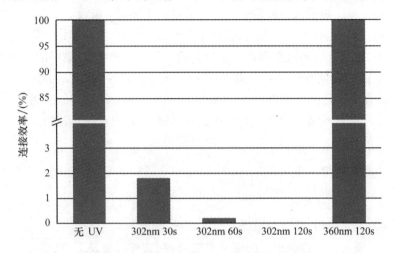

图 2-1 紫外灯照射 DNA 对连接的影响

EB 分子见光易分解,一般用铝箔或黑纸包裹容器在避光条件下室温保存,染色时也应避光。EB 是一种强烈的诱变剂,有较强的毒性并被认为有致癌性,操作时需要小心,染色时需要戴乳胶手套,如果不慎接触应立即用水冲洗干净。实验结束后,应对含 EB 的溶液进行净化处理再行弃置,以避免其污染环境和危害人体健康。对于污染 EB 的桌面和玻璃器皿可以使用商品化 EB 高效清除剂,它能有效破坏 EB 的结构,从而实现清除 EB 污染的目的。这种清除剂还可用于清除缓冲液、有机溶液和各种固体(玻璃、不锈钢、塑料、地板、设备等)表面的 EB 污染。

对于 EB 溶液的处理,一般可以用木炭过滤或用化学方法使其失活。在使用木炭过滤后,需将木炭焚烧使其失活。化学中和方法可以加等体积的漂白粉,搅拌 4 h,静置 4 天,用 NaOH 调至 pH 4～9,倒入排水沟的同时用大量水冲洗;也可以每 100 mL 的 EB 溶液加 5% 磷酸,加 12 mL 0.5 mol/L 的 $NaNO_3$,搅拌并静置 20 h,用 NaOH 调至 pH 4～9,倒入排水沟。对于 EB 含量大于 0.5 mg/mL 的溶液也可以采用以下方法处理,将 EB 溶液用水稀释至浓度低于 0.5 mg/mL,加入等体积的 0.5 mol/L $KMnO_4$,混匀,再加入等量的 25 mol/L HCl,混匀,置室温数小时,加入等体积的 2.5 mol/L NaOH,混匀并废弃。

二、化学染料染色法

由于 EB 具有毒性和致癌性,会对环境产生一定的污染,所以寻找更安全的核酸染料成了实验者迫切需要解决的问题。目前市场上已经出现了不少可以代替 EB 的无毒核酸染料产品,它的作用机理及使用方法与 EB 相同。

市场上存在的多种不同商品名的新型核酸染料,它们其中一些可能在化学成分上是一样或相似的,常见的有 SYBR-Green、Goldview 和 GelRed/GelGreen 等。SYBR-Green 和 Sybrgold 稳定性很差,易降解(怕光、怕水、怕热),在紫外灯下本底色较重,其毒性还存在争议。

Goldview 被认为就是吖啶橙(acridine orange，AO)的衍生物，它灵敏度较差，本底色较重，对于大片段 DNA 的染色效果还凑合，但是对 500 bp 以下的片段染色效果不是很好，在紫外灯下不稳定，容易淬灭。

Goldview 不仅能染 DNA，也可用于染 RNA，在紫外透射光下双链 DNA 呈现绿色荧光，而单链 DNA 呈红色荧光。目前尚未发现 Geneview 有致癌性，但它有一定的刺激性，在使用过程还需要戴上手套。

Genegreen 利用紫外线做激发光源，在效果上和 EB 有差距，可能是紫外线波长不一样。根据染料的特性，应使用相应的光源和激发波长，如果激发波长不对，条带则不易观察，出现条带模糊的现象。

GelRed 稳定性较好，灵敏度高，几乎没有底色，对核酸迁移的影响小于其他染料，可以用微波炉加热。在 312 nm 激发的 UV 凝胶成像系统中，GelRed 染色效果和 EB 差不多，可以完美地替代 EB，使用 254 nm 激发的 UV 凝胶成像系统或可见光激发的凝胶观察装置中，GelRed 足以替代任意一种染料。GelRed 在紫外线下不容易淬灭，可以用于胶回收，其毒性也是最低的，但其价格远高于其他的替代染料。

化学染料染色能满足一般 DNA 检测的要求，是比 EB 更安全的染料，但是有报道认为，有些化学染料存在稳定性差、难于保存的缺点，且在某些浓度低、片段短的染色中效果不及 EB，故目前尚不能完全取代 EB。此外，化学染料对不同 DNA 片段电泳影响具有不确定性，使用化学染料时最好电泳完成后再进行染色。

三、银染法

银染液中的银离子(Ag^+)可以和核酸形成稳定的复合物，用还原剂(如甲醛)将 Ag^+ 还原成银颗粒并沉积在核酸条带上，形成黄色或黑褐色的条带。银染主要用于聚丙烯酰胺凝胶电泳，其灵敏度比 EB 高 200 倍，在厚度小于 0.5 mm 的凝胶中，能检测出 0.5 ng 的 RNA。银染法可用于分子标记和 DNA 测序，但银染色后核酸和银离子形成不可逆的稳定复合物，核酸的结构被破坏，不宜做核酸的回收，也不适用于制备电泳。银染法检测 DNA 虽然也可以用于琼脂糖凝胶染色，但不常用。

银染法存在专一性不强和重复性较差的缺点，银离子不仅能与核酸染色，也能与蛋白质、去污剂反应产生相似的颜色，形成较深的背景，如在检测 PCR 结果的电泳中，由于 *Taq* 酶也会被染成与 DNA 一样的颜色，使得泳道有与核酸电泳条带颜色一样的弥散条带状现象出现，上样量较大时颜色会更深，会覆盖较弱的电泳条带。银染 DNA 条带颜色的深浅与核酸含量不成正相关，而与核酸的碱性组成有关，因此银染法获得的 DNA 条带不能反映 DNA 的真实含量，不能用于核酸含量的比较。银染法对使用的各种试剂、水以及在染色过程的 pH、温度及反应时间等要求较高，反应温度过高、时间过长及水和试剂的纯度太差，都会造成背景加深或影响到检测的灵敏度，不同厂家、不同批次的试剂或者反应时间的差异也可能会造成重复性差。此外，银染存在许多不同的显色方法，这些方法的操作时间和得到的染色背景都有很大差异。目前有很多商品化的银染试剂盒，这些试剂盒不仅操作方便，而且重复性也较好。

四、放射性检测法

放射性检测法是利用放射性同位素来检测目的核酸,可以把标记的 NTP 置换 DNA 末端核苷酸,或将带标记的 dNTP 掺入 DNA 序列中,电泳完成后检测凝胶中的核酸带型;也可以把完成电泳的凝胶上的 DNA 转移到相应的膜上(如硝酸纤维素膜或尼龙膜),然后与放射性同位素标记过的探针进行杂交,再检测膜上特定的核酸条带。结合了放射性同位素的核酸可以利用 X 光胶片曝光来检测核酸条带及其含量,或者是利用放射性成像设备来检测,如美国 Amersham 公司 Typhoon 多功能激光扫描成像系统,可以检测磷屏、多色荧光、化学发光,可用于同位素、荧光、化学发光标记的电泳凝胶、杂交膜、组织切片、生物芯片等多种样品的扫描,并用软件对得到的图像进行分析。

常用于核酸标记的同位素有 ^{32}P、^{33}P 和 ^{35}S,它们都属于 β 衰变释放出的 β 粒子,但是它们在能量上有差别。^{32}P 释放的 β 粒子能量高,穿透力较强,因此灵敏度较高,放射自显影所需的时间也短。^{32}P 的缺点是半衰期较短,射线的散射较严重,导致 X 胶片上的带型会变得肥大而且轮廓不够锐利,因而影响到分辨率。当遇上对分辨率要求较高的实验(如原位杂交的实验),则会影响到对实验结果的分析。^{35}S 释放的 β 粒子能量较 ^{32}P 低,检测的灵敏度也较 ^{32}P 低,但其射线的散射作用较弱,在 X 胶片上显影的带型较锐利,分辨率高,适用于对分辨率要求较高的原位杂交实验。^{33}P 检测的灵敏度介于 ^{32}P 和 ^{35}S 之间,其散射作用小于 ^{32}P,检测灵敏度较 ^{35}S 高,但其价格较昂贵,也很少厂家生产,因而很少使用。

需要注意的是,^{32}P 标记的商业产品有核苷酸(^{32}P-NTP)和脱氧核苷酸(^{32}P-dNTP),其剂型有水溶液型和乙醇溶液型,前者可以直接使用,后者需要离心、干燥,重新溶解后再使用。此外,还要特别注意 ^{32}P 在三磷酸核苷酸分子上的标记位置,有些方法需要 α 位标记,如缺口平移和随机引物标记法使用[α-^{32}P]dNTP;有些方法需要 γ 位标记,如利用多核苷酸激酶的末端标记法使用是[γ-^{32}P]NTP。

用放射性同位素标记检测核酸有以下优点:第一,灵敏性高,一般可达到 $0.5 \sim 5$ pg 或更低浓度核酸的检测水平。延长曝光时间,采用增敏屏增敏(一种专门的 X 曝光盒),可以检测极少量或拷贝数少的基因组。第二,特异性高。用放射自显影法,样品中存在的无关核酸或非核酸成分不会干扰检测结果,准确率高,假阳性率低。第三,方法简便。用放射自显影法只对实验环境有一定的要求,不需要专门的设备,所以放射性同位素标记核酸探针在一些有条件的单位作为主要的标记方法仍在使用。

放射性同位素标记技术也存在以下缺点:第一,半衰期短,标记的探针不能长期保存,如 ^{32}P 和 ^{33}P 半衰期只有 14.3 天,放射强度逐日变化。^{35}S 的半衰期可达 88 天,但衰变能量只有 ^{32}P 的 1/10,所以灵敏度比 ^{32}P 低。第二,检测时间长,用放射自显影需要较长的曝光时间(1~15 天),^{35}S 的曝光时间更长,所以为了防止凝胶中的核酸扩散,一般放置 -70℃的冰箱中曝光。第三,能生产的单位少,价格较昂贵,特别是 α-^{32}P 标记的 dATP(400 Ci/mmol)。第四,放射性同位素对人体有害,实验室和环境易被污染,放射性废物处理困难,因此,推广使用受到限制。放射性检测现多用于 DNA 分子杂交(Southern 杂交和 Northern 杂交)、分子标记、文库筛选和 DNA 测序,也可以进行回收制备。

五、地高辛检测法

地高辛(Digoxigenin,DIG)是一种从洋地黄类植物(毛地黄和毛花毛地黄)中提取的类固醇物质。由于该植物的花和叶片是 DIG 在自然界中的唯一来源,因此抗 DIG 的抗体不会与其他的生物物质结合,从而可以满足特异性标记的需要。DIG 分子是通过自身一个含有 11 个碳原子的空间臂与尿嘧啶核苷酸上的 C_5 位置相连,DIG 标记的核苷酸可以通过末端标记法、缺口平移标记法、随机引物标记法或者 PCR 方法掺入到核苷酸探针中,然后利用探针去检测转移到膜上的特定核酸。

对于 DIG 标记探针的杂交检测,可选用连接有碱性磷酸酶(alkaline phosphatase)、过氧化物酶(peroxidase)、荧光素(fluorescein)、若丹明(rhodamine)或是胶体金(colloidal gold)等高亲和性的抗 DIG 抗体共轭物,也可选用不带任何共轭连接的抗 DIG 抗体和二级抗体。

检测的灵敏度主要依赖于对不同抗 DIG 抗体共轭物显示方法的选择,以连接有碱性磷酸酶的抗 DIG 抗体为例,既可以使用 NBT 或 BCIP 做底物的显色法,也可以使用 HNPP 荧光碱性磷酸酶底物,检测的灵敏度常规可达到 0.1 pg(Southern 杂交)。

利用 DIG 标记的 dNTP 嵌入 DNA 序列,然后利用免疫化学显色,或利用 X 光片通过发光法来检测 DNA,检测效果与放射性效果一样,安全无放射性污染,灵敏度高,但成本较高,一般用于分子标记和文库筛选。

与放射性标记和检测技术相比较,DIG 灵敏度高,完全可满足实验需要,某些方面甚至可与放射性标记的灵敏度相媲美。此外,DIG 标记还有如下优点:曝光时间短,结果显示的时间是以分钟计算,无须几小时甚至几天的自显影过程;安全环保,不接触放射性物质,不会对环境造成污染;探针可重复使用,最少可以稳定储存一年;可轻松进行探针剥离和重探。

六、荧光标记法

利用荧光染料标记的核苷酸掺入到核苷酸链中,然后利用特定波长的激光激发荧光来检测 DNA。荧光检测一般需要专门的检测设备,所以荧光标记法主要用于荧光定量 PCR 和 DNA 自动化测序。荧光标记法还可以把 4 种核苷酸标记成 4 种不同的颜色,以更好识别不同的核苷酸,例如在自动化测序中,4 种双脱氧核苷酸标记成 4 种不同的颜色,使得四种荧光染料的测序 PCR 产物可在一根毛细管内电泳,从而避免了泳道间迁移率差异的影响,大大提高了测序的精确度。

第四节　核酸琼脂糖凝胶电泳

核酸琼脂糖凝胶电泳是用琼脂糖作支持介质对核酸进行电泳的方法,其分析原理与其他支持物电泳最主要区别是,琼脂糖凝胶兼有分子筛和电泳的双重作用。普通琼脂糖凝胶分离 DNA 的范围为 0.2～20 kb,利用脉冲电泳,可分离 10 Mbp 以上的 DNA 片段。

一、琼脂糖的种类

琼脂糖凝胶电泳的主要作用有:第一,根据已知分子大小的标准 DNA 对样品 DNA

的大小进行测定;第二,用标准 DNA 对样品 DNA 量进行估算;第三,回收纯化目的 DNA 片段。

早期的电泳载体为天然琼脂(agar),它是一种多聚糖,主要由琼脂糖(agarose,约占80%)及琼脂胶(agaropectin)组成。琼脂糖是由半乳糖及其衍生物构成的中性物质,不带电荷,而琼脂胶是一种含硫酸根和羧基的强酸性多糖,由于这些基团带有电荷,在电场作用下能产生较强的电渗现象而影响电泳速度及分离效果。所以目前的电泳都是使用琼脂糖为电泳支持物进行平板电泳。琼脂糖是从琼脂中提取出来的链状多糖,含硫酸根比琼脂少,因而分离效果明显提高。

用于核酸电泳的琼脂糖不能检测到明显的 DNase 和 RNase 活性,如果是用于检测型电泳要考虑电内渗和凝胶的强度,而用于制备性电泳要考虑琼脂糖的纯度和类型。目前商品化琼脂糖的种类繁多,不同公司的产品或者不同型号的产品,其杂质含量不同,制备凝胶的强度、分辨 DNA 的能力和荧光背景的强度都不同,因此要根据实验用途加以选择使用。需要注意的是,即使是相同的商品名称,不同厂家生产的琼脂糖其纯度也是不一样的,对电泳也会产生不同的影响。不同类型琼脂糖对 DNA 电泳的影响可以参照表 2-5。

表 2-5　不同类型琼脂糖分离线性 DNA 片段大小的范围

琼脂糖浓度/(%)	标准	高强度	低熔点	低黏度、低熔点
0.5	700 bp~25 kb			
0.8	500 bp~15 kb	800 bp~10 kb	800 bp~10 kb	
1.0	250 bp~12 kb	400 bp~8 kb	400 bp~8 kb	
1.2	150 bp~6 kb	300 bp~7 kb	300 bp~7 kb	
1.5	80 bp~3 kb	200 bp~4 kb	200 bp~4 kb	
2.0		100 bp~3 kb	100 bp~3 kb	
3.0			50 bp~1 kb	500 bp~1 kb
4.0				100 bp~500 bp
6.0				10 bp~100 bp

琼脂糖的分类按其熔点可分为:标准熔点琼脂糖和低熔点琼脂糖,按其纯度可分为标准琼脂糖和高纯度琼脂糖。商品化的琼脂糖主要分成以下类型:

1. 标准琼脂糖

标准琼脂糖,熔点约为 90℃,1% 凝胶强度 ≥1200g/cm²,硫酸盐 ≤0.15%,电内渗EEO(-mr) ≤0.15,不能检测到明显的 DNase 和 RNase 活性。

2. 低熔点琼脂糖

低熔点琼脂糖(LMP),熔点为 ≤65℃,1% 凝胶强度 ≥200 g/cm²,硫酸盐 ≤0.10%,电内渗 EEO(-mr) ≤0.1,不能检测到明显的 DNase 和 RNase 活性。低熔点的琼脂糖可以在 65℃ 时熔化,熔化后,在 37℃ 可保持液态数小时,因此其中的样品如 DNA 可以重新溶解到溶液中回收,这样可以在电泳后从琼脂糖凝胶中回收特定的 DNA 条带用于以后的克隆操作。虽然现在的琼脂糖回收试剂盒可以用于标准琼脂糖的 DNA 回收,但低熔点琼脂糖一般纯度更高,熔点更低,而 65℃ 低于大多数核酸 T_m,因此用于 DNA 片段,特别是较大的 DNA 片段回收的效率更高。

有些纯度较高的低熔点琼脂糖,可直接在重熔的琼脂糖中进行 DNA 克隆操作,无须 DNA 的抽提纯化步骤,如直接在重熔的琼脂糖进行酶切、连接和转化,也可以直接进行 PCR 反应等。有些高分辨的低熔点琼脂糖,能有效地分辨 10~1000 bp 的 DNA 片段,适合用于小 DNA 片段的分离和回收。

有些低黏度、低熔点琼脂糖,它是经化学修饰后,纯度更高,熔点更低的琼脂糖,熔点 ≤50℃,1％凝胶强度≥75 g/cm^2,电内渗 EEO(-mr)≤0.05,能够分辨更小的 DNA 片段(小于 10 bp),可直接在重熔的琼脂糖中进行克隆操作,无须 DNA 的抽提步骤,也可以用于细胞的封装和包埋后电泳。

3. 高强度琼脂糖

高强度琼脂糖比标准熔点琼脂糖具有更高的熔点,一般熔点在 95℃以上,其凝胶强度更高,1％凝胶强度≥1300 g/cm^2,相同浓度下比标准熔点琼脂糖对 DNA 的阻尼性更强,分辨率更高,适用于鉴定小于 1 kb 的 DNA 片段。

随着技术的发展和更专业的实验要求,目前针对不同用途开发了各种类型的琼脂糖凝胶。总的来说,低熔点凝胶对 DNA 的回收效率更高、更方便;高纯度凝胶适合直接在重熔的凝胶中进行 DNA 后续的酶促反应;高分辨率凝胶可以让 DNA 条带更加清晰;高强度凝胶可以方便操作;低电渗的凝胶能使 DNA 条带电泳更快,缩短电泳时间。

二、电泳缓冲液组分

1. DNA 电泳缓冲液

电泳缓冲液是指在进行核酸电泳时所使用的缓冲溶液,用以稳定体系酸碱度。缓冲液的组成和离子强度直接影响 DNA 迁移率。虽然 Tris-Cl 是最常用的缓冲液体系,但由于其中的 Cl$^-$ 泳动速率比样品分子快很多,容易引起电泳带型的不均一现象,所以电泳缓冲液常采用含有 EDTA 的 Tris-醋酸(TAE)、Tris-硼酸(TBE)或者 Tris-磷酸(TPE)缓冲液体系来进行双链 DNA 电泳。缓冲液的 EDTA 可以螯合 Mg^{2+} 等二价离子,以防止其在电泳时激活 DNase 降解 DNA,此外还可防止 Mg^{2+} 与核酸生成沉淀,Na$^+$ 使缓冲液有一定的导电性。

TBE 的缓冲能力强,适合用于长时间电泳(如过夜),并且当用于小于 1 kb 的片段时分离效果更好,但 TBE 容易造成高电渗作用,并且因与琼脂糖相互作用生成非共价结合的四羟基硼酸盐复合物而使 DNA 片段的回收率降低,所以不适用于对 DNA 回收率要求较高的电泳。此外,由于硼离子对 T4 DNA 连接酶有抑制作用,如果硼离子去除不彻底会影响到连接效率,所以若制备的 DNA 片段需用于连接反应,最好使用 TAE 缓冲液。

TPE 的缓冲能力强,适于长时间电泳,但 TPE 含磷酸盐浓度高,容易使 DNA 发生沉淀,也不适用于 DNA 的回收。

TAE 是使用最广泛的缓冲液,其特点是超螺旋 DNA 在 TAE 中分辨率比在 TBE 中好,测得的分子大小更接近于实际,用 TBE 电泳时,分子大小的测量值会大于实际值。双链线状 DNA 在 TAE 缓冲液中的迁移率较其他两种缓冲液快约 10％,大于 13 kb 的 DNA 片段用 TAE 缓冲液电泳将取得更好的分离效果。TAE 的缺点是缓冲容量小,不适合长时间电泳(如过夜),如需长时间电泳必须要有循环装置,使两极的缓冲液得到交换。

电泳缓冲液通常配成浓缩液于室温保存，TAE 为 50×，TPE 为 10×，TBE 为 5×，但 TBE 浓缩液长时间保存会发生沉淀，不适宜长期保存。缓冲液的工作浓度 TAE 为 1×，TPE 为 1×，TBE 为 0.5×。

2. RNA 电泳缓冲液

由于 RNA 易降解，所以 RNA 的电泳比 DNA 的电泳操作复杂。用于 RNA 电泳的电泳槽需用去污剂溶液洗净，用水冲洗，乙醇干燥，然后灌满 3‰ H_2O_2，于室温放置 10 min，再用经 DEPC 处理的水彻底冲洗。

RNA 电泳可以在变性及非变性两种条件下进行。非变性电泳使用 1.0%～1.4%的凝胶，不同的 RNA 条带即能分开，但无法判断其分子大小。只有在完全变性的条件下，RNA 的泳动率才与分子大小的对数呈线性关系，因此要测定 RNA 的分子大小，一定要用变性凝胶，而在需快速检测所提总 RNA 样品完整性时，配制普通的 1%琼脂糖凝胶即可。

RNA 变性凝胶电泳缓冲液采用 MOPS 缓冲液，10×的 MOPS 缓冲液组成：0.4 mol/L 吗啉代丙烷磺酸（MOPS）（pH7.0），0.1 mol/L NaAc，10 mol/L EDTA，用甲醛或乙二醛加上二甲基亚砜（DMSO）作为变性剂。乙二醛-DMSO 凝胶比含有甲醛-DMSO 凝胶更难于进行电泳，因为 RNA 在乙二醛-DMSO 凝胶中泳动速率较慢，而且需将电泳液进行循环以避免电泳过程中形成过高的 H^+ 梯度，尽管上述两种凝胶具有近乎相等的分辨率，但用含有乙二醛-DMSO 的凝胶对 RNA 进行电泳分离，通常 Northern 杂交所显示的 RNA 条带更为锐利。需要注意的是，乙二醛可与 EB 发生化学反应，所以制胶和电泳过程中避免使用 EB，应选择电泳后染色。

三、凝胶的染色方法

琼脂糖凝胶的染色方法（以 EB 为例）有两种，一种是电泳后染色，一种是染色与电泳同时进行。

1. 电泳后染色

电泳完毕将凝胶放到含 0.5 μg/mL EB 的电泳缓冲液或水中，于室温下染色 20～40 min，即可置于紫外灯下观察。若再用水浸泡 20 min 可以减少背景，提高检测的灵敏度。当 EB 太多，凝胶染色过深，核酸电泳带看不清时，可将凝胶放入蒸馏水浸泡 30 min 后再观察。EB 浓度过高会增加背景，过低会使 DNA 染色不足，都会降低 EB 检测的灵敏度。

2. 染色与电泳同时进行

在琼脂糖熔化后加入 EB 至终浓度 0.5 μg/mL，制好胶，然后加样电泳，电泳结束即可直接在紫外灯下观察；也可以在电泳槽的电泳缓冲液里加入 EB 至终浓度 0.5 μg/mL，然后放入琼脂糖凝胶再加样电泳，电泳结束后也可在紫外灯下直接观察。染色与电泳同时进行可以在电泳过程中随时观察核酸迁移情况，但是，由于 EB 带正电荷，在电场中向负极移动，电泳时间长后负极 EB 的浓度升高，背景会加深，而正极 EB 浓度降低，背景降低。

EB 的正电荷可中和核酸分子的负电荷，同时由于它的嵌入增加了核酸分子的刚性，所以在含 EB 的胶内电泳，核酸的迁移速度减慢，如双链线状 DNA 迁移速度减慢约 15%。

因此,用电泳方法测定核酸分子大小时,应在电泳后染色更为准确。另外,在凝胶中未与核酸结合的 EB 向负极泳动,会使样品中各条带染色不均匀,故此法也不宜用于根据荧光强度定量检测核酸。

四、琼脂糖的脉冲电泳

脉冲场凝胶电泳(pulsed-field gel electrophoresis,PFGE)是一种分离大分子 DNA 的电泳方法。在普通的凝胶电泳中,电场方向是恒定的,大于 50 kb 的 DNA 分子移动速度相近,不同分子的 DNA 很难分离形成足以区分的条带。1984 年,Schwartz 和 Centor 发明了交变脉冲场凝胶电泳技术。与常规的恒定直流单向电场凝胶电泳不同,交变脉冲场凝胶电泳加在琼脂糖凝胶电泳上的电场方向、电流大小以及作用时间都在交替地变换着,每次电流方向改变后持续 1 s 到 5 min 左右,然后再改变电流方向,反复循环,这种电场称为脉冲式交变电场,这种电泳也称为 PFGE。在 PFGE 中,电场不断在两种方向(有一定夹角,而不是相反的两个方向)变动。相对较小的分子在电场转换后可以较快转变移动方向,而较大的分子在凝胶中转向较为困难,因此小分子向前移动的速度比大分子快。

PFGE 可以用来分离大小从 10 kb 到 10 Mb 的 DNA 分子,也可以应用于通过细胞的包埋电泳来分离真核生物的染色体。PFGE 可以对人类染色体内切酶物理图谱分析,并将大片段 DNA 分子直接克隆,是人类基因组序列测定工程中有效的方法之一;还可以探测细胞染色体上百万碱基对以上的基因组 DNA 的缺失;适于单向电场电泳难以分辨的 DNA 物理图谱的制作等。

1. PFGE 的基本原理

琼脂糖凝胶中电泳主要是利用分子筛的效应来分离 DNA,普通的恒定直流单向电场凝胶电泳使 DNA 分子在凝胶中泳动的受力和方向都不发生变化,大分子 DNA 分子在电场作用下通过孔径小于分子大小的凝胶时,将会改变无规卷曲的构象,沿电场方向伸直,与电场平行才能通过凝胶,此时,大分子 DNA(大于 20 kb,有些情况大于 40 kb)通过凝胶的方式相同,分子筛效应相同,迁移率无差别(也称"极限迁移率"),从而影响凝胶电泳分离大于 20 kb 的大分子 DNA 片段的效果。

PFGE 施加在凝胶上至少有两个电场方向,时间与电流大小也交替改变,使得 DNA 分子必须随时调整其泳动的方向,来适应凝胶孔隙的无规则变化,与小分子的 DNA 相比,大分子 DNA 需要较多的次数来更换其构型和方位,使之能够按新的方向游动,所以迁移率变慢,从而达到了分离大分子 DNA 的目的。

PFGE 正是基于不同 DNA 大小的差异来分离不同 DNA 分子。在交变脉冲电场中,线性分子改变形状和泳动方向所需时间与其分子大小大致成正比,大分子线性 DNA 改变泳动方向所需时间比小分子线性 DNA 要长,因为前者变形能力低于后者。当某一线性 DNA 在脉冲场中改变形状、调整方向、进行迁移所需的时间大于脉冲场脉冲维持时间时,DNA 的迁移速度将减为最低。当 DNA 分子变形、转向所需时间与脉冲时间较接近时,迁移率与 DNA 相对分子质量成反比。因此,根据被分离 DNA 分子的范围选择适当的脉冲时间,经过较长时间不断变形、转向、泳动,不同大小的 DNA 就被分离。在普通的凝胶电泳中,DNA 走过的路线是直线的;在 PFGE 中,DNA 走过的路线是"之"字形的,但其净迁移方向与普通电泳一样,垂直于样品孔,略弯。

影响 PFGE 分辨率的因素包括几方面：两个脉冲场的均一性；两个脉冲场的脉冲时间以及它们之间的比率；两个脉冲场的强度和方向。为了增强 PFGE 对大小差异较大的 DNA 样品的分辨率，可采用交变脉冲梯度电场，即在电泳过程中，先用较短的交变脉冲时间使较小的 DNA 分子分离，然后用较长的交变脉冲时间分离较大的 DNA 分子。

2. PFGE 的类型

Schwartz 等最先设计的脉冲电场凝胶电脉装置采用了交变脉冲垂直定向电场和线电极，但由于其产生的电场不均一，导致其分辨力降低。为此，人们又研制出多种其他脉冲电场电泳装置。具有比较典型特征的类型有以下几种：

（1）反转电场凝胶电泳（field inversion gel electrophoresis，FIGE）。

这种电泳舍弃了电场垂直或正交排列，交变电场均一，并且是 180°反向的，从而使 DNA 沿相当笔直的轨迹运动，应用微处理机增加电泳时脉冲的绝对长度并保持正反向脉冲的比例不变，可使分辨力达到最大，能分辨长达 200 kb 的 DNA 片段。

（2）钳位均匀电场电泳（contour-clamped homogeneous electric field，HCEF）。

这种电泳中，由多个在水平凝胶的周围、沿正方形或正六边形排列的电极产生电场，这些电极都被钳制在预定的电位上，正方形排列的电极所产生的电场互为 90°，正六边形排列的电极产生的电场则随凝胶的位置和电极极性不同而互成 120°或 60°，在特定的条件下有可能分辨长达 5000 kb 的 DNA 分子。

（3）正交交变电场凝胶电泳（orthogonal field alternating gel electrophoresis，OFAGE）。

正交交变电场中，两交变电场的电流方向相互垂直。OFAGE 可用于超螺旋、疏松及线性同等 DNA 分子的分离，理论上它可以在合适的电泳条件下明显地分离和区别这三种 DNA。

五、DNA 琼脂糖电泳的回收

在 DNA 克隆操作中，经常需要通过琼脂糖凝胶电泳分离出目的 DNA 片段，然后再用凝胶回收。由于琼脂糖中的酸根和羟基多糖等物质对多种工具酶都有抑制作用，因此，从琼脂糖凝胶回收 DNA 包括了 DNA 的电泳分离和纯化两方面。

近年来，琼脂糖特别是低熔点琼脂糖的纯度有了很大的提高，有些高纯度低熔点琼脂糖可以在凝胶中直接完成 DNA 的酶切和连接反应等酶促反应。高纯度低熔点琼脂糖电泳后，将含有 DNA 条带的琼脂糖切下，于 65℃保温熔化，再自然冷却到室温就可以直接在熔化的琼脂糖-DNA 混合物中加酶，进行后续实验，还可以在凝胶中进行各种酶促反应。这种方法反应条件温和，非常适合大片段 DNA 的回收。缺点是高纯度低熔点琼脂糖价格较昂贵。

随着商品化的 DNA 凝胶回收试剂盒普及，也使得从琼脂糖凝胶回收 DNA 片段变得更加简便，而且回收率高。DNA 凝胶回收试剂盒，对 300 bp～10 kb 的 DNA 片段回收效率较高，对一些较大或者较小的 DNA 片段可能效果较差。总之，从琼脂糖凝胶回收 DNA 技术仍然是分子生物学中一种重要的技术，应根据自己的实验要求选择合适的回收方法。

1. 琼脂糖 DNA 回收的基本要求

由于胶回收的质量和数量直接影响后续的一系列实验——比如酶切连接、转化筛选、测序或者 PCR 扩增、标记乃至显微注射等,所以从琼脂糖凝胶回收目的 DNA 片段最基本的要求就是保证回收质量和回收率。

回收产物的质量主要指纯度和完整度。普通级别的琼脂糖的硫酸根和羟基多糖等物质对多种工具酶都有抑制作用,在回收过程中,如果这些物质残留过多会强烈抑制后续的连接、酶切或者标记、扩增等实验。此外,极微量的纯化介质或混入回收产物中的某些试剂也会对结果产生严重的影响。对于大片段 DNA 回收,还要考虑 DNA 完整度,在回收过程中,机械剪切力可能会使回收产物断裂而出现 DNA 大小不一致。

回收率是指回收得到目的 DNA 片段的得率,关系到回收得到的目的 DNA 的量,对于样品量较小的 DNA 回收率就显得更为重要了。无论是采取常规的回收方法还是试剂盒回收方法,都会使部分目的 DNA 片段受到损失,因而尽可能多地回收电泳凝胶条带中的目的片段,提高产物得率,对于后续实验来说是非常重要的。回收率的多少通常和回收产物的大小以及量的多少有关,比如 DNA 片段越大,和固相基质的结合力越强,就越难洗脱,回收率就低;上样 DNA 的量越少,相对损失越大,回收率越低,因此,根据情况选择不同的方法是很重要的。值得注意的是,由于样品的大小和多少对回收率都有显著的影响,所以回收率并非是一成不变的。影响琼脂糖 DNA 回收率有两个关键因素:

第一,琼脂糖的质量。琼脂糖的质量影响到 DNA 分子的回收率,低熔点琼脂糖高于普通琼脂糖,高纯度琼脂糖高于普通琼脂糖,割胶越少回收率越高。

第二,回收目的 DNA 片段的分子大小。DNA 片段分子太大或太小都会影响其回收率,当大于 20 kb 或小于 100 bp 时,回收率都是明显降低的。

需要注意的是,目前常用柱式胶试剂盒对小片段和大片段 DNA 的回收率都较低,小片段的 DNA 分子和纯化膜的结合力较差,导致回收率低;而超过 10 kb 的大片段 DNA,由于与纯化膜的结合力过强,不容易被洗脱下来,在离心过柱时可能被"扯断",因此常规的离心过柱的方法并不适合大片段 DNA 的回收。大片段 DNA,特别是大于 30 kb 的 DNA 片段的回收,可以采用经典的胶回收方法。

2. DNA 琼脂糖电泳的常用回收方法

(1) 低熔点琼脂糖回收法。

传统的低熔点琼脂糖回收法有挖块法和直接法,由于早期低熔点琼脂糖较昂贵,所以一般是用挖块法回收 DNA。即首先进行普通的琼脂糖凝胶的电泳,在长波紫外光下观察 DNA 电泳状况,当电泳到一定区间时,在 DNA 条带前面的凝胶上挖一个小孔,将熔化的低熔点琼脂糖倒入小孔补平,继续电泳,待 DNA 条带进入低熔点琼脂糖后,切下含有 DNA 的低熔点琼脂糖,加入 5 倍体积的 TE 溶液,在 65℃ 熔解低熔点琼脂糖;然后分别用饱和酚、酚/氯仿、氯仿各抽提一次;再用乙醇和醋酸铵来沉淀 DNA;用 70% 乙醇漂洗后风干,用水溶解即得回收的目的 DNA 片段。含有 DNA 的低熔点琼脂糖胶块也可以用琼脂糖酶来处理,其反应条件更温和,但琼脂糖酶的价格高,而且琼脂糖酶只适合纯度较高的低熔点琼脂糖。

目前 DNA 胶回收试剂盒已经非常普及,不需要低熔点琼脂糖,不需要有机溶剂抽提,实验步骤也十分简单。大多数试剂盒都可以用于普通琼脂糖中 DNA 的回收,DNA 在普通琼脂糖中电泳,然后在紫外灯下切下含有 DNA 条带的胶块,利用试剂盒附带的溶液和柱子来纯化目的 DNA 片段,但其回收的纯度和回收率稍低于低熔点琼脂糖,对连接率和回收量要求较高的最好使用高纯度的低熔点琼脂糖。

低熔点琼脂糖直接法的实现得益于高纯度低熔点琼脂糖产品的出现,其回收步骤更简单,电泳后,直接将条带切下 65° 保温熔化,然后可以直接在熔化的琼脂糖-DNA 混合物中加酶进行后续实验。低熔点琼脂糖直接法不需要经过 DNA 抽提,减少抽提过程的 DNA 损失,非常适合大片段 DNA 的回收,但是这种高纯度低熔点琼脂糖产品,所谓的 GTG 就是遗传技术级琼脂糖,价格仍较昂贵。

(2) 电洗脱法。

电洗脱法一般是将电泳分离后含有目的 DNA 片段的琼脂糖凝胶切割下来,装于透析袋中,继续在高电压下电泳,这时目的 DNA 会从凝胶中电泳出来并进入透析袋中,由于 DNA 分子大(一般用于 >5 kb 的片段),不能透过透析袋,保留于透析袋中。取出透析袋中含 DNA 的溶液,用乙醇沉淀或者进一步用酚/氯仿抽提纯化后用乙醇沉淀。这种回收方法效率较低,只适合用于大片段和量较大的 DNA 的回收,也是传统手工操作 DNA 回收方法之一。

(3) 试剂盒法。

目前的回收试剂盒都是属于洗脱型回收法,它用能吸附核酸的特定膜或者填料来代替有机溶剂的抽提,回收率可以达到 70%~90%。目前商品化的试剂盒种类非常多,根据其吸附核酸的材料不同可以分为膜式回收试剂盒和玻璃奶纯化填料胶回收试剂盒。

膜式回收试剂盒操作简单快速,只需要将电泳凝胶中的产物条带切下,用溶解缓冲液彻底溶解,加到有能吸附 DNA 纯化膜的纯化柱中,离心,再洗涤一次,离心后用洗脱缓冲液洗脱,得到的纯化产物溶液可以直接用于后续实验。柱回收试剂盒回收快速、简单,结果稳定,整个过程不需要什么技巧,大约 10 min 就可以完成纯化过程,因而是目前商品胶回收试剂盒使用最多的方法,但是这个方法更适用于 0.5~15 kb 的 DNA 片段的回收。

与柱回收试剂盒相比,玻璃奶纯化填料胶回收试剂盒可以根据每次回收实验时预期回收量来调整纯化填料的量,使得实验不受限于柱子的载量,也不会造成浪费。玻璃奶纯化填料胶回收试剂盒的操作步骤基本上和膜式胶回收试剂盒一样,将电泳凝胶的条带切下,用溶胶缓冲液溶解,然后加入玻璃奶纯化填料混合,使其吸附 DNA,快速离心沉淀弃上清液,再洗涤一次沉淀,风干沉淀,最后用洗脱液将 DNA 片段从纯化介质中释放出来,再离心取上清液,就可以得到回收的 DNA。这个方法适合不同大小的片段,特别是大片段的回收,但是操作较前者复杂一些,涉及多次离心沉淀和取上清液,有可能会误吸了微量的沉淀;另外对沉淀的干燥程度也有点技巧,干燥过度则不好洗脱,干燥不够会残留有机溶液,影响回收的纯度。针对这一缺点,目前已经有了改进版的玻璃奶纯化填料胶回收试剂盒,它结合了柱回收的优点,把混合了玻璃奶纯化介质的凝胶溶解液加入到一种离心过滤柱上,这种柱子不带纯化填料,只有一层溶液可以通过而玻璃奶不能通过的过滤膜,这样离心后,溶液被去除,结合有目的 DNA 的玻璃奶填料留在柱子里,再利用洗脱缓冲液进行离心洗脱得到目的 DNA。这种试剂盒避免了单纯用玻璃奶纯化填料所遇到的问题。只是因为实验操作较复杂,普及不如膜式的胶回收试剂盒。

需要注意的是,不同的厂家的核酸提取或者回收试剂盒采用的纯化材料和试剂不完全相同,回收质量和回收率会有一定的差异,特别是回收小片段和大片段 DNA,所以应该根据自己的实验要求并借鉴他人的使用经验来选择合适的回收试剂盒,如果试剂盒不能达到实验目的,应该考虑经典的回收方法(表 2-6)。

表 2-6　试剂盒对不同大小的 DNA 的回收率

DNA 片段大小/bp	回收率/(%)
50	20～25
70	30～35
85	40～50
100	60～80
500	70～85
1000	80～90
3000	85～95
9000	80～90
>23000	40～50

3. 核酸提取或者回收试剂盒中常用的核酸吸附材料

(1) 二氧化硅。

在离液盐(如硫氰酸钾溶液、NaI、$NaClO_4$)的条件下,二氧化硅可以同核酸发生吸附反应,而在低盐条件下,核酸又可以从滤膜中释放出来,蛋白质和其他杂质不会被吸附,从而达到纯化核酸的目的,可以用于 RNA 和 DNA 的提取。将二氧化硅制成硅胶膜后,使用更为方便,而且成本低,目前大多商品试剂盒都是采用硅胶膜作为纯化 DNA 的介质。但是当硅胶膜质量较差时,在洗脱过程脱落的痕量二氧化硅会抑制 PCR 反应,目前随着膜技术的发展,硅胶膜的质量也得到了很大的提高,这一问题也得到改善。

(2) 氧化铝。

氧化铝对核酸有很好的吸附作用,其制成的多孔氧化铝膜(aluminum oxide membranes,AOM)是一种良好的核酸提取基质,是二氧化硅的替代物而且也不会抑制 PCR,但缺点是较硅胶膜的成本高。

(3) 玻璃粉或玻璃珠。

玻璃粉或玻璃珠被证实为一种有效的核酸吸附剂,特殊玻璃粉经化学处理制成的玻璃奶悬浮液,能高效、快速吸附 DNA,在高盐溶液中,核酸可被吸附至玻璃基质上,离液盐碘化钠或高氯酸钠可促进 DNA 与玻璃基质的结合。在该方法中,细胞在碱性环境下裂解,裂解液用醋酸钾缓冲液中和后,直接加至含异丙醇的玻璃珠滤板,被异丙醇沉淀的质粒 DNA 结合至玻璃珠,用 80%乙醇抽真空洗涤,除去细胞残片和蛋白质沉淀,最后用含 RNase A 的 TE 缓冲液洗脱与玻璃珠结合的 DNA,获得的 DNA 可直用于后续的各种酶促反应。

(4) 磁珠。

磁珠是无孔、单分散度、聚苯乙烯和二乙烯基构成的超级磁性颗粒,不同类型的磁珠在其表面共价结合有不同基团($—OH^-$、$\equiv NH$、$OH(NH_2)COOH$ 等),用于共价连接蛋白和核酸配体,其纯化原理类似于玻璃奶的纯化方式。也有预先共价连接链霉亲和素的磁珠,可将任何生物素标记的核酸或蛋白吸附在表面;还有的将磁珠用特异性的寡核苷酸探针标记,用于吸附和分离提取特异性的核酸片段,这种方法专一性强,提取纯度高。磁珠纯化核酸操作较烦琐,成本也较高,多用于纯化 mRNA,如利用结合了 Biotin-Oligo （dT）探针的磁珠能专一地吸附含有 poly（A）结构的 mRNA。

4. 提高胶试剂盒回收率的方法

① 增加电泳时的 DNA 上样量。

② 切胶时保证胶块包括完整的 DNA 条带前提下，尽量减小胶块的体积。

③ 把切下的两块或多块胶熔化后，无论多大的体积都用一根管子，转移到同一个柱子上。

④ 溶胶时所加的溶液可多一点，这样更有利于 DNA 与膜的结合，不过一般不要超过 750 μL。

⑤ 溶胶溶液的盐浓度、酸碱性和疏水性影响着 DNA 与柱子吸附材料的结合，是影响胶回收的关键因素。因此，如果电泳缓冲液的 pH 偏高，可在溶胶液中加入 10 μL（pH 5.0，3 mol/L 的 NaAC）。

⑥ 为了提高膜对 DNA 分子吸附力，可以在加热熔化胶后的液体里添加 30% 异丙醇，对于提高小片段 DNA 的回收率更有效。

⑦ 加洗脱液之前，将柱子在室温放置几分钟（大约需 10 min），以使乙醇充分挥发。

⑧ 最后少加些洗脱液，尽量减少回收体积，一般用 20～50 μL 洗脱液洗脱。

⑨ 在加入洗脱液之后，可以在 55℃水浴 5 min 以上再洗脱以提高回收率。

⑩ 将离心后的洗脱液加回吸附柱，再次离心。

六、DNA 琼脂糖电泳的注意事项

1. 凝胶浓度

配制凝胶的浓度据实验需要而定，一般在 0.8%～2.0% 之间，尽量根据实际需要的量来配制。用微波炉加热熔化琼脂糖的时间不宜过长，否则会因水分蒸发导致凝胶浓度增高。没用完的凝胶可以再次熔化，但随着熔化次数的增加，水分丢失也越多，凝胶浓度则会越来越高，导致实验结果不稳定。为了防止这种现象，对凝胶浓度要求较为准确的可以在溶胶前称重，溶胶后补充水至原重量。

2. 胶孔的大小

一般每个制胶模具均配有多个齿型不同的梳板，用于制备不同大小的胶孔来满足不同电泳目的的要求，如大胶孔适用于 DNA 片段回收实验，小胶孔适用于 PCR 产物、酶切产物鉴定等。一般来说，根据上样量尽量选择最小的胶孔，得到的电泳条带致密清晰，便于结果分析。另外，制胶时都要注意梳齿与底板的距离至少要 1 mm，以免拔梳板时损坏凝胶孔底层，导致点样后样品渗漏。

3. 上样

上样的样品需要和上样缓冲液充分混匀，上样缓冲液储存液一般为 6× 或 10×，表示其浓度为工作浓度的 6 倍或 10 倍，使用时上样缓冲液应稀释到 1× 的浓度。制备好琼脂糖凝胶后将凝胶放到缓冲液中，使缓冲液浸过胶面，并使梳孔充满缓冲液；梳孔不能有气泡存在，以免影响加样，甚至影响电泳带型；然后利用移液器在胶孔上方小心将 DNA 样品加到孔中，利用上样缓冲液的沉淀作用将样品沉到孔中。注意吸头不要接触到凝胶，否则造成胶孔损坏，影响 DNA 的电泳带型。切记，不可先上样再加电泳缓冲液，以免缓冲液冲走样品或引起胶孔之间样品交叉污染。

4. 电泳

将电泳仪的正极与电泳槽的正极相连,负极与负极相连,上样一段靠近负极,使样品从负极向正极移动。电泳槽中电泳缓冲液与制胶用电泳缓冲液应相同,电泳缓冲液刚好没过凝胶 1 mm 为好,电泳缓冲液太多则电流加大,凝胶发热。电泳时凝胶上所加电压一般不超过 5 V/cm(此处长度指的是正负电极之间的距离),根据实验需要也可作适当调整,增高电压,可缩短电泳时间,但核酸条带相对来说不够整齐,不够清晰;相反,降低电压,电泳时间较长,但核酸条带整齐清晰。为保持电泳所需的离子强度和 pH,要注意更新电泳缓冲液,在进行电泳的过程中,溴酚蓝有可能会变黄,这是由于电泳液使用过久或残留在电泳液中的凝胶变质引起的。要特别注意,回收 DNA 的电泳要全部换新的电泳缓冲液。

微型凝胶和中型凝胶槽只能装少量的缓冲液,比较大的电泳槽更容易减弱缓冲液的缓冲能力,所以应该优先考虑用缓冲能力更强的 TBE 缓冲液。

第五节　聚丙烯酰胺凝胶电泳

聚丙烯酰胺凝胶用于双链 DNA 电泳的原理和琼脂糖相似,但聚丙烯酰胺凝胶制备较复杂、困难,分离的范围较窄。聚丙烯酰胺凝胶主要优点是分辨率高,能够分辨相差 1 bp的片段,可用于 DNA 测序和 AFLP、微卫星等分子标记等检测;聚丙烯酰胺回收的 DNA 样品纯度高,可用于严格的实验,如引物合成和转基因动物实验时回收样品;聚丙烯酰胺的机械强度高于琼脂糖,不容易损坏。

一、聚丙烯酰胺凝胶电泳的种类

聚丙烯酰胺凝胶电泳按是否添加变性剂可以分为非变性聚丙烯酰胺凝胶(nondenaturing polyacrylamide gel)电泳和变性聚丙烯酰胺凝胶(denaturing polyacrylamide gel)电泳;如果按凝胶浓度是否连续可分为连续与不连续体系两种,连续体系是指在整块凝胶的性质是相同;不连续体系也称梯度胶,整块胶的性质(如变性剂浓度)不相同或电泳过程是不相同的。常用的聚丙烯酰胺凝胶电泳有以下几种:

1. 非变性聚丙烯酰胺凝胶电泳

非变性聚丙烯酰胺凝胶电泳是指不添加尿素和甲酰胺等变性剂的凝胶电泳,用于双链 DNA 片段的分离和纯化。

2. 变性聚丙烯酰胺电泳

变性聚丙烯酰胺凝胶电泳是指添加尿素和甲酰胺等变性剂的凝胶电泳,用于分离和纯化单链 DNA 片段。双链 DNA 分子在一般的聚丙烯酰胺凝胶电泳时,其迁移行为决定于其分子大小和电荷,不同长度的 DNA 片段能够被区分开,但同样长度的 DNA 片段在胶中的迁移行为一样,因此不能被区分。变性聚丙烯酰胺凝胶在一般的聚丙烯酰胺凝胶基础上加入了变性剂(尿素和甲酰胺),从而能够把同样长度但序列不同的 DNA 片段区分开来,常用于 DNA 的测序。

3. 变性梯度聚丙烯酰胺凝胶电泳

变性梯度凝胶电泳(denaturing gradient gel electrophoresis,DGGE)的变性梯度凝胶是在 6％聚丙烯酰胺凝胶中添加线性梯度的变性剂,变性剂的浓度由上到下、从低到高成线性梯度。变性梯度凝胶电泳是一种根据 DNA 片段的熔解性质而使之分离的凝胶系统。其原理是核酸的双螺旋结构在一定条件下可以解链,称为变性,核酸 50％发生变性时的温度称为熔解温度(T_m)。T_m 主要取决于 DNA 分子中($G+C$)％含量的多少。DGGE 将凝胶设置在双重变性条件下:温度 50～60 ℃,变性剂 0～100％,当双链 DNA 片段通过温度(或变性剂浓度)呈梯度增加的凝胶时,此片段迁移至某一点温度或变性剂浓度恰好使双链 DNA 片段的解链区域解链时,此区便开始解链,而高熔点区仍为双链。这种局部解链的 DNA 分子迁移率发生改变,达到与其他 DNA 分离的效果。

T_m 的改变依赖于 DNA 序列,即使一个碱基的替代就可引起 T_m 的升高或降低,因此,DGGE 可以检测 DNA 分子中的任何一种单碱基的替代、移码突变以及少于 10 个碱基的缺失突变。为了提高 DGGE 的突变检出率,可以在一侧引物的 5′端加上一段 30～40 bp 的 GC 结构,这样在 PCR 产物的一侧可产生一个高熔点区,使相应的感兴趣的序列处于低熔点区而便于分析,这样处理可使 DGGE 的突变检出率提高到接近于 100％。

4. 温度梯度凝胶电泳系统

温度梯度凝胶电泳(temperature gradient gel electrophoresis,TGGE)采用了 DGGE 变性梯度凝胶电泳系统的原理,但不使用化学变性剂梯度,操作更简单、快速,便于重复。DNA 上样于含尿素的聚丙烯酰胺凝胶,电泳过程中逐步、均一地升高温度,从而在电泳进行过程中产生一个线性的温度梯度,变性环境即由凝胶中均一的尿素浓度加上时间温度梯度形成。在这样的环境中,双链 DNA 分子之间的氢键变得热力学不稳定,带有突变的 DNA 片段表现出与野生型不同的解链行为,因此,通过电泳,同样长度但序列不同的 DNA 片段就能区分开。TGGE 可以筛选出发生单个或多个碱基突变的双链 DNA 分子,为更加快速、准确地查找突变基因提供了一种先进技术。

二、聚丙烯酰胺凝胶电泳的检测方法

1. EB 检测法

将凝胶浸于含 0.5 $\mu g/mL$ EB 的 1×TBE 溶液中,30～45 min 后取出水洗,放紫外灯下观察电泳结果。聚丙烯酰胺凝胶对 EB 的荧光有淬灭现象,而且其吸附 EB 的能力较强,因而染色后背景较高,使得其检测灵敏度降低,只能检出含量＞10 ng 的 DNA 条带,适合用于以 DNA 回收为目的的电泳。EB 染色后用水漂洗一段时间再观察,或者先把样品和 EB 混合后再上样电泳都可以降低背景。

2. 银染检测

银染时,还原剂将银离子还原,形成黄色或黑褐色的 DNA 条带。银染检测成本低、所用试剂安全、快速、灵敏度高,应用广泛。目前有很多文献报道不同的银染方法,各方法对同一核酸样品染色,其灵敏度和背景都会不同,所以当一种银染不够理想,可以尝试另一种银染方法,或者更换一下试剂。

聚丙烯酰胺凝胶电泳的其他检测方法见第三节。

三、聚丙烯酰胺凝胶的 DNA 回收

如果回收的 DNA 片段用于 PCR 扩增,可将含有 DNA 条带的聚丙烯酰胺凝胶切下,加适量的 TE 溶液,沸水上水浴 5 min,冷却至室温,10 000 r/min 离心 1 min,取适量上清液就可以作为 PCR 扩增的模板了。

如果电泳时上样量足够大,且要回收目的 DNA 片段需用于其他克隆操作,将切下的含有 DNA 条带的聚丙烯酰胺凝胶在保鲜膜上充分碾碎,或者在液氮下进行碾碎,然后用适量的 TE 溶液 65℃保温30 min提取,再高速离心,取上清液用乙醇和醋酸钠沉淀即得目的 DNA。由于聚丙烯酰胺凝胶不能被溶解,充分碾碎对回收率的影响至关重要,有条件的可以利用液氮使聚丙烯酰胺凝胶充分碾碎。

目前在市场上已有一些专门针对聚丙烯酰胺凝胶的回收试剂盒,其原理和琼脂糖凝胶回收试剂盒是一样,也可以直接用一些 PCR 产物回收试剂盒或胶回收试剂盒来对聚丙烯酰胺凝胶中 DNA 进行回收,其关键点还是聚丙烯酰胺凝胶的充分碾碎,碾碎后和试剂盒中的 DNA 结合缓冲液进行结合,然后再进行下一步的纯化。

第三章　核酸工具酶

基因重组是在体外对 DNA 等核酸分子进行识别、切割、重新连接、加工和修饰等操作，而其中所使用到的各种酶统称为工具酶。核酸工具酶主要包括限制性内切酶、连接酶、核酸聚合酶、反转录酶以及一些与 DNA 修饰相关的酶等，它们是基因重组技术不可缺少的工具。

第一节　限制性核酸内切酶

限制性核酸内切酶（restriction endonuclease）简称限制性内切酶，有时也简称内切酶，是一类能从 DNA 分子中水解磷酸二酯键，从而切断双链 DNA 的核酸水解酶。它们不同于一般的脱氧核糖核酸酶（DNase），它们具有特定的核苷酸识别序列，酶切位点大多很严格，是体外剪切 DNA 片段的重要工具。

一、限制性内切酶的发现

限制性核酸内切酶的发现得益于对细菌限制和修饰现象（restriction and modification，简称 R/M 体系）的研究。在 20 世纪 60 年代，当人们在对噬菌体的宿主特异性的限制-修饰现象进行研究时就注意到这样的现象：大多数的细菌对噬菌体的感染都存在一定的障碍（限制），即几乎没有一种噬菌体能感染两种不同的细菌；某一种噬菌体感染某一细菌受到限制，但是当其感染后的子代噬菌体再重新感染同一菌株就不会再受到限制（表3-1），这种现象当时称作寄主控制的专一性（host controlled specificity）。

表 3-1　噬菌体感染不同菌株的感染率

E. coli 菌株	不同 λ 噬菌体的感染率		
	λK	λB	λC
E. coli K	1	10^{-4}	10^{-4}
E. coli B	10^{-4}	1	10^{-4}
E. coli C	1	1	1

注：K 和 B 菌株中存在一种限制系统，可排除外来的 DNA，故感染率低，而对来自自身的噬菌体，由于修饰系统作用的结果感染没有受到限制。而在 C 菌株不能限制来自 K 和 B 菌株的 DNA，感染率均正常。

细菌限制和修饰这种现象的分子生物学研究发现该现象是由两种酶所决定的，并提出限制性内切酶和限制酶的概念，随后从 E. coli K 中首次分离出限制性内切酶 EcoB、

*Eco*K。限制性内切酶和修饰酶的发现很好地解释了细菌的限制和修饰现象，细菌可以抵御新病毒的入侵，而这种"限制"病毒生存的办法则可归功于细胞内部可降解外源 DNA 的限制性内切酶，而重新感染不受到限制则归功于修饰的甲基转移酶。例如，噬菌体 λ（B）感染菌株 K 时由于受到 *Eco*K 核酸酶的攻击，感染受到限制，菌株 K 得到保护。但是当进入菌株 K 所有的 λ（B）被降解前可能受到了甲基化修饰，因而在菌株 K 内产生所有的子代的噬菌体都是受到甲基化修饰的，所以当噬菌体 λ（B）的子代噬菌体再次感染菌株 K 时就不会受到 *Eco*K 核酸酶的攻击，因而没有感染受到限制。

微生物细胞内的限制性内切酶通常伴随一到两种修饰酶（甲基化酶），它起到保护细胞自身的 DNA 不被自身限制性内切酶破坏的作用。修饰酶识别的位点与相应的限制性内切酶相同，但其作用并不是切开 DNA 链，而是甲基化每条 DNA 链中的一个碱基。甲基化所形成的甲基基团能伸入到限制性内切酶识别位点的双螺旋的大沟中，阻碍限制性内切酶发挥作用，从而保护了 DNA 不被内切酶切割。这样，限制性内切酶和它的"搭档"修饰酶一起组成限制-修饰（R-M）系统。在一些 R-M 系统中，限制性内切酶和修饰酶是两种不同的蛋白，它们各自独立行使自己的功能；另一些 R-M 系统本身就是一种大的限制-修饰功能复合酶，由不同亚基或同一亚基的不同结构域来分别执行限制或修饰功能。

1965 年阿尔伯首次从理论上提出了生物体内存在着一种具有切割基因功能的限制性内切酶，并于 1968 年首次从 *E. coli* K 中分离出 Ⅰ 型限制性内切酶 *Eco*B 和 *Eco*K。1970 年美国约翰·霍布金斯大学的史密斯于偶然中发现，流感嗜血杆菌（*Haemophilus influenzae*）能迅速降解外源的噬菌体 DNA，其细胞提取液也可降解 *E. coli* 的 DNA，但不能降解自身 DNA，从而找到 *Hinc*Ⅱ（*Hind*Ⅱ）限制性内切酶。这是首次分离出了 Ⅱ 型限制性内切酶；同年内森斯使用 Ⅱ 型限制性内切酶首次完成了对基因的切割。*Hinc*Ⅱ 限制性内切酶位点和切割位点如下：

$$5'\cdots GTY \downarrow RAC \cdots 3'$$
$$3'\cdots CAY \uparrow RTG \cdots 5' \qquad (R=A\ 或\ G，Y=C\ 或\ T)$$

从此以后，越来越多的限制酶被纯化和分类，并且许多种类已经在实践中得到应用。1986 年下半年发现 600 多种限制酶和近百种甲基化酶，到 1998 年纯化分类的 3000 多种限制性内切酶中，有 30% 是 New England Biolabs（NEB）公司发现的，已发现的限制性内切酶中超过 200 种有特异识别序列。目前商业化的限制酶超过 500 种，其中包括来源于大肠杆菌的 *Eco*RⅠ 和 *Eco*RⅡ，以及来源于 *Heamophilus influenzae* 的 *Hind*Ⅱ 和 *Hind*Ⅲ，它们成为在基因操作实验中广泛使用的限制性内切酶。更详细的内切酶相关信息推荐到 NEB 的官方网站上查询。

二、限制性内切酶的种类

随着越来越多的限制性内切酶被发现，以及更多内切酶的蛋白被测序表明，限制性内切酶的变化多种多样，若从分子水平上分类，应当远远不止我们现在知道的三种。例如从大小上来说，它们可以小到如 *Pvu*Ⅱ 由 157 个氨基酸组成，也可以比 1250 个氨基酸的 *Cje*Ⅰ 更大。因此传统上限制性内切酶的分类是将限制性内切酶按照亚基组成、酶切位置、识别位点、辅助因子等因素划分为 Ⅰ 型、Ⅱ 型和 Ⅲ 型三大类，虽然也有分出 Ⅳ 型的说法，但是现在大多主张分为前三类。

1. Ⅰ型（Type Ⅰ）

Ⅰ型限制性内切酶有识别位点，但没有特定的酶切位点，在分子结构上它是多个亚基组成的蛋白复合体，兼有限制性内切酶和修饰酶活性，能识别专一的核苷酸顺序，并在识别点附近的一些核苷酸上切割 DNA 分子中的双链，但是切割的核苷酸顺序没有专一性，而是随机的。类型Ⅰ的限制与修饰系统种类很少，只占 1% 左右，如 $EcoK$ 和 $EcoB$，是由 R 亚基和 M 亚基两个亚基组成，并各作为一个独立亚基存在于酶分子中，分别执行限制酶和甲基化酶功能。此外，还有负责识别 DNA 序列的 S 亚基，分别由 $hsdR$、$hsdM$ 和 $hsdS$ 基因编码，属于同一个操纵子控制，$EcoK$ 编码基因的结构为 R2M2S，$EcoB$ 编码基因的结构为 R2M4S2。

$EcoB$ 酶的识别位点如下，链中的 A* 为甲基化位点，N 表示任意碱基。

$$TGA*(N)_8TGCT$$

$EcoK$ 酶的识别位点如下，链中的 A° 为可能的甲基化位点。

$$AA°C(N)_6GTGC$$

但是 $EcoB$ 酶和 $EcoK$ 酶的切割位点在识别位点 1000 bp 以外，且无特异性。

以前人们认为Ⅰ型限制性内切酶是很稀有的，但现在通过对基因组测序的结果发现，这一类酶其实很常见。由于Ⅰ型限制性内切酶没有固定的酶切位点，切割长短不一而无特异性，不产生确定的限制性片段和明确的跑胶条带，无法用于分析 DNA 结构或克隆基因，在 DNA 重组技术或基因工程中没有多大用处，因而尽管Ⅰ型酶在生化研究中很有意义，在基因操作中不具备实用性。

2. Ⅱ型（Type Ⅱ）

Ⅱ型限制与修饰系统在细菌中所占的比例最大，达 93%，Ⅱ型限制性内切酶能识别专一的核苷酸顺序，并在识别的序列顺序的内部或者外部的固定位置上切割双链 DNA。从分子结构上来说Ⅱ型酶是最简单的，一般是同源二聚体（homodimer），由两个彼此按相反方向结合在一起的相同亚单位组成，每个亚单位作用在 DNA 链的两个互补位点上。修饰酶是单体，修饰作用一般由两个甲基转移酶来完成，分别作用于其中一条链，但甲基化的碱基在两条链上是不同的。Ⅱ型限制酶识别回文对称序列，在回文序列内部或附近切割 DNA，产生带 3'-OH 和 5'-磷酸基团的 DNA 产物，需 Mg^{2+} 的存在才能发挥活性，相应的修饰酶只需 S-腺苷甲硫氨酸（SAM）。Ⅱ型限制性内切酶识别序列主要为 4～6 bp，或 8 bp 以上且呈二重对称的特殊序列，但少数酶识别更长的序列或简并序列，有些酶识别序列是隔开的，切割位置因酶而异。

在Ⅱ型限制性内切酶中存在一些特殊的类型，比如 $FokⅠ$ 和 $N.AlwⅠ$，它们在识别位点之外切开 DNA。这些酶相对分子质量大小居中，约为 400～650 个氨基酸左右，它们识别连续的非对称序列，有一个结合识别位点的域和一个专门切割 DNA 的功能域。这类酶一般被分为Ⅱs 型（type Ⅱs），约占 5%。Ⅱs 型内切酶与Ⅱ型内切酶具有相似的辅因子要求，但识别序列是非对称，也是非间断的，长度为 4～7 bp，切割位点可能在识别位点一侧的 20 bp 范围内。一般认为这些酶主要以单体的形式结合到 DNA 上，但与临近的酶结合成二聚体，协同切开 DNA 链，因此一些Ⅱs 型的酶在切割有多个识别位点的 DNA 分子时，活性可能更高。

在Ⅱ型限制性内切酶中还有一个特殊的类型,该酶仅仅切割双链DNA中的一条链,造成一个切口,这类限制酶也称切口(或切刻)内切酶(nicking endonuclease),如 N. *Bbv*C ⅠA 识别序列和切割位点如下:

$$\begin{pmatrix} \text{GC} \overset{\downarrow}{} \text{TGAGG} \\ \text{CGACTCC} \end{pmatrix}$$

为了区分,这类酶在命名时前面要加一个 N。

Ⅱ型限制性内切酶的识别和切割的核苷酸都是专一的,所以总能得到同样限制性酶切 DNA 片段,切割长短是固定,电泳可以获得明确的电泳条带,这种限制性内切酶是 DNA 重组技术中最常用的工具酶之一,是商业化酶的主要部分。

3. Ⅲ型(Type Ⅲ)

除了Ⅰ型和Ⅱ型内切酶外,还有一类界于Ⅰ与Ⅱ之间的Ⅲ型限制性内切酶,例如 *Eco*PⅠ,在细菌中含量很少所占比例不到1%。Ⅲ型内切酶是一类集限制和修饰功能于一体的酶,相对分子质量较大,通常由850~1250个氨基酸组成,由 M 和 R 两个亚基组成蛋白质复合物,其中 M 亚基具有识别与修饰的功能,R 亚基具有核酸酶的活性。Ⅲ型内切酶需要在 Mg^{2+} 以及辅助因子 ATP 和 SAM 的条件下才能呈现对 DNA 分子的切割活性。有些Ⅲ型内切酶在反应过程中可能会沿着 DNA 分子移动,并从识别序列的一侧单链切割 DNA,如 *Eco*P1 和 *Eco*P15,它们的识别序列分别是 AGACC 和 CAGCAG ,切割位点则在下游24~26 bp 处,由于是单链切割,很少能产生完全切割的 DNA 片段;而另一些Ⅲ型内切酶,如 *Bcg*Ⅰ,识别序列为 CGANNNNNTGC,在识别位点的两端切开 DNA 链,产生一小段含识别序列的片段。这些酶的氨基酸序列各不相同,但其结构组成是一致的,与Ⅰ型一样,Ⅲ型内切酶识别序列是不连续的,切割位点是不固定,因此不产生特异性的限制性 DNA 片段电泳条带,在基因操作中不具备实用性。

三种类型的内切酶比较见表 3-2。

表 3-2　三种类型内切酶的比较

	Ⅰ型	Ⅱ型	Ⅲ型
酶分子结构	三个亚基组成复合体,单一功能酶	大多是由两个亚基组成二聚体,单一功能酶	2 个亚基组成双功能酶,有甲基化-限制性内切酶功能
识别序列	非对称,识别特定的序列	4~6 bp,大多数为回文对称结构(Ⅱs 例外)	5~7 bp 非对称
切割位点	无特异性,至少在识别位点外 1000 bp	有特异性,在识别位点中或靠近识别位点左右	在识别位点下游24~26 bp
限制反应与甲基化反应	互斥,由不同酶执行	功能分开,由不同酶执行	同时相互竞争
限制作用是否需要 ATP	全酶才有活性,需要 ATP、Mg^{2+} 和 SAM	需要 Mg^{2+},不需要特殊条件,不需要 ATP	需要 SAM、ATP、Mg^{2+}
应用于基因操作	发现最早,很少使用	广泛应用于基因操作	与类型Ⅰ一样,少使用

在基因操作中所说的限制性内切酶或修饰酶,除非特指,一般均指Ⅱ型酶。

三、限制性内切酶的命名

按照国际命名法,限制性内切酶属于水解酶类。其分布极广,几乎在所有细菌的属、种中都发现至少一种限制性内切酶,多者在一个属中就有几十种,例如,在嗜血杆菌属中(*Haemophilus*)现已发现的就有 22 种。为了避免限制性内切酶的混淆,1973 年,Smith 和 Nathans 对内切酶的命名提出建议,以对限制性内切酶命名进行规范,1980 年,Roberts 对限制性内切酶的命名进行分类和系统化。现在通用的命名原则是:

名称由 3~4 个字母组成,方式是:属名+种名+株名+序号。

第一个字母,斜体,大写,取自来源细菌属名的第一个字母。

第二个字母,斜体,小写,取自来源细菌种名的第一个字母。

第三字母,斜体,小写,取种名的第二个字母,且小写;若种名有词头,且已命名过内切酶,则取词头后的第一字母代替。

第四字母,若有株名,株名则作为第四字母,是否大小写,根据原来的情况而定。

顺序号,若在同一菌株中分离了几个限制性核酸内切酶,则按先后顺序用罗马数字Ⅰ,Ⅱ,Ⅲ,…来代表。

如限制性内切酶 *Hind* Ⅲ,*Hin* 指来源于流感嗜血杆菌(*Haemophilus influenzae*),d 表示来自菌株 Rd,Ⅲ表示序号(表 3-3)。以前在限制性内切酶和修饰酶前加 R 或 M,且菌株号和序号小写,但现在限制性内切酶名称中的 R 省略不写。

表 3-3 限制性核酸内切酶的命名实例

细菌属名	细菌种名	菌株名称	限制酶名称
Arthrobacter	*luteus*		*Alu* Ⅰ
Bacillus	*amyloliquefaciens*	H	*Bam*H Ⅰ
Escherichia	*coli*	RY13	*Eco*R Ⅰ
Haemophilus	*influenzae*	Rd	*Hind* Ⅲ

四、Ⅱ型限制性内切酶的序列识别特性

1. Ⅱ型限制性内切酶识别序列的长度

Ⅱ型限制性核酸内切酶识别序列的长度一般为 4~8 个碱基,最常见的是 4 个或 6 个碱基,少数也有识别 5 个或者 7、9、10、11 个碱基的。某一 DNA 含有某一内切酶识别位点的理论个数与内切酶识别碱基的个数、碱基组成及 DNA 的碱基组成有关,可以进行估算。

如果识别位置在 DNA 分子中分布是随机的,不考虑内切酶和 DNA 的碱基组成,那么每隔 4^n bp(n,酶识别序列的长度)就有一个识别位点,就是说限制性内切酶识别的碱基数决定了当一种 DNA 分子被这种酶降解后的片段的大小。如当识别序列为 4 个和 6 个碱基时,平均每 $4^4=256$ 个和 $4^6=4096$ 个碱基中会出现一个识别位点,通过公式计算就可以预测一段 DNA 可能被切割成多少个片段,但这只是理论的估算。实际上,很多物种的(G+C)%含量都不是等于 50%的,因此 DNA 序列中四种碱基不是完全相等的,识别相同碱基数的不同的内切酶,在同一 DNA 序列上的出现的频率是不一样的。

例如,某一段 DNA 序列的(G+C)%含量为 60%,用同样是识别 6 个碱基的内切酶 *Kpn* Ⅰ和 *Eco*R Ⅰ来切割,两个酶的识别序列在这一序列上出现的频率是不一样的,得到的片段数目也不一样。可以通过以下方法计算得到。

Kpn Ⅰ和 *Eco*R Ⅰ的识别序列分别是 AGGCCT 和 GAATTC。

(G+C)%含量为 60%得知各碱基含量:A%=T%=20%,G%=C%=30%,

序列 AGGCCT 出现的频率为:

$1/(20\%A \times 30\%G \times 30\%G \times 30\%C \times 30\%C \times 20\%T) \approx 3086$;

序列 GAATTC 出现的频率为:

$1/(30\%G \times 20\%A \times 20\%A \times 20\%T \times 20\%T \times 30\%C) \approx 6944$。

由上可知,在(G+C)%含量为 60%的 DNA 序列上,识别序列 AGGCCT 的 *Kpn*Ⅰ大约 3086 bp 就会出现一个识别位点,而识别序列 GAATTC 的 *Eco*R Ⅰ大约 6944 bp 才会出现一个识别位点,两者相差 1 倍以上。

2. Ⅱ型限制内切酶识别序列的结构

不同限制性内切酶具有自己特异性的识别序列,大多数Ⅱ型限制性内切酶都以同源二聚体的形式结合到 DNA 上,因而Ⅱ型内切酶的识别序列一般都是对称回文结构序列,但有少数的酶是以一单聚体结合到 DNA 上,其识别序列为非对称序列,如 *Mbo* Ⅱ。

一些Ⅱ型限制性内切酶识别的序列是连续对称回文结构,如 *Eco*R Ⅰ识别序列为 GAATTC;而一些酶识别是不连续的对称回文结构序列,如 *Bgl* Ⅰ识别的序列为 GC-CNNNNNGGC(N 为任意碱基),但其真正具有特征的识别序列是 GCC 和 GGC。

一些Ⅱ型限制性内切酶识别的序列中的一个或几个碱基是可变的,如 *Hae* Ⅱ识别序列为 RGCGCY(R=A 或 G,Y=C 或 T)[①],这类内切酶称为可变酶,它们识别序列的长度往往≥6 个碱基。

一些识别简并序列的限制酶包含了另一种限制酶的功能,如 *Eco*R Ⅰ识别和切割位点为 G↓AATTC,*Apo* Ⅰ识别和切割位点为 R↓AATTY(R=A 或 G,Y=C 或 T),因此 *Apo* Ⅰ可识别和切割 *Eco*R Ⅰ的序列,这种现象也称为"同功多位"。

一种酶的识别序列包含于另一些酶的识别序列之中的内切酶称为嵌套酶(Subset 酶)。如 *Bam*H Ⅱ的识别序列是 GGATCC,*Sau*3A Ⅰ识别的是 *Bam*H Ⅰ识别序列中间的 GATC 4 个碱基。

3. Ⅱ型限制性内切酶的切割位置

Ⅱ型限制性内切酶对 DNA 的切割位置大多数在识别序列内部,例如 *Eco*R Ⅰ的识别序列和切割位点为 $\begin{pmatrix} G \downarrow AATT\ C \\ C\ TTAA \uparrow G \end{pmatrix}$,它切割双链 DNA 的两个切点都在识别序列的内部。有些内切酶的切割位置在识别序列的外部,切割位置在识别序列外部的又可以分成在两端、两侧和单侧。在两端是指酶切割双链 DNA 的位点分别在识别序列最外一个碱基的

[①] 简并碱基的字母代表的碱基

R:A 或 G;Y:C 或 T;M:A 或 C;K:G 或 T;S:C 或 G;W:A 或 T;H:A 或 C 或 T;B:C 或 G 或 T;V:A 或 C 或 G;D:A 或 G 或 T;N:A 或 C 或 G 或 T。

外侧,例如 Sau3A I $\begin{pmatrix} {}^{\downarrow}\text{GATC} \\ \text{CTAG}_{\uparrow} \end{pmatrix}$;在两侧是指切割双链 DNA 的两个切点分别在识别序列

的两侧,例如 $Tspr$ I $\begin{pmatrix} \text{N NNCASTGNN}^{\downarrow}\text{N} \\ \text{N}_{\uparrow}\text{NNGTSACNN N} \end{pmatrix}$,其切割位点与识别序列有一个以上的碱基

分割;在外侧是酶切点双链 DNA 的两个切点都是在识别位序列位点外的一侧,例如 Bbv I 和 Hga I 等。切割位点在两侧的内切酶还有一类特殊的,与其他酶不同,它们不是只产生一个断点,而是在识别位点的两侧各切开一个断点,并得到一段 DNA 小片段,例如 Bcg I 和 BsaX I 等。识别位点与切割位点不一致,且切割点在识别位点外侧 10 个碱基左右,如 Mbo II 切割位点在下游第 8 个碱基,Fok I 切割位点在识别位点下游第 9 个碱基。这类识别位点与切割位置不一致的内切酶被称为远距离裂解酶(distant cleavage)。

五、Ⅱ型限制性内切酶的切割特性

1. 产生对称性互补末端

识别序列为对称回文结构序列且切割位点在识别序列内的内切酶(平端酶除外),切割双链 DNA 后形成两条单链带有几个伸出核苷酸的切口,它们之间正好互补配对,这样的切口叫黏性末端(cohesive end),这样形成的两个末端是相同的,也是互补的。黏性末端可以分为 5′黏端和 3′黏端,在对称轴 5′侧切割产生 5′黏端,如 EcoR I;在对称轴 3′侧切割产生 3′黏端,如 Pst I。两种不同的限制性内切酶切割后存在以下 3 种情况:

① 识别序列不同,切割位点不同,产生酶切片段的末端不同,如 EcoR I 和 Pst I;

② 识别序列相同,但是切割位点不同,产生酶切片段的末端不同,如 Kpn I 和 Asp718 I;

③ 识别序列不同,但是切割位点相同,产生酶切片段的黏性末端是相同的,如 Bgl II 和 BamH I。切割能产生相同黏性末端的内切酶被称为同尾酶(isocaudiners),同尾酶产生的黏性末端可以进行黏性末端连接,但是连接后产生的新序列不能都被原来的酶识别。

注意:所有平端酶产生的末端均是相同的,并可以相互进行连接,但一般不把它作为同尾酶来研究,所以平端酶不能被称为同尾酶。

来源不同、命名也不同的限制酶具有相同的识别序列和切割位点,产生相同末端的内切酶称为同裂酶(isoschizomer)或异源同工酶,例如,Hpa II 和 Msp I 来源不同,识别序列和切割位点均为 C↓CGG。对于同裂酶的定义存在着不同观点,有观点认为来源于不同微生物,但能识别相同 DNA 序列的限制性内切酶,切割位点可以相同也可以不同。如 Acc65 I 和 Kpn I 的识别序列均为 GGTACC,但它们的切割位点不同,分别为 GGTAC↓C 和 G↓GTACC,它们也被称为同裂酶;Sma I 和 Xma I 它们识别序列均为 CCCGGG,但 Sma I 切后产生平末端,而 Xma I 切后产生黏性末端,它们也被称为同裂酶。也有观点认为同裂酶应该分为完全同裂酶和不完全同裂酶,像 Hpa II 和 Msp I 有相同的识别序列和切割位点是完全同裂酶;而有相同的识别序列,但切割位点不同是不完全同裂酶,也称异工酶。在国内外的资料,同裂酶的英文以 isoschizomer 表示占绝大多数,只有极少数国内资料将其表示为 isocaudomer,对前面所提的不完全同裂酶,国外都一致称为 neoschizomer。

同裂酶之间的性质有所不同,如对离子强度、反应温度以及对甲基化碱基的敏感性等

方面可能有所差别,有一些同裂酶对于切割位点上的甲基化碱基的敏感性有所差别,可用来研究 DNA 甲基化作用。

2. 产生平末端

一些内切酶在识别序列的回文对称轴处同时切割 DNA 的两条链,断裂 DNA 的末端为平末端,如 *Hae* Ⅲ(GG↓CC)、*Sma* Ⅰ(CCC↓GGG)和 *Eco*R Ⅴ(GAT↓ATC),这类限制性内切酶也称为平端酶。不同平端酶产生的 DNA 平末端是相同的,可任意相互连接,但连接效率较黏性末端低。

3. 产生非对称性末端

有些内切酶识别序列的碱基数为奇数的非对称序列,如 *Bbv*C Ⅰ,它的识别序列和切割位点为 CC↓TCAGC,其切割的 DNA 产物的末端为非对称的序列。

能识别简并序列的可变酶,其识别序列中可能有非对称的序列,切割 DNA 产物可以产生非对称末端。如 *Acc* Ⅰ,它的识别序列和切割位点为 GT↓MKAC(M=A 或 C,K=G 或 T),由于识别碱基可变的,也就是说它可识别 4 种序列,其中 GTAGAC 和 GTCTAC 都为非对称序列,而 GTCGAC 和 GTATAC 是对称的。

识别序列为间隔的不连续序列的内切酶,如 *Dra* Ⅲ,其识别序列和切割位点为 CACNNN↓GTG,间隔区域的序列是任意碱基的,切割 DNA 产物也可以产生非对称末端。

切割位置在识别序列外部的内切酶,如 *Ear* Ⅰ,其识别序列切割位点分别是 $\left(\begin{smallmatrix}\text{CTCTTCN↓NNN}\\ \text{GAGAAGN NNN↑}\end{smallmatrix}\right)$,切割 DNA 产物可以产生非对称末端。

需要注意的是,如果内切酶识别序列是连续的且切割位点在识别序列内部的,它切割不同 DNA 的末端是可以相互连接的。如果是能识别简并序列的可变酶、识别间隔序列的内切酶和切割位置在识别序列外部的内切酶,由于存在碱基的可变性,它们切割不同 DNA 产生的末端有可能是不相同的,这时是不能相互连接的。

六、限制性内切酶对其他基质 DNA 的作用

研究发现有些限制性内切酶除了分解双链 DNA 分子,还能够降解其他类型的核酸分子。*Eco*R Ⅰ、*Hind* Ⅲ、*Sal* Ⅰ、*Msp* Ⅰ、*Alu* Ⅰ、*Taq* Ⅰ 和 *Hac* Ⅱ 等能分解 DNA-RNA 杂交分子;*Hha* 1、*Sfa* 1、*Mba* Ⅱ、*Hinf* Ⅰ、*Hpa* Ⅱ、*Pst* Ⅰ、*Blu* Ⅰ、*Ava* Ⅰ、*Hac* Ⅱ、*Dde* Ⅰ、*Sau*3AL、*Acc* Ⅱ 和 *Hpa* 1 等能切割单链 DNA。目前还没有发现 *Alu* Ⅰ、*Bbv* Ⅰ、*Dpn* Ⅰ、*Fnu*D Ⅱ、*Fok* Ⅰ、*Hpa* Ⅱ、*Hph*、*Mbo* Ⅰ、*Mbo* Ⅱ、*Msp* Ⅰ、*Sau*3A Ⅰ 和 *Sfa*N Ⅰ 能切割单链 DNA 的活性。虽然有些内切酶能降解单链 DNA,但其效率和稳定性都较差,如 *Hha* Ⅰ、*Hin*P1 Ⅰ 和 *Mnl* Ⅰ 切割单链 DNA 的效率是双链 DNA 的 50%,*Hae* Ⅲ 切割单链 DNA 的效率是双链的 10%,而 *Bst*N Ⅰ、*Dde* Ⅰ、*Hga* Ⅰ、*Hinf* Ⅰ 和 *Taq* Ⅰ 切割单链 DNA 的效率是双链的 1%。

在分子水平上来看,内切酶几乎不可能识别并切开单链 DNA,而某些内切酶之所以能够降解单链 DNA,一般认为是因为这些内切酶识别了这些单链 DNA 上多个回文结构之间堆积形成的暂时性双链结构。因此,内切酶对单链 DNA 的切割受很多因素的影响,

这些因素包括：DNA 上识别位点的数目，这些位点之间的距离，单链 DNA 堆积形成二聚体的稳定性（富含 GC 的底物要比富含 AT 的单链 DNA 底物切割效率高），以及在识别位点之外有多少个保护碱基序列，等等，因此内切酶对单链 DNA 的切割稳定性和重复性差，在基因重组中没有太多实际用途。

七、Ⅱ型限制性内切酶的星号活性

内切酶星号活性（star activity）也称为次级活性或者第二活力，其定义为：在非标准的反应条件下，内切酶切割与识别位点相似但不完全相同的序列，得到不同的酶解片段的酶活性称为星号活性。酶的星号活性在酶的名称右上角加一个星号（＊）表示，如 $EcoRI^*$。

$EcoRI$ 的星号活性实例：

正常：识别 GAATTC 6 个核苷酸序列。

异常：可识别 AATT 4 个核苷酸序列。

现象：酶切产物电泳出现的 DNA 条带数比正常情况下多。

有观点认为，这种星号活性可能是内切酶的一种普遍特性，如果提供相应反应条件，所有内切酶都会出现非特异性切割。产生星号活力的实质是：单碱基替换、识别序列外侧碱基缩短以及单链切割。早期研究表明，在低盐浓度、高 pH 条件下，$EcoRI$ 可能切割 NAATTN 序列；后来研究表明，只要识别中心的四碱基序列 AATT，不出现 A/T 替换，它可以切割其他任何单碱基替代序列。

NEB 已证实下列酶存在星号活性，$ApoI$、$AseI$、$BamHI$、$BssHII$、$EcoRI$、$EcoRV$、$HindIII$、$HinfI$、$PstI$、$PvuII$、$SalI$、$ScaI$、$TaqI$、$XmnI$。

容易产生星号活性的因素主要有以下几方面：

① 甘油浓度过高，较高的甘油浓度是引起星号活性的常见原因。甘油浓度以体积分数表示，有些酶在甘油浓度＞5％时就引起信号活性；在限制性内切酶的浓度与 DNA 数量的比值为 50 U/μg DNA 时，甘油的含量为 7.5％，便能引起星号活性；当用酶浓度较低至 10 U/μg DNA 时，甘油含量高于 15％或以上，也会引起星号活性。

② 酶与底物 DNA 比例过高，会引起星号活性。不同的酶，比例不同，通常酶用量＞100 U/μg DNA 时就可能引起星号活性。可见实验中应使用尽量少的酶，这样可以避免过度消化；也可以降低甘油浓度，加酶量一般不超过反应体积的 10％。

③ 离子强度也有影响。不合适的低盐浓度（＜25 mmol/L）会引起星号活性。

④ 阳性离子的变化也有影响。Mn^{2+}、Cu^{2+}、Co^{2+}、Zn^{2+} 等阳离子替换 Mg^{2+} 会引起星号活性，如将反应缓冲液中 Mg^{2+} 改为 Mn^{2+} 时，可促使 $EcoRI$ 和 $HindIII$ 产生星号活性。

⑤ 溶液中 pH 的变化，高 pH（＞pH 8.0）时容易引起星号活性，如用 $EcoRI$ 酶解时，反应体系中的 pH 由 2.5 升高到 8.5 时也会出现星号活性。

⑥ 有机溶剂残留的影响，DMSO、乙醇、乙烯乙二醇、二甲基乙酰胺、二甲基甲酰胺、Sulphalane 等有机溶剂的存在都可以引起星号活性。

由此可见，只有在相当特殊的条件下，才会产生星号活性，而在正常条件下，使用酶配套的缓冲液，一般的内切酶就不会出现星号活性。抑制星号活性的方法有：尽量用较少的酶进行完全消化反应，这样可以避免过度消化以及过高的甘油浓度；尽量避免有机溶剂（如制备 DNA 时引入的乙醇）的污染；将离子浓度提高到 100～150 mmol/L（若酶活性不受离子强度影响);将反应缓冲液的 pH 降到 7.0,二价离子用 Mg^{2+} 等。

八、DNA 的分子结构及构型对酶切效率的影响

DNA 分子结构对限制性内切酶的活性有很大影响,例如,HaeⅢ,EcoRⅠ,MSPⅠ和 $Hind$ Ⅲ需要酶切位点呈双链状态,并且至少有两圈双螺旋结构才能被切割,即使有些酶能分解单链 DNA,其切割位点仍然需要呈双链分子结构。

限制性内切酶切割线性 DNA 时,对识别序列两端的非识别序列也有长度的要求,也就是说在识别序列两端必须有一定数量的核苷酸,否则限制性内切酶将难以发挥切割活性。用 20 个单位(units)限制性内切酶切割 1 mg 标记的寡核苷酸做测试时,发现不同的酶对识别序列两端的长度有不同的要求(表 3-4)。相对来说,EcoRⅠ对两端的序列长度要求较小,在识别序列外侧有一个碱基对时,2 h 的切割活性可达 90%,而 AccⅠ和 $Hind$ Ⅲ对两端的序列长度要求较高。用线性 DNA 片段(线性载体)检测末端长度对切割的影响时,同样发现识别序列的末端长度对酶切效率有明显影响,且不同的酶对末端长度的要求是不同的。因此在设计 PCR 引物时,如果要在 5′末端引入一个酶切位点,为了保证能够顺利切割扩增的 PCR 产物末端的酶切位点,必须要在引物的 5′末端加上能够满足酶切要求的碱基数目,也称保护碱基。

表 3-4 DNA 末端长度对酶切效率的影响

内切酶	不同末端长度 DNA	2 h	20 h
AccⅠ	CCG**GTCGAC**CGG	0	0
	C**AAGCTT**G	0	0
$Hind$Ⅲ	CC**AAGCTT**GG	0	0
	CCC**AAGCTT**GGG	10%	75%
EcoRⅠ	GG**AATTC**C	>90%	>90%
	GC**TGCAG**C	0	0
PstⅠ	TGC**ACTGCAG**TGCA	10%	10%
	CTGCAG(N) 20	0	0
	AA**CTGCAG**(N) 14	>90%	>90%

由于末端长度对酶切效率的影响,对于多克隆上相邻酶切位点,选择不同的酶组合及不同的酶切顺序,酶切效率会有很大的差异。例如,下面一质粒多克隆上 XhoⅠ、EcoRⅠ和 PstⅠ三个相邻酶切位点(图 3-1),用不同的酶组合和不同酶切顺序,酶切效率不同。

图 3-1 XhoⅠ、EcoRⅠ和 PstⅠ三个酶切位点相邻

如果第一次酶切用 EcoRⅠ,酶切效率为 100%,第二次用 XhoⅠ,酶切效率为 97%;而如果第二次用 PstⅠ,则酶切效率只有 37%。如果第一次用 XhoⅠ,酶切效率为 100%,第二次用 EcoRⅠ,酶切效率为 100%;如果先用 PstⅠ,再用 EcoRⅠ进行酶切,其效率则

只有 88%。可见对于多克隆位点,如果两个内切酶的位点相临近,要进行双酶切时,不同酶切顺序,酶切效率会有很大的差异,了解末端长度对切割的影响还可帮助在双酶切多克隆位点时选择合适酶切顺序和合适的组合。

DNA 的超螺旋结构对酶切效率也有影响,完全酶解超螺旋结构 DNA 所需的酶量要比已经酶切成线性的 DNA 所需的酶量多,不同的限制内切酶受超螺旋结构影响的程度不同,如 Sal I 受影响大于 Bam H I(表 3-5)。

表 3-5 不同酶受超螺旋结构的影响

酶的名称	A	B
Bam H I	2	1
Eco R I	2.5	1
$Hind$ Ⅲ	2.5	2.5
Sal I	7.5	3

注:A:指 1 g 超螺旋 pBR322 质粒完全酶切所需要最低的酶单位数;

B:指先用 Pst I 酶切成的 pBR322 线性 DNA 后完全酶切所需要最低的酶单位数。

九、内切酶的位点优势效应

某些限制性内切酶对同一 DNA 分子上的多个识别位点的切割效率不同,这种现象被称为内切酶的位点优势效应。例如,λDNA 分子上有 5 个 Eco R I 识别位点,然而 Eco R I 并不是随机切割 λDNA 分子上的 5 个识别位点,λDNA 右侧位点的切割速率比中间位点快 10 倍;$Hind$ Ⅲ 对 λDNA 不同位点的切割速率则有 14 倍的差异;Sac Ⅱ 在 λDNA 上有 4 个识别位点,其中 3 个位于序列中间,1 个位于靠近右末端(第 40,386 位碱基),中间 3 个位点的切割速率是末端位点的 50 倍。

位点优势效应与限制性内切酶的特性有关,有些酶只能切割含有两个识别序列的双链 DNA 分子。例如,Bsp M I、Sfi I 和 Ngo M IV 为同源四聚体蛋白,它们结合 2 个识别序列,并两条链同时切开 4 个磷酸二酯键。这些酶的底物 DNA 分子上必须有两个识别位点,当只有一个识别序列时,切割就变得相当困难。只能切割含有 2 个识别序列 DNA 分子的现象虽不是很普遍,但在 Ⅱs 型内切酶中还是相当常见的,这些酶通常情况下为单体,但切割两条链 DNA 时会很快结合形成二聚体,这些酶包括 Fok I、Bsg I、Bpm I 和 Mbo Ⅱ。另外一些酶,如 Eco R Ⅱ 和 Nae I 所需的两个识别位点中,一个位点作为目标被切割,另一位点作为变构因子协助切割。对这些酶而言,第二个协助切割的位点可以在底物 DNA 上,也可以以寡核苷酸的形式存在。Hpa Ⅱ、Nar I 和 Sac Ⅱ 在某些底物的一些位点切割效率很低,或是干脆无法切开,其作用机制尚不明了。Nae I、Nar I 和 Bsp M I 很难被切开只有一个识别位点的质粒,pBR322 质粒上有 4 个 Nar I 识别位点,在标准条件下,1 单位的 Nar I 在 1 h 内就可以完全切开其中的两个位点,即使加入 50 单位的 Nar I 消化超过 16 h 也不能将另外的 2 个位点完全切开。同样的,pBR322 质粒上的 4 个 Nae I 识别位点中,有两个很容易被切开,第三个被切开的速率较慢,而剩下的一个最难,切割速率仅为前者的 1/50。Nae I 和 Nar I 在 λDNA 上各只有 1 个识别位点,即使加大酶的用量,它们也只能部分切开 λDNA。因此,这些酶的活力单位的定义均以腺病毒-2 的 DNA 为底物,它们在腺病毒-2 上有 10 个以上的识别位点。例如,Nar I 或 Nae I 的活力单位定义为:50 μL 反应体系,1 h 内完全切割 1 μg 病毒-2 的 DNA 所需要的酶量。

内切酶的位点优势效应这一特性对于 DNA 的部分酶切非常重要,但其机制尚未完全明了,一般认为内切酶的位点优势效应是与酶识别的序列的相邻序列的碱基和长度有关,与甲基化无关。有报道称腺病毒-2 上的 CTCGAG 序列很难被 $PaeR7$ Ⅰ 切开,却很容易被 $PaeR7$ Ⅰ 的同裂酶 Xho Ⅰ 切开,被认为是相邻序列影响了酶的切割效率;CTCGAG 的 5′ 末端 CT 序列降低了 $PaeR7$ Ⅰ 的切割效率,而甲基化不会影响切割效率。

十、甲基化对内切酶的影响

当从有 Dam 或 Dcm 甲基化酶基因的大肠杆菌中提取 DNA,用相应的限制性内切酶进行切割时,有些内切酶的部分或全部酶切位点不能被切割,产生这一现象的原因是,当 $E.\,coli$ 甲基化酶的识别位点与内切酶的识别位点重叠时,相应的碱基被甲基化,致使内切酶无法进行切割,例如,从 dam⁺ $E.\,coli$ 中分离的质粒 DNA 完全不能被识别序列为 GATC 的 Mbo Ⅰ 所切割。

大多实验用大肠杆菌中都存在 Dam、Dcm 和 M.$EcoK$ Ⅰ 三种位点特异性的 DNA 甲基化酶。Dam 甲基化酶由 dam 基因编码产生,它专一地将 S-腺苷甲硫氨酸上的甲基转移到 GATC 序列中腺嘌呤的 N_6 上。Dcm 甲基化酶,由 dcm 基因编码产生,它专一地对 CCAGG 和 CCTGG 序列内部的胞嘧啶 C_5 位置进行甲基化。$EcoK$ Ⅰ 甲基化酶,即 M.$EcoK$ Ⅰ,对 AAC(N_6)GTGC 和 GCAC(N_6)GTT 上的腺嘌呤进行修饰。由于在 DNA 随机序列中 $EcoK$ Ⅰ 的识别位点每 8 kb 才出现一次,Dam 大约每 256 bp 出现一次,Dcm 大约每 512 bp 出现一次,因此,应用时更多地关注 Dam 和 Dcm 的影响。

有些内切酶对 Dam 甲基化不敏感,如 $BamH$ Ⅰ,$Sau3A$ Ⅰ,Bgl Ⅱ,Pvu Ⅰ 等。有些内切酶对 Dam 甲基化敏感,如 Bcl Ⅰ,Cla Ⅰ,Mbo Ⅰ,Xba Ⅰ 等。如 Xba Ⅰ 根据识别序列后续碱基的不同,有时会受甲基化影响。Xba Ⅰ 的识别序列是 TCTAGA,里面不含有 Dam 甲基化识别位点 GATC,因此甲基化不影响 Xba Ⅰ 的切割,但是,如果识别位点前面是 GA,即 GATCTAGA,或者后面有 TC,即 TCTAGATC,这时候甲基化识别序列和内切酶的识别序列重叠了,那么该序列被甲基化后不会被 Xba Ⅰ 切开。从大肠杆菌提取的质粒 DNA,因为识别序列被甲基化,不能被 Xba Ⅰ 切割,而如果是 PCR 产物,由于没有被甲基化,就能 Xba Ⅰ 切割。因此在设计限制性内切酶酶切位点时也应考虑到内切酶甲基化影响,在使用内切酶时,应仔细阅读内切酶使用说明书中关于受甲基化影响的详细信息。

被 Dam 或 Dcm 甲基化的限制性位点可以通过克隆 DNA 至 dam-/dcm-菌株而消除甲基化,从而可以被相应的内切酶切割。dam-/dcm-菌株有 $E.\,coli$ HST04、JM110 和 SCS110 等。

在高等真核生物中发现的 CpG 甲基转移酶(CpG MTases),将甲基基团转移至胞嘧啶残基的 C_5 位点。CpG 甲基化形式受遗传因素的影响,具有组织特异性,并与基因表达相关。因此,在酶切真核基因组 DNA 时尤其要关注 CpG 甲基化对内切酶酶切效率的影响,一旦真核生物 DNA 被克隆到原核宿主菌中,将不存在 CpG 甲基化形式。

十一、限制性内切酶使用注意事项

1. 温度

限制性内切酶对热不稳定,不太常用的酶多保存在 −70℃,每周或每天用的酶保存在

－20℃。有些酶需要不同的保存条件,所以商品酶都是按照产品说明书的要求进行保存。

为避免在－20℃条件下结冰及反复冻融使酶失活,商品酶一般用50%甘油作为酶的保护剂,因此加酶的体积不要超过反应总体积的1/10,避免酶活性受到甘油的影响产生星号活性。有些商品酶浓度很高,浓缩的限制酶可在使用前用1×的酶缓冲液稀释,切勿用水稀释以免酶失活,稀释后的酶不能长期保存。准备使用的酶稍离心,然后直立放置于－20℃备用,使用时酶通常是最后加入,当加完所有的组分后再从－20℃取出酶,并直立放在冰上或者预冷－20℃的有孔的铁块上,取完酶立即旋紧盖子放回于－20℃保存。手拿酶管时不要接触酶管含酶的部分,移酶时尽可能用长的吸头,避免污染。用完后需要及时送回原处。酶反复从－20℃拿出来会吸收空气中的水分,使甘油和酶的浓度都发生改变,出现酶结冰的情况,所以取完酶应立即旋紧盖子放回于－20℃保存,对于大包装的内切酶最好分装保存。

2. 缓冲液

商品的内切酶一般会配有一种以上的缓冲液,一般按离子强度的差异分为高、中、低三种类型,不同的酶在不同类型的缓冲液中的活力不同,产品说明书会提供一个不同类型缓冲液下酶活力信息。如果要进行双酶切时选择合适的缓冲液就显得至关重要了,如果两种酶反应温度一致而最高活力的缓冲液不同时,有些供应商还会提供一种通用缓冲液,也可查阅由供应商提供的各种酶在不同缓冲液中的活力表,如果有一种缓冲液能同时使2种酶的活力都超过50%的话,就可以用这种缓冲液作为双酶切的反应缓冲液;若找不到共用的缓冲液,则可以先用低盐的缓冲液进行第一种酶的反应,然后再加适量NaCl和第二种酶;或先用低盐缓冲液再用高盐缓冲液(DNA可纯化或不纯化),如果内切酶对离子浓度很敏感的可以考虑纯化更换缓冲液。双酶切时,若两种酶切的条件不同,则分别进行两次酶切,切完一次后,纯化,再进行下一次酶切;反应温度不同的,先进行低温的酶切反应,再进行高温的酶切反应;若盐浓度要求不同,先在低盐浓度下酶切,再在高盐浓度下酶切。有些酶的缓冲液需要添加牛血清白蛋白(BSA)或明胶,其目的是对内切酶起保护作用,可以防止蛋白酶的分解和非特异性吸附等,能减轻某些有害环境因素,如加热、表面张力及化学因素,引起的酶变性作用,在酶的保存液中或酶活性不够稳定或长时间的酶反应体系中都加定量的BSA。由于BSA会与DNA结合,在电泳时会出现条带模糊的拖尾现象,因此,在电泳前可加入适量的SDS,并置65℃保温5 min后点样,可以消除BSA的影响。

3. 反应体积

反应体积需要根据实验目的来定,常规的酶切反应体积一般为10～50 μL,鉴定的酶切体积为10～20 μL,若酶切大量的DNA,可以将DNA分成几部分进行酶切,然后分别电泳检测,再混合进行下一步的实验。反应混合物中DNA底物的浓度不宜太大,小体积中过高浓度的DNA会形成黏性溶液,抑制酶的扩散,并降低酶活性,浓度过低也会影响酶活性,建议酶切反应的DNA浓度为0.1～0.4 μg/μL。酶的用量产品说明书会提供一个参考值,但是在需要使用高酶量的时候需要注意甘油的最终浓度不要超过5%,也就是说10 μL的体积,酶的用量不要超过1 μL。酶切反应的全部组分加完后,可用移液器的吸头将反应液小心混匀,或用手指轻弹一下管壁,再在桌面离心机上低速稍离心(short spin)一下,使管内的液体全部离心到管底就可以下一步保温了,一般不能使用振荡器进行混匀。

4. 反应温度

大多数内切酶的反应温度都是 37℃,但也有许多例外的情况,例如,Sma I 是 25℃,Mae I 是 45℃,来源于耐热菌的 Taq I 最适反应温度为 65℃。反应温度低于或高于最适反应温度,都会影响内切酶的活性,甚至最终导致完全失活。例如,Sma I 的最适合温度是 25℃,37℃时酶仍表现出活性,但是其活性下降 50%;Taq I 的最适温度为 65℃,37℃的活性仅为 65℃的 1/10。

5. 反应时间

反应时间的选择,一般酶切鉴定 30 min 就可以了。要完全酶切可以采用少量的酶,长时间的反应,或较高的酶量,短时间处理。反应温度高于 37℃或需长时间保温时,要注意水分蒸发会使反应体系中的反应体积变小(高温时甚至会变干),使各组分浓度发生改变,从而影响到酶切的效果。这时,可以使用封闭的恒温系统进行保温,减少体系上下的温差,从而减少水分蒸发,也可以将矿物油覆盖在反应液上以减少水分蒸发。

如果酶切只是为了电泳鉴定,不需要进行下一步实验的,可直接用电泳上样缓冲液来终止反应,然后立即进行电泳。如果要进行下一步酶切反应,需要进行内切酶的灭活。灭活的方法有加热、乙醇沉淀、酚/氯仿抽提、添加 EDTA 或 SDS、用试剂盒纯化 DNA 等方法,加热失活法终止反应(65~85℃,20 min)最为常用,但它并不适用于所有的酶,有些来自高温菌的内切酶,由于其能够耐受较高的温度,热处理不一定完全灭活,需要用苯酚/氯仿/乙醇抽提或者试剂盒方法进行纯化。电泳回收也是实验室常用的除酶的手段。具体到某种一种酶可能有些方法不能完全灭活,这一点需要注意,因此要根据自己的实验要求选择最合适和简单的灭活方法。

限制性核酸内切酶酶切 DNA 的效率很大程度上取决于 DNA 本身的纯度,纯度高的 DNA 酶切效率高,纯度低的 DNA 酶切效率低。如果由于 DNA 纯度较低,在正常的酶切效率较低时,可以适当做如下补救:适当增加酶的用量,如每 μg DNA 由 1 个单位提高 5~10 倍,当然对于一些价格较昂贵的酶,从这种角度讲也是一种损失,在实验设计时要权衡考虑。适当扩大反应体积,可使污染物相应得到稀释,减少污染物对酶活性的抑制;适当延长酶解的反应时间,但有 DNase 污染的 DNA 不能用此法;如 RNA 过多可在反应体系中加入适量的 RNase 来消除 RNA 的影响。

不同的内切酶特性差异很大,受甲基化影响程度不一样,降解 DNA 的活力不一样,是否具有位点优势效应等特性都会影响到内切酶在实际基因重组实验中的应用。虽然大多数内切酶都已经是基因重组产品,但由于不同的商品内切酶在表达和纯化上的难度不一样,价格差异很大,活力也不一样,因此在实验设计时要尽量考虑用活力较高、价格相对较便宜的内切酶。

第二节 连 接 酶

连接酶是能催化两个核酸分子连接成一个分子或把一个核酸分子的首尾相连接的

酶,此反应与 ATP 的分解反应相偶联。

一、连接酶连接作用的分子机理

连接酶(ligase)旧称"合成酶",是 1967 年在三个实验室同时发现的,最初发现于大肠杆菌中。它是一种封闭 DNA 链上缺口酶,借助 ATP 或 NAD 水解提供的能量催化 DNA 链的 $5'$-磷酸基与另一 DNA 链的 $3'$-OH 生成磷酸二酯键。但这两条链必须是与同一条互补链配对结合的(T4 DNA 连接酶除外),而且必须是两条紧邻 DNA 链才能被 DNA 连接酶催化成磷酸二酯键。常用的 DNA 连接酶有来自大肠杆菌的 DNA 连接酶和来自噬菌体的 T4 DNA 连接酶两种,二者的作用机理类似。

T4 DNA 连接酶作用过程分三步:第一步,T4 DNA 连接酶与辅助因子 ATP 形成酶-AMP 复合物;第二步,酶-AMP 复合物结合到具有 $5'$-磷酸基和 $3'$-OH 切口的 DNA 上,使 DNA 腺苷化;第三步,产生一个新的磷酸二酯键,把缺口封起来,同时释放出 AMP。

在生物体内,DNA 连接酶在 DNA 复制、修复和重组中起着重要的作用,连接酶有缺陷的突变株不能进行 DNA 复制、修复和重组。在基因操作实验中,DNA 连接酶主要作用是将由限制性核酸内切酶"剪"出的 DNA 黏性末端重新连接起来,故也称"基因针线"。

二、连接酶的种类

1. 大肠杆菌 DNA 连接酶

大肠杆菌 DNA 连接酶(*E. coli* DNA ligase)最先是从大肠杆菌细胞中分离纯化得到,是由大肠杆菌染色体 DNA 编码的相对分子质量为 75 000 的多肽链。它只能催化黏性末端的双链 DNA 的连接,不能催化平末端双链 DNA 连接;需要 NAD^+ 作为辅助因子,活性较 T4 DNA 连接酶低,但是其连接背景低,连接更为准确。该酶对胰蛋白酶敏感,可被其水解,水解后形成的小片段仍具有可以催化酶与 NAD^+(而不是 ATP)反应形成酶-AMP 中间物的活性,但不能继续将 AMP 转移到 DNA 上促进磷酸二酯键的形成。

在大肠杆菌细胞中,约有 300 个分子的大肠杆菌连接酶,和 DNA 聚合酶 I 的分子数相近,这也是比较合理的现象。因为 DNA 连接酶的主要功能就是在 DNA 聚合酶 I 催化聚合,填满双链 DNA 上的单链间隙后封闭 DNA 双链上的缺口。

2. T4 DNA 连接酶

T4 DNA 连接酶(T4 DNA ligase)最早是从 T4 噬菌体感染的大肠杆菌中纯化而得,是由 T4 噬菌体 DNA 编码的相对分子质量为 60 000 的多肽链。它能催化 DNA 末端的 $5'$-磷酸基与另一个 DNA 末端的 $3'$-OH 连接成磷酸二酯键,在连接反应中以 ATP 为辅助因子。T4 DNA 连接酶不仅可以连接双链 DNA,也可以使 DNA-RNA 和 RNA-RNA 黏性末端或平头末端进行连接。与大肠杆菌 DNA 连接酶不同的是,T4 DNA 连接酶既能连接黏性末端,也可以连接平端的双链 DNA,但是效率比黏性末端低很多。T4 DNA 连接酶活性很容易被 0.2 mol/L 的 KCl 和精胺抑制,而 NH_4Cl 可以提高大肠杆菌 DNA 连接酶的催化速率,而对 T4 DNA 连接酶则无效。需要注意的是,无论 T4 DNA 连接酶,还是大肠杆菌 DNA 连接酶都不能催化两条游离的 DNA 链的末端相连接。T4 DNA 连接酶容易制备,活力和连接效率高,所以在分子生物研究中的应用最为广泛。

3. T4 RNA 连接酶

T4 RNA 连接酶(T4 RNA ligase)来源和作用机理与 T4 DNA 连接酶相同,不同的是其作用的模板是 RNA 或单链的 DNA,是一种 ATP-依赖的可以催化单链 RNA、单链 DNA、单核苷酸分子间或分子内 5′-磷酸末端与 3′-OH 末端之间形成磷酸二酯键的连接酶,连接时需要 5′-磷酸基和 3′-OH 的存在。

T4 RNA 连接酶主要用于 RNA 和 RNA 之间的连接,不仅可以进行 RNA 分子间的连接,也可以进行 RNA 分子(最短 8 个碱基)的环化连接和 tRNA 修饰;可以用于 RNA 和单核苷酸之间的连接,单核苷酸必须为 5′和 3′均磷酸化的形式,这常用于 RNA 的 3′末端标记;可以用于 DNA 和 RNA 之间的连接,当 DNA 提供 5′-磷酸基,RNA 提供 3′-OH 时,连接效率较高,当 DNA 提供 3′-OH,RNA 提供 5′-磷酸基时,连接效率非常低。此外,T4 RNA 连接酶也可以用于 DNA 和 DNA 之间的连接,但连接效率非常低,主要用于 DNA 的环化连接,例如,5′ RACE 中的 cDNA 环化。

早期的 T4 RNA 连接酶是从 T4 噬菌体感染的大肠杆菌中纯化得到,纯度和活力都较低。目前商品化的 T4 RNA 连接酶由大肠杆菌重组表达,有些供应商(如 NEB)有两种 T4 RNA 连接酶产品,一种是 T4 RNA 连接酶Ⅰ(ssRNA 连接酶),英文名称为 T4 RNA ligase Ⅰ(ssRNA ligase),其表达基因的来源为 T4 噬菌体的 T4 RNA 连接酶Ⅰ截短型基因,其用途主要用于前面所述的单链模版连接。另外一种 T4 RNA 连接酶产品是 T4 RNA连接酶Ⅱ(T4 RNL2 截短型),英文为 T4 RNA ligase Ⅱ。T4 RNA 连接酶Ⅱ可特异性地将 DNA 或 RNA 的预腺苷酰化 5′末端连接到 RNA 3′末端,连接时不需要 ATP,但需要预腺苷酰化底物。T4 RNL2 截短型的表达基因来自 T4 RNA 连接酶Ⅱ基因的前 249 个核苷酸,与全长的 T4 RNA 连接酶 2 不同,T4 RNL2 截短型不能将底物的 5′末端腺苷酰化,无法将 RNA 或 DNA 的 5′磷酸末端连接到 RNA 的 3′端,因为此酶只能利用腺苷酰化的引物,可以有效地降低连接背景,在基因操作实验中该酶可用于 micro RNAs 克隆中接头连接的优化。

4. 热稳定连接酶

热稳定 DNA 连接酶(thermostable DNA ligase)最早是从嗜热高温放线菌(*Thermoactinomyces thermophilus*)中分离纯化得到的,其在 85℃高温下仍能保持连接酶的活性,而且在重复多次升温到 94℃之后仍然保持连接酶的活性,所以称为热稳定 DNA 连接酶。该酶可用于要求高温反应条件的连接反应。目前市场上多种商品化的热稳定连接酶都来源于大肠杆菌重组菌株,但其表达的基因来源于不同的嗜热菌,因此商品的热稳定连接酶都是根据其基因来源的微生物进行命名的,如来源于 *Thermus filiformis* 菌株称为 *Tfi* DNA 连接酶;来源于 *Thermus aquaticus* HB8 菌株的称为 *Taq* DNA 连接酶;来源于 *Thermococcus* sp. 9°N 菌株称为 9°NTM DNA 连接酶。

热稳定 DNA 连接酶可以催化磷酸二酯键的形成,使杂交到同一互补靶 DNA 链上的两条紧邻的寡核苷酸链的 5′-磷酸末端和 3′-OH 末端通过磷酸二酯键连接,相当于对双链 DNA 分子中的缺口进行连接,活性需要 NAD^+,其最适反应温度一般在 45～65℃,其中 9°NTM DNA 连接酶基因克隆自极度耐热的海底超嗜热古菌(*Thermococcus* sp. 9°N)——一种发现于北纬 9°,2500m 深的海底火山口处的嗜热菌,该酶在 45～90℃范围内均能保持很高的活性。一般在95℃半衰期超过1 h,在65℃超过50 h,所以其可以用于连接酶链反应(ligase chain reaction,LCR)。

LCR 属于一种探针扩增技术,是依赖靶核苷酸序列的寡核苷酸探针的连接技术。这种方法应用4种寡核苷酸探针(即两对互补的引物),当它们在体外结合到靶序列上以后,用耐热DNA连接酶将它们连接起来。

LCR 的基本原理是:首先加热至一定温度(94~95℃)使 DNA 变性,双链打开,然后降温退火(65℃),这时引物与之互补的模板 DNA 复性退火,如果与靶序列杂交的相邻的寡核苷酸引物与靶序列完全互补只留下一个缺口,DNA 连接酶即可连接封闭这一缺口,则 LCR 反应的三步骤(变性—退火—连接)就能反复进行,每次连接反应的产物又可在下一轮反应中作模板进行再连接反应,从而使目标靶序列得到扩增。若连接处的靶序列有点突变,引物不能与靶序列精确结合,缺口附近核苷酸的空间结构发生变化,连接反应不能进行,也就不能形成连接产物,目标靶序列就没有得到扩增。1991 年 Backman 和 Barany 分别用耐热 DNA 连接酶进行了 LCR 试验,耐热 DNA 连接酶可以在热循环中保持活性,提高连接反应的特异性,排除了背景扩增和免除了不断补充酶的烦琐程序,使 LCR 具有了实用性。

LCR 反应识别点突变的特异性高于普通的 PCR 反应,其特异性首先取决于引物与模板的特异性结合,其次是耐热连接酶的特异性。LCR 连接反应温度接近引物的 T_m,因而识别单核苷酸错配的特异性极高,扩增效率与 PCR 相当,用耐热连接酶做 LCR 只用两个温度循环,94℃min 变性和65℃复性并连接,循环30次左右就可以进行检测了,其产物的检测也较方便灵敏,可以把扩增产物进行凝胶电泳后放射自显影或者利用酶免疫检测法。LCR 作为一种新的 DNA 体外扩增和检测技术,比 PCR 具有更高的敏感性和特异性。主要用于点突变的研究与检测、靶基因的扩增、微生物病原体的检测及定向诱变等,还可用于单碱基遗传病多态性及单碱基遗传病的产物诊断,微生物的种型鉴定,癌基因的点突变研究等。

正是 LCR 反应特异性高于普通的 PCR 反应,ABI 公司的 SOLiD 第二代高通量测序技术采用 LCR 技术进行测序反应,也称连接法测序"Sequence by Ligation"。

注意:虽然热稳定连接酶活性是定义为对黏性末端的连接反应,但是其连接反应的特性与其他 DNA 连接酶(如 T4 DNA 连接酶)有很大差异(表 3-6),用途也不相同,因此不能把热稳定连接酶作为 DNA 连接酶的替代品。

表 3-6 不同连接酶的比较

连接酶	T4 DNA 连接酶	E. coli DNA 连接酶	T4 RNA 连接酶	热稳定连接酶
来源	T4 噬菌体感染的大肠杆菌	大肠杆菌	T4 噬菌体感染的大肠杆菌	嗜热菌
相对分子质量	约 60 000	约 75 000	约 47 000	约 73 000
辅助因子	ATP	NAD$^+$	ATP	NAD$^+$
底物	双链 DNA、DNA-RNA 和 RNA-RNA	双链 DNA 的互补黏性末端	RNA,单链 DNA	双链 DNA 的缺口
用途	黏性或者平末端的连接,应用广泛	活力较 T4 DNA 连接酶低,只能用于黏性末端的连接	单链 RNA,单链 DNA 的连接	主要用于 LCR

三、连接酶的单位定义

连接酶单位最早是 1968 年由 Weiss 提出的,称为 Weiss 单位(Weiss Unit),现也称 PPi 单位。Weiss 单位定义为:在 37℃下,20 min 催化 1 nmol/L 的 ^{32}P 从焦磷酸根上置换到[γ,β-^{32}P]ATP 分子上所需的酶量,现在大多数厂商仍使用这种单位。由于 Weiss 单位定义中测试的是 T4 DNA 连接酶中除连接功能外的另一种磷酸基团交换功能,并且测试温度高达 37℃,与实际连接反应相比,无论在哪一方面都有一定的差距,于是,1970 年 Modrich 与 Lehman 提出了真正度量连接功能的 d(A-T)环化单位,又称外切酶抗性检测。d(A-T)环化单位的定义为:30℃下 30 min 将 100 nmol/L 的 d(A-T)(约 2 kb 长)转化成抗外切酶的形式。

与 Weiss 单位相比,d(A-T)环化单位更接近实际,但仍有一定的问题,例如,环化单位测试中用的是纯 AT 片段,与实际连接中 4 种碱基随机排列不符,再者,如果连接酶将片段连接成多聚体而未环化时,仍可能被外切酶所切,除此之外,与实际上大多数连接反应使用的温度 16℃相比,30℃的反应温度仍显得偏高。

为了衡量实际连接条件下的酶活力,NEB 公司提出了接近实用条件的黏性末端连接单位(cohesive end ligation unit),也称为 NEB 单位,其定义为:20 μL 1× T4 DNA 连接酶反应缓冲液中,16 ℃反应条件下,30 min 能使 5′端浓度为 0.12 μmol/L(约 300 μg/mL)的经 $Hind$ Ⅲ 消化的 λDNA 片段连接上 50%所需的酶量。

由于目前 Weiss 单位和黏性末端连接单位都有厂商在使用,两个单位之间的换算关系为:1 NEB 单位=0.015 Weiss 单位,或者 1 Weiss 单位=67 NEB 单位。

四、连接酶使用注意事项

1. 连接产物的构型

在单一 DNA 分子的连接反应体系中,在连接酶单位定义的底物浓度内,DNA 的浓度高,其末端之间的连接概率也高,连接产物量也会上升。在实际的基因操作实验中,连接都是在两个或两个以上的 DNA 分子间进行的,末端之间就会产生相互的竞争,所以末端的浓度会直接影响到连接产物的分子构型。连接产物的构型有两种:一种是线性的,是由不同的分子间的末端首尾相连接而成的线性 DNA 分子;另一种是环状的,是由同一个 DNA 分子或者多个 DNA 分子连接成大的线性分子,然后进一步首尾末端环化连接而成。

连接产物(重组 DNA 分子)的分子构型不仅与连接 DNA 浓度有关,而且与连接 DNA 分子的长度有关。在一定的浓度范围内,小分子的 DNA 片段比大分子的容易发生分子内环化,所以在进行质粒的单酶切连接反应中,需要通过去磷酸化处理来防止质粒的自身环化。同样道理,在质粒的连接反应中,两个质粒分子间连接的概率比质粒分子内环化低很多;而长度恒定的 DNA 分子,降低浓度反而有利于分子的环化。对于重组 DNA 的连接反应往往是直线性的载体分子和外源的线性分子之间的连接,其希望的目的连接产物是载体分子和单个插入片段的重组子,所以不仅要考虑分子反应体系中总的 DNA 浓度,也要考虑载体末端和插入片段末端的比例。在一定总 DNA 浓度的范围内,对于具有相同的黏性末端的载体和插入片段的连接,形成载体和插入片段重组分子的比例会随着插入片段浓度的提高而快速增加,但达到一定的峰值后会缓慢下降。可见要求得到环化的有效连接产物,DNA 浓度不可过高,一般不会超过 20 nmol/L,如果是线性化的连接产物,DNA 的浓度可以高些,至少是接近推荐的浓度。在用大质粒载体进行大片段克隆时,以及在双酶切片段的连接反应中,DNA 浓度还应降低,甚至是 DNA 的总浓度低至几个 nmol/L。有研究表明,T4 DNA 连接酶对 DNA 末端的表观 K_m 为 1.5 nmol/L,所以,连接时 DNA 浓度不应低于 1 nmol/L,即应具有 2 nmol/L 的末端浓度。对于质粒性载体,为了降低载体分子间的环化,载体 DNA 的浓度不宜过高,外源 DNA 末端的浓度应该大于载体末端浓度的 2 倍以上;但是对于 λ 噬菌体载体一类的线性载体,重组子相对分子质量过大或过小都不能被包装,所以期望的连接产物为线性的重组单体杂合分子,这时载体(com 的左臂和右臂)和外源片段的可连接末端的比例接近 1:1。

2. 连接前的酶切及处理方式

载体不同的酶切方式及处理方式,也会影响到连接产物中重组杂合分子的比例。载体用两种内切酶进行酶切处理,其重组杂合率比用单酶切的高;将载体进行回收纯化的重组杂合率比不经过回收的高,单酶切载体经去磷酸化处理的重组杂合率比不进行去磷酸化处理的高。

3. 连接温度

理论上连接酶最适反应温度为 37℃,此时连接酶的活性最高,但是黏性末端的连接中,一般末端都只有 4 个碱基是互补配对的,在 37℃,黏性末端分子形成配对结构的氢键结合不稳定,因此连接反应一般在 4～16℃间进行,传统上将连接温度定为 16℃,时间为 4～16 h。对于一般的黏性末端来说,20℃,30 min 就足以取得相当好的连接效果,当然如果时间充裕的话,20℃ 60 min 能使连接反应进行得更完全一些;对于平末端是不用考虑氢键问题的,可使用较高的温度,使酶活力得到更好的发挥。

4. ATP 浓度

T4 DNA 连接酶活性依赖 ATP,反应缓冲液中 ATP 的浓度在 0.5～4 mmol/L 之间,较多用 1 mmol/L。研究发现,ATP 的最适浓度为 0.5～1 mmol/L,过浓会抑制反应。例如,5 mmol/L 的 ATP 会完全抑制平末端连接,黏性末端的连接也有 10% 被抑制,所以一般平末端连接要求的 ATP 较黏性末端连接的浓度低。此外,在缓冲液中还有 DTT,它能提供一定的还原能力。值得注意的是,由于 ATP 极易分解,含有 ATP 的缓冲液应于 −20℃保存,溶化取用后立即放回冰箱保存。连接缓冲液体积较大时,最好分小管贮存,防止反复冻融引起 ATP 分解,从而导致连接实验的失败。与限制性内切酶缓冲液不同的是,含 ATP 的连接缓冲液长期放置后往往失效,所以也可自行配制不含 ATP 的缓冲液(可长期保存),临用时加入新配制的 ATP 母液。PEG 能提高 T4 DNA 连接酶的连接效率,所以有些产品会在缓冲液中加入一定浓度的 PEG 或者附带有专门的含有 PEG 的缓冲液。

5. 酶量

通常在连接反应中使用的 DNA 浓度比酶单位定义的底物浓度低 10～20 倍,因此,黏性末端 DNA 连接的酶用量在 0.1 单位时就可以达到很好的连接效果。由于大多厂商提供的连接酶浓度往往是高浓度的,从这个意义上讲,常规的黏性末端的连接反应体系中酶量的加入往往是过量的。有些厂商会提供低浓度和高浓度的连接酶产品,进行黏性末端连接时需先行稀释,稀释液的成分与酶保存缓冲液相同或类似,稀释液中的酶能在长时间保持活力,也便于随时取用。平末端的连接效率比黏性末端连接的效率低,所以酶用量要比黏性末端连接大 10 倍以上,并使用低浓度的 ATP,延长连接反应的时间。

　　在实际的连接实验中,很多因素包括实验操作的因素都会影响到连接的重组率或成功率,相对小片段的连接会比大片段的连接容易,因此很多影响连接成功的因素容易被忽略。在实际的连接实验中也发现 5 kb 以下载体和 3 kb 以下的片段相互连接很容易,对于双酶切处理的载体甚至不需要进行回收纯化都可以很容易获得理想连接结果;而大于15 kb 以上的载体和外源片段的连接,或者要克隆 8 kb 以上的片段,连接就会变得十分困难。因此,从某种程度上来说,在遵循原则的条件下,经验的积累比严格按照数据计算来确定连接反应中载体和模板 DNA 的浓度显得更为有效。实际上离子浓度、EDTA、杂蛋白和存留有活性的酶,特别是去磷酸化酶等影响酶切的因素多会影响到连接的效果,尤其在大片段 DNA 的连接中,高质量的酶及化学试剂显得更为重要。一些操作也会影响到连接的效果,例如,对载体的回收纯化大多数都是采用琼脂糖凝胶电泳进行,琼脂糖的质量不仅影响到 DNA 的回收率,而且它含有一些多糖能够和 DNA 结合,在电泳胶回收时DNA 不容易被去除,并会对后续的 DNA 连接反应产生影响,而且回收的过程对 DNA 黏性末端也会有损伤。所以对于大片段 DNA 而言,使用纯度较高的琼脂糖对于后续大片段 DNA 的连接也是十分重要的。此外,平端的连接对离子浓度很敏感,回收的时候多洗涤,可以采取添加 PEG,减少 ATP 的用量和扩大酶量,22℃连接 2 h 后再 4℃连接过夜,尽可能缩小连接反应的体积(最好不超过 10 μL,在 5～6 μL 最佳)等措施。

第三节　DNA 聚合酶

　　聚合酶(polymerase)是指生物催化合成 DNA 或 RNA 的一类酶的统称,包括 DNA聚合酶(DNA polymerase)和 RNA 聚合酶(RNA polymerase)。1957 年,美国科学家阿瑟·科恩伯格(Arthur Kornberg)首次在大肠杆菌中发现 DNA 聚合酶。聚合酶除作为自然界生命活动中不可缺少的组分外,在实验室中大多用作生命科学研究的工具酶之一。

　　在生物体内,DNA 聚合酶是一种参与 DNA 复制的酶,脱氧核苷三磷酸(dATP、dCTP、dGTP、dTTP 统称为 dNTPs)为底物,沿模板的 $3' \rightarrow 5'$ 方向,将对应的脱氧核苷酸连接到新生 DNA 链的 $3'$ 端上,使新链沿 $5' \rightarrow 3'$ 方向延长,合成一条与原有的模板链序列互补的新链。已知的所有 DNA 聚合酶均以 $5' \rightarrow 3'$ 方向合成 DNA,但其不能起始合成新的 DNA,而只能将单个脱氧核苷酸加到模版上已有的 RNA 或 DNA[即引物(primer)]的$3'$ 末端的—OH上。因此,DNA 聚合酶除了需要模板作为序列合成的指导,还需要有引物来起始合成。

　　简而言之,在分子生物学的基因操作中所提到的 DNA 聚合酶是指能够催化合成DNA 的一类酶,在 DNA 模板链上,将脱氧核苷酸连续地加到双链 DNA 分子引物链的$3'$-OH 末端合成与模板互补的 DNA 序列。

　　DNA 聚合酶是一类酶,都具有催化核苷酸聚合能力的共同特点,但在外切酶活性和聚合速率等方面就各有差别。常用的 DNA 聚合酶有大肠杆菌 DNA 聚合酶、大肠杆菌

DNA 聚合酶Ⅰ、Klenow 大片段酶、T4 DNA 聚合酶、修饰的 T7 DNA 聚合酶、*Taq* DNA 聚合酶及反转录酶等。它们介导的 DNA 合成起始于和 DNA 配对的引物,引物 3′端带有一个自由的羟基,随后是在 DNA 聚合酶的催化下完成一个碱基的延伸,不同的 DNA 聚合酶广泛应用于分子生物学实验。

一、大肠杆菌 DNA 聚合酶

大肠杆菌 DNA 聚合酶(*E. Coli* DNA polymerase Ⅰ),又称 Kornberg 酶,是研究得较为清楚的 DNA 聚合酶。大肠杆菌中有三种不同类型的 DNA 聚合酶,即 DNA 聚合酶Ⅰ、DNA 聚合酶Ⅱ和 DNA 聚合酶Ⅲ,它们分别简称为 Pol Ⅰ、Pol Ⅱ和 Pol Ⅲ。Pol Ⅰ和 Pol Ⅱ的主要功能是参与 DNA 的修复过程,而 Pol Ⅲ的功能看来是同 DNA 的复制有关。大肠杆菌 DNA 聚合酶Ⅰ有 5′→3′的聚合酶活性、3′→5′的外切酶活性和 5′→3′外切酶活性三种酶活力。Pol Ⅰ必须存在 dNTPs、Mg^{2+}、带有 3′-OH 游离基团的引物链和 DNA 模板等条件才能够催化合成 DNA 的互补链。此酶的模板专一性和底物专一性均较差,它可以用人工合成的 RNA 作为模板,也可以用核苷酸为底物。在无模板和引物时还可以从头合成同聚物或异聚物。Pol Ⅱ具有 3′→5′外切酶活性,但无 5′→3′外切酶活性,该酶的最适模板是双链 DNA 中间有空隙(gap)的单链 DNA 部分,而且该单链空隙部分不长于 100 个核苷酸,需有 Mg^{2+} 和 dNTP 时才能表现出酶活性;而 Pol Ⅲ有 3′→5′和 5′→3′外切酶活性,但是 3′→5′外切酶活性的最适底物是单链 DNA,只产生 5′-单核苷酸,不会产生二核苷酸,即每次只能从 3′端开始切除一个核苷酸,5′→3′外切酶活性也要求有单链 DNA 为起始作用底物,一旦开始复制后,便可作用于双链区,是细胞内 DNA 复制所必需的酶。

大肠杆菌中的三种 DNA 聚合酶中,Pol Ⅰ同 DNA 分子克隆的关系最为密切,其主要用途有:与 DNase Ⅰ一起使用进行缺口平移标记探针,在 Okayama-Berg 法中合成 cDNA 第二链等。

二、Klenow 大片段酶

Klenow 大片段酶(Klenow fragment 或 Klenow enzyme,Klenow 酶)是由大肠杆菌 DNA 聚合酶Ⅰ经枯草杆菌蛋白酶(subtilisin)或胰蛋白酶分解切除小亚基而得,因而没有了小亚基 5′→3′的外切酶活性,而 5′→3′聚合酶活性和 3′→5′外切酶活性保持不变。目前商品化的 Klenow 酶是通过克隆技术去除了小亚基的重组酶。

Klenow 酶的用途有:用于黏性末端的补平,如内切酶酶切所形成的 5′黏末端被补齐为平端;合成 cDNA 的第二条链,由于该酶没有 5′→3′的外切酶活性,因此此 5′端的 DNA 不会被降解,容易合成全长 cDNA;用于 Sanger 双脱氧法测定 DNA 序列;用于定点突变等。

三、T4 DNA 聚合酶

T4 DNA 聚合酶(T4 DNA polymerase)是从 T4 噬菌体感染的大肠杆菌中分离纯化来的,由噬菌体基因 43 编码,与 Klenow 酶一样,没有 5′→3′的外切酶活性,具有 5′→3′的聚合酶活性与 3′→5′外切酶活性。与 Klenow 酶活性相比,T4 DNA 聚合酶有如下几个特点:

(1) 作用于单链的 $3'\rightarrow 5'$ 外切酶活性比作用于双链时的活性更强，即单链 DNA 要比双链 DNA 中的非配对链部分更容易被 T4 DNA 聚合酶所消化，其 $3'\rightarrow 5'$ 外切酶活性比 Klenow 酶强 $100\sim 1000$ 倍。

(2) 在没有 dNTP 存在的条件下，T4 DNA 聚合酶能按 $3'\rightarrow 5'$ 降解双链 DNA，这一活性称为 T4 DNA 聚合酶的独特功能。

(3) dNTP 对 T4 DNA 聚合酶 $3'\rightarrow 5'$ 外切酶活性有抑制作用，如果反应体系存在一种 dNTP，那么当降解进行到这一种碱基时会停止。例如，当反应体系存在 dGTP 时，那么降解到 G 碱基时降解反应就会停止（图 3-2）。

T4 DNA 聚合酶的用途有：双链 DNA 的 $5'$ 或 $3'$ 突出末端的平滑化；通过置换反应进行标记 DNA 探针合成；定点突变过程中第二链的合成，合成效率高于 Klenow 酶；不依赖于连接反应的 PCR 产物克隆。

```
5′  NNNNNNNNNNNNNNNNNNNNGACTTC   3′
3′  NNNNNNNNNNNNNNNNNNNNCTGAAG   5′
        dGTP  ↓   T4 DNA 聚合酶
5′  NNNNNNNNNNNNNNNNNNNNG        3′
3′  NNNNNNNNNNNNNNNNNNNNCTGAAG   5′
```

图 3-2 dNTP 对 T4 DNA 聚合酶 $3'\rightarrow 5'$ 外切酶活性的抑制

四、T7 DNA 聚合酶

T7 DNA 聚合酶（T7 DNA polymerase）由 T7 噬菌体感染的大肠杆菌纯化获得，它由两种亚基组成，一个来自 T7 噬菌体基因 5 编码的蛋白质，一个来自大肠杆菌基因编码的硫氧还蛋白。T7 DNA 聚合酶酶活与 Klenow 酶相似，具有 $5'\rightarrow 3'$ DNA 聚合酶活性和 $3'\rightarrow 5'$ 核酸外切酶活性，不同的是 T7 DNA 聚合酶是所有 DNA 聚合酶中持续合成能力最强的一种，所合成的 DNA 长度亦比其他聚合酶长得多。T7 DNA 聚合酶 $3'\rightarrow 5'$ 外切酶活性比 Klenow 酶强 1000 倍，其用途与 T4 DNA 聚合酶相似，但特别适合于大分子模板上引物开始的 DNA 延伸合成，较其他聚合酶更不受 DNA 的二级结构的影响。

T7 DNA 聚合酶最初具有 $5'\rightarrow 3'$ 聚合酶活性以及单链和双链 $3'\rightarrow 5'$ 外切酶活性，现在商品化的 T7 DNA 聚合酶都是大肠杆菌的重组酶，其产品有未经修饰的和经过修饰的。T7 DNA 聚合酶用适当化学方法修饰处理后，可使 $3'\rightarrow 5'$ 外切酶活力明显下降或完全丧失，修饰改造后的 T7 DNA 聚合酶又称 T7 测序酶。T7 测序酶具有很高的聚合速度和极低的 $3'\rightarrow 5'$ 外切酶的活性，聚合速度增加了 3 倍，并有高度的延续性。使用 T7 测序酶合成的 DNA 在每个碱基位置都有相对均匀的配对掺入，使得电泳条带非常均一，并且它的放射性背景很低，放射自显影所得到的结果较为清晰易辨。因此，在早期的手工测序中，对于长片段的 DNA 序列分析，T7 测序酶是一种理想的工具酶。

五、耐热 DNA 聚合酶

耐热 DNA 聚合酶是一类能耐高温的 DNA 聚合酶，主要有 *Taq* DNA 聚合酶、*Tth* DNA 聚合酶、*Bca* Best DNA 聚合酶、*Sac* DNA 聚合酶等类型。耐热 DNA 聚合酶能耐受 PCR 反应循环中 94℃ 的高温，而且最适反应温度为 $72\sim 80$℃，所以耐热 DNA 聚合酶主要应用在 PCR 技术中。现在已有多种商品化的耐热 DNA 聚合酶都是来自大肠杆菌的重组酶,它们成为分子生物学最重要的工具酶。

随着更多的耐热 DNA 聚合酶被发现并应用于 PCR,不同来源的耐热 DNA 聚合酶均具有 $5'{\rightarrow}3'$ 聚合酶活性,但不一定具有 $5'{\rightarrow}3'$ 和 $3'{\rightarrow}5'$ 的外切酶活性。$3'{\rightarrow}5'$ 外切酶活性可以消除错配,切平末端,而 $5'{\rightarrow}3'$ 外切酶活性可以消除合成 DNA 的障碍,有利于 DNA 新链的延长。根据耐热 DNA 聚合酶的 $5'{\rightarrow}3'$ 和 $3'{\rightarrow}5'$ 外切酶活性的不同,可以将耐热 DNA 聚合酶分为三类:

1. 普通耐热 DNA 聚合酶

普通耐热 DNA 聚合酶主要是以 *Taq* DNA 聚合酶和 *Tth* DNA 聚合酶为代表。*Taq* DNA 聚合酶是最早发现的耐热 DNA 聚合酶,其最初从一种水生栖热菌(*Thermus aquaticus*)yT1 株分离得到。*Taq* DNA 聚合酶最适反应温度为 $72{\sim}80℃$,是已发现的耐热 DNA 聚合酶中比活性最高的一种,达 200 000 单位/mg,具有 $5'{\rightarrow}3'$ 外切酶活性,但不具有 $3'{\rightarrow}5'$ 外切酶活性,因而在合成中对某些单核苷酸错配没有校正功能。

Taq DNA 聚合酶还具有非模板依赖性活性(也称末端转移酶活性),可将 PCR 双链产物的每一条链 3′端加上单核苷酸尾,故可使 PCR 产物具有 3′突出的单 A 核苷酸尾;另一方面,在仅有 dTTP 存在时,它可将平端的质粒的 3′端加入单 T 核苷酸尾,产生 3′端突出的单 T 核苷酸尾,PCR 产物的 T-A 克隆法就是应用这一特性实现的。*Taq* DNA 聚合酶是扩增效率最高的耐热 DNA 聚合酶,能很好地扩增 6kb 以下的 DNA 片段,但其保真度较差,扩增碱基出错率为 10^{-5} 左右。

Tth DNA 聚合酶最初是从 *Thermus thermophilus* HB8 中提取而得,酶活性与 *Taq* DNA 聚合酶相似,具有 $5'{\rightarrow}3'$ 外切酶活性,不具有 $3'{\rightarrow}5'$ 外切酶活性,但该酶在高温和 $MnCl_2$ 条件下,能有效地反转录 RNA 合成 cDNA,当加入 Mg^{2+} 后,该酶的聚合活性大大增加,从而使 cDNA 合成与 PCR 扩增能用一种酶来反应合成,适用于一步法 RT-PCR 反应。

2. 高保真耐热 DNA 聚合酶

高保真耐热 DNA 聚合酶主要有 *Pfu* DNA 聚合酶和 Vent DNA 聚合酶为代表。*Pfu* DNA 聚合酶最初是从 *Pyrococcus furiosis* 中分离得到,Vent DNA 聚合酶最初是从 *Litoralis* 栖热球菌中分离得到,它们都不具有 $5'{\rightarrow}3'$ 外切酶活性,但具有 $3'{\rightarrow}5'$ 外切酶活性,可校正 PCR 扩增过程中产生的错误,使产物的碱基错配率极低。高保真耐热 DNA 聚合酶具有 $3'{\rightarrow}5'$ 外切酶活性,因而其 PCR 产物为平端,无 3′端突出的单 A 核苷酸,PCR 产物不能采用 A-T 法克隆。*Pfu* DNA 聚合酶是目前保真度最高的耐热 DNA 聚合酶,碱基出错率小于 10^{-6},但扩增效率低于 *Taq* DNA 聚合酶,一般能很好地扩增 2 kb 以下的片段。

目前商品化的耐热 DNA 聚合酶种类越来越多,有些已经兼顾了两类酶的优点,能满足各种 PCR 的用途。这些商品化的耐热 DNA 聚合酶有:

NEB 公司研发的 VentR 和 Deep VentR DNA 聚合酶都是克隆于海底高温喷泉的微生物,其耐热性能和保真性远高于 *Taq* DNA 聚合酶。VentR 的半衰期在 100℃ 时是 1.8 h,是 *Taq* DNA 聚合酶的 18 倍,而 Deep VentR 则对高温的耐受性更强,半衰期是

8 h,二者的保真性能是 *Taq* DNA 聚合酶的 5～15 倍。这两种酶都具有 3′→5′的外切酶活性,可去除错配的碱基,从而使延伸反应顺利地进行下去,因此,更适用于长片段的 PCR 反应。

Invitrogen 公司的 ThermalAce™耐热 DNA 聚合酶,具有很高的热稳定性,它可以在高温下长时间保持活性(>95℃条件下保持 4 h 活性),并显著增加 PCR 产量,适合扩增(G+C)%含量高(>65%)的 DNA 模板,保真度高于 *Taq* DNA 聚合酶。

Taq Plus DNA 聚合酶的扩增效率比 *Pfu* DNA 聚合酶高,保真度比 *Taq* DNA 聚合酶好,能有效地扩增 10 kb 以下的片段。

Hotstart *Taq* DNA 聚合酶是一种经过化学修饰的 *Taq* DNA 聚合酶,在常温下酶的活性被化学基团封闭,要在 94～95℃加热数分钟才能恢复正常活力开始反应,避免了起始循环较低温度下的非特异性扩增,提高了反应的灵敏度和特异性。

Platinum *Taq* DNA 聚合酶是一种热启动高保真耐热 DNA 聚合酶,是一种复合有抗 *Taq* DNA 聚合酶单克隆抗体的重组 *Taq* DNA 聚合酶,抗体在 PCR 配制以及在室温的延时保温过程中抑制聚合酶的活性,在变性步骤的 94℃保温过程中,聚合酶和抗体脱离,从而恢复了完全的聚合酶活性。Platinum *Taq* DNA 聚合酶保真度略低于 *Pfu* DNA 聚合酶,但扩增效率比 *Pfu* DNA 聚合酶高,如果对保真度要求很高,而用 *Pfu* DNA 聚合酶扩增有难度,可选用 Platinum *Taq* DNA 聚合酶,一般扩增长度可达 4kb。

Long *Taq* DNA 聚合酶,它是一种具有 3′→5′外切酶活性的耐热 DNA 聚合酶,它不但扩增效率高而且错配率低,对于简单模板可扩增长达 40 kb 的片段,对复杂模板也可扩增长达 15 kb 的片段。也有一些公司提供专门针对大片段扩增的 PCR 试剂盒,其实质是在 Long *Taq* DNA 聚合酶基础上的一种优化 PCR 体系。

此外还有一些专门作为测序用途的耐热 DNA 聚合酶,如 Promega 公司测序级 *Taq* DNA 聚合酶、*Bca* Best DNA 聚合酶和 *Sac* DNA 聚合酶等。测序级 *Taq* DNA 聚合酶是在 *Taq* DNA 聚合酶的基础上对它进行修饰而得,去除了 5′→3′外切酶活性,保证测序结果的高度准确性,可产生强度均一的测序条带,背景清晰。*Bca* Best DNA 聚合酶是从 *Bacillus caldotenax* YT-G 菌株中提纯,并使其 5′→3′外切酶活性缺失的 DNA 聚合酶。它的伸长性能优越;可抑制 DNA 二级结构形成,可以得到均一的 DNA 测序带。*Sac* DNA 聚合酶是从酸热浴流化裂片菌中分离而得,无 3′→5′外切酶活性,可用于 DNA 测序,但测序反应中 ddNTP/dNTP 的比率要高。

因此,在选择耐热 DNA 聚合酶时,要据不同的实验目的选择最合适的酶。

六、反转录酶

反转录酶(reverse transcriptase)也称反转录酶,是一种依赖于 RNA 模板的 DNA 聚合酶,它有 5′→3′的聚合活性,能以 RNA 为模板合成单链 cDNA。反转录酶存在于一些 RNA 病毒中,可能与病毒的恶性转化有关,目前在真核生物中也都分离出具有不同结构的反转录酶。大多数反转录酶都具有 DNA 聚合酶活性和 RNase H 活性,不具有 3′→5′外切酶活性,因此没有校正功能,所以由反转录酶催化合成的 DNA 出错率比较高。RNase H 活性能从 5′端水解掉 cDNA 和 RNA 杂交分子中的 RNA 分子,因此常用于合成 cDNA 第一链后水解 cDNA 和 RNA 杂交分子中的模板 RNA 分子。

目前常用于分子生物学研究的从 mRNA 合成 cDNA 的反转录酶有两种,即禽源(AMV)反转录酶和鼠源(M-MLV)反转录酶,目前商品化的反转录酶都是重组酶。

AMV 反转录酶最初是从鸟类骨髓细胞白血病病毒(Avian melolastosis virus)分离到的,由 α 和 β 两条肽链组成,其 RNase H 活性较强,在 37～55℃ 的温度范围内都有活性,最适温度为 41～45℃,最佳 pH 8.3(表 3-7)。AMV 反转录酶的引物延伸反应较强,对次级结构耐受更好。如果 RNA 非常复杂,含有次级结构等,用 AMV 反转录酶的延伸温度可用 55℃(一般情况下用 42℃),以消除次级结构,但在这样温度下,引物延伸反应的得率通常降低。由于其 RNase H 活性较强,天然的 AMV 反转录酶合成的 cDNA 很少超过 1 kb 的。

M-MLV 反转录酶最早是从一种莫洛尼鼠白血病病毒(Moloney murine leukemin virus)分离得到,由一条单链多肽组成,其 RNase H 活性较低,但聚合活性也较低,反应的温度较 AMV 反转录酶低,最适温度为 37℃,在更高温度下(42℃)迅速失活,不利于转录有复杂结构的 mRNA(表 3-7)。由于 RNase H 活性较低,没有复杂结构的 mRNA 用 M-MLV 反转录酶能合成大于 2～3 kb 的 cDNA 片段。

天然的两种反转录酶都存在一定的不足,AMV 反转录酶 RNase H 活性较强;M-MLV 反转录酶聚合活性较低,且热稳定性较差,实际合成 cDNA 的长度就大大降低了,都很难超过 1 kb。目前商品化的重组反转录酶采用了基因工程对酶进行改良,提高了酶的聚合活性,降低了 RNase H 活性,合成 cDNA 的能力得到了提高。

表 3-7 两种反转录酶的活性对比

M-MLV	AMV
只有一条单链多肽	由 α 和 β 两条肽链组成
具有聚合活性	具有聚合活性
RNase H 活性较弱	RNase H 活性较强
42℃迅速失活	42℃能有效发挥作用
最佳 pH 7.6	最佳 pH 8.3

七、末端转移酶

末端转移酶(terminal transferase,TdT)也称末端脱氧核苷酸转移酶,最早是从小牛胸腺中分离纯化得到的,它属于一种无须模板的 DNA 聚合酶,催化脱氧核苷酸结合到 DNA 分子的 3′-OH,带有突出、凹陷或平滑末端的单双链 DNA 分子均可作为末端转移酶的底物,无 5′ 和 3′ 的外切酶活性。

在不同条件下,末端转移酶所合成的同聚尾的长度是不同的,形成同聚尾的长度与 3′-OH 和 dNTP 的摩尔比以及 dNTP 的种类有关(表 3-8)。反应一般是在 37℃ 作用 15 min,随时间的延长,同聚尾亦延长。

表 3-8 不同 3′-OH 和 dNTP 的摩尔比及 dNTP 种类对末端转移酶形成的同聚尾的长度的影响

3′-OH∶dNTP	A	C	G	T
1∶0.1	1～10	1～5	1～5	1～10
1∶1.5	10～30	10～30	10～20	10～35
1∶3.0	100～200	100～200	15～35	200～250
1∶15	400～500	400～500	15～35	300～400

注:3′-OH 的浓度为 pmol/L,dNTP 浓度为 mmol/L。

末端转移酶活性依赖二价阳离子,在二价阳离子存在下,末端转移酶催化 dNTP 加于 DNA 分子的 3'-OH,若 dNTP 的碱基为 T 或 C 时,二价阳离子选择 Co^{2+} 酶活性更高;若碱基为 A 或 G 时,选择 Mg^{2+} 酶活性更高。作为该酶底物的 DNA 可短至 3 个核苷酸,3'-OH 突出末端的底物作用效率最高;在离子强度低时,带 5'突出端或平端的 DNA 也可作为底物,但作用效率较低。因此,末端转移酶可在 cDNA 或载体的 3'末端加同聚尾用于连接克隆,也可用标记的 rNTP、dNTP 或 ddNTP 来标记 DNA 片段的 3'末端。

第四节 DNA 修饰酶

应用于 DNA 分子操作的 DNA 修饰酶是一类能对 DNA 进行简单修饰的酶,即对 DNA 的末端进行简单的修饰,不改变的其序列结构,主要包括末端去磷酸化酶和磷酸酶等。

一、T4 多聚核苷酸激酶

T4 多聚核苷酸激酶(T4 polynucleotide kinase,PNK)简称 T4 激酶,最早从 T4 噬菌体感染的大肠杆菌中分离得到,该酶是一种由 T4 噬菌体的 *pseT* 基因编码的蛋白质。T4 激酶能够催化磷酸在 ATP 的 γ 位和寡核苷酸链(双链或单链 DNA 或 RNA)的 5'-OH 末端以及 3'-单磷酸核苷间进行转移和交换。该酶还能将 3'-磷酸基团从寡核苷酸的 3'-磷酸末端、脱氧 3'-单磷酸核苷和脱氧 3'-二磷酸核苷上水解掉的 3'-磷酸酶活性。

T4 激酶催化 γ-磷酸从 ATP 分子转移到 DNA 或 RNA 分子的 5'-OH 末端,这种反应叫作正向反应,是一种十分有效的过程,它常用来使寡核苷酸 5'-OH 磷酸化。当使用 γ-^{32}P 标记的 ATP 作前体物时,磷酸化反应便可以使底物核酸分子的 5'-OH 末端标记上 γ-^{32}P,就是常说的 T4 激酶末端磷酸化标记。磷酸化的最适底物是 5'末端突出的双链 DNA 或者单链 DNA,要提高 5'平末端或 5'凹陷末端的磷酸化效率,可在加 T4 激酶前,先将 DNA 溶液于 70℃加热 5 min,然后冰上冷却,或者加入 5%(m/V)的 PEG 8000。

T4 激酶在高浓度 ATP 的条件下及新鲜缓冲液中表现出最适酶活力,在旧缓冲液中,由于 DTT 氧化而造成的实际 DTT 含量减少会降低酶活力。T4 激酶的活力可被 NH_4^+ 强烈抑制,所以磷酸化步骤前,DNA 不要在含有 NH_4^+ 的溶液中沉淀。

在 DNA 分子操作中,T4 激酶主要用于对缺乏 5'-磷酸的 DNA 或合成接头进行 5'磷酸化,或者对 5'末端进行标记。商品化的 T4 激酶中一般只提供用于磷酸化反应的缓冲液,且反应缓冲液中不含 ATP。进行磷酸化反应时,需在反应体系中加入终浓度为 1 mmol/L 的 ATP,也可以使用 T4 DNA 连接酶的反应液代替,如果要进行交换反应,需要注意使用适合交换的反应缓冲液。

二、碱性磷酸酶

碱性磷酸酶(alkaline phosphatase,ALP)的共同特性是能够催化核酸分子脱掉 5'的磷酸基团,从而使 DNA(或 RNA)片段的 5'-磷酸末端转换成 5'-OH 末端,这就是所谓的核酸分子的去磷酸作用。在 DNA 分子克隆中常用于防止线性化的载体分子发生自身环化,及进行 5'末端标记前除去 5'的磷酸基团。

DNA 分子克隆中常用以下三种磷酸酶：

细菌碱性磷酸酶(bacterial alkaline phosphatase，BAP)，从 *Escherichia coli* C4 分离得到。

小牛肠碱性磷酸酶(calf intestinal alkaline phosphatase，CIAP)，从小牛肠中纯化而得。

虾源碱性磷酸酶(shrimp alkaline phosphatase，SAP)来源一种北极虾(*Pandalus borealis*)。

BAP、CIAP 和 SAP 在实际应用上有很大差别。CIAP 具有使用方便和经济的优点，它在 SDS 中，68℃，30 min 就可以使 99％的酶失活，且它的活力比 BAP 高 10～20 倍，所以 CIAP 较常用；BAP 抗热、抗高温和去污剂，需要用蛋白酶 K 消化，再用酚/氯仿抽提多次才能使其失活，否则会影响连接效率；SAP 在 65℃ 处理 15 min 后完全不可逆失活，因此，在去除残留活性方面 SAP 更有优势。

碱性磷酸酶对突出的 5′端或平端、5′凹端都有去磷酸化作用，但效率有很大的差异，因此在应用中的反应条件也各不同，如使用 CIAP 去磷酸化的条件见表 3-9。

表 3-9　不同末端的反应条件

	5′端突出	平端或 5′凹端
CIAP 需要量	1 单位/100 pmol	1 单位/2 pmol
反应条件	37℃，30 min	37℃，15 min；加入另一份 CIAP，55℃，45 min

第五节　核　酸　酶

核酸酶(nuclease)是一类能以特定方式降解多核苷酸链的酶，与限制性内切酶不同，核酸酶没有专一的识别序列和切割位点，但有本身特有的底物特异性和降解特性。应用于 DNA 分子操作的核酸酶主要包括核酸外切酶、核酸内切酶、核糖核酸酶和脱氧核糖核酸酶等。

一、核酸外切酶

核酸外切酶(exonuclease)是指一类从多核苷酸链的一端开始，按顺序降解多核苷酸链的核酸酶。有些核酸外切酶可以作用于单链的 DNA，如大肠杆菌核酸外切酶Ⅰ和核酸外切酶Ⅶ；有些核酸外切酶可以作用于双链，如大肠杆菌核酸外切酶Ⅲ、λ噬菌体核酸外切酶以及 T7 噬菌体基因 6 核酸外切酶等。

1. 大肠杆菌核酸外切酶Ⅰ

大肠杆菌核酸外切酶Ⅰ(exonuclease Ⅰ，exo Ⅰ)是一种单链特异性 3′→5′核酸外切酶，从单链 DNA 的 3′-OH 末端降解生成 5′-单核苷酸，对单链 DNA 的特异性非常高，不作用于双链 DNA 及 RNA。

在 DNA 分子操作实验中，如需对 PCR 产物进行测序，需去除反应体系中残存的引物及 dNTP，否则测序反应不能正常进行。经核酸外切酶Ⅰ和磷酸酶(如 CIAP 或 SAP)处理后的 PCR 产物可直接用于测序。核酸外切酶Ⅰ可去除残留的单链引物以及扩增反应中产生的多余的单链 DNA,碱性磷酸酶用来去除残存的单核苷酸(dNTP)。这样可以避免使用烦琐的胶回收、柱纯化、沉淀、磁珠、过滤、透析等方法。

2. 大肠杆菌核酸外切酶Ⅶ

大肠杆菌核酸外切酶Ⅶ(exoⅦ)是一种单链核苷酸的外切酶,它能从 5′端或 3′端呈单链状态的 DNA 分子上降解 DNA,它是唯一不需要 Mg^{2+} 的核酸酶,耐受性很强。核酸外切酶Ⅶ可以用来测定基因组 DNA 中一些特殊的间隔序列和编码序列的位置,它只切割末端有单链突出的 DNA 分子。

3. 大肠杆菌核酸外切酶Ⅲ

大肠杆菌核酸外切酶Ⅲ(exoⅢ)是一种双链核苷酸的外切酶,它具有多种催化功能,可以降解双链 DNA 分子中的许多类型的磷酸二酯键,其中主要的催化活性是沿 3′→5′方向逐步催化去除单核苷酸,每次只有几个核苷酸被降解。尽管可以作用于双链 DNA 的切刻产生的单链缺口,但最适底物是平末端或 3′凹陷末端的双链 DNA,由于对单链 DNA 无活性,3′突出的末端可抵抗该酶的切割,拮抗程度随 3′突出末端的长度而不同,4 个碱基或更长的突出完全不能被切割,这种特性对于一端是抗性位点(3′突出端)、一端是敏感位点(平端或 5′突出端)的线性 DNA 分子,可以产生单向缺失。

在 DNA 分子操作实验中,核酸外切酶Ⅲ用途主要有两方面:第一,从 3′→5′降解双链 DNA,使 3′突出,再配合使用 Klenow 酶补平末端,同时加入带放射性同位素的核苷酸,便可以制备特异性的放射性探针;第二,与绿豆核酸酶或 Sl 核酸酶联合使用,制备单向或者双向缺失的 DNA,例如,末端分别为 *Eco*RⅠ-*Pst*Ⅰ 的 DNA 片段,*Eco*RⅠ方向 5′端突出,对 exoⅢ 敏感;*Pst*Ⅰ方向 3′突出,能抗 exoⅢ 的切割,这样在与绿豆核酸酶或 Sl 核酸酶联合使用时就可以制备从 *Eco*RⅠ方向缺失的 DNA,末端都是 5′端突出就可以制备双向缺失的 DNA。

4. λ核酸外切酶和 T7 基因 6 核酸外切酶

λ核酸外切酶(λexo)是一种双链核苷酸的外切酶,这种酶催化双链 DNA 分子自 5′-磷酸末端进行逐步的加工和水解,释放出 5′单核苷酸,但它不能降解 5′-OH 末端。最适底物是 5′磷酸化的双链 DNA,也能降解单链 DNA,但效率很低,不能从 DNA 的切刻或缺口处起始消化。T7 基因 6 核酸外切酶和 λ核酸外切酶酶学特性相同。

在 DNA 分子操作实验中,λ核酸外切酶的用途有两个方面:第一,将双链 DNA 转变成单链的 DNA;第二,从双链 DNA 中移去 5′突出末端,以便用末端转移酶进行加尾(表3-10)。

表 3-10 几种核酸外切酶底物和切割位点比较

核酸外切酶	底物,切割位点	主要用途
大肠杆菌核酸外切酶Ⅰ	ss DNA,5′-OH 末端	消除反应中的单链 DNA
大肠杆菌核酸外切酶Ⅲ	ds DNA,5′-OH 末端	制备 3′突出和缺失 DNA
大肠杆菌核酸外切酶Ⅶ	ss DNA,5′-OH 末端	切割末端有单链突出的 DNA 分子
λ噬菌体 λ核酸外切酶	ds DNA,5′-磷酸末端	将双链 DNA 转变成单链的 DNA

二、核酸内切酶

核酸内切酶(endonuclease)是一类可水解分子链内部磷酸二酯键,生成寡核苷酸的核酸酶,与核酸外切酶相对应。

1. S1 核酸酶

S1 核酸酶(S1 nuclease)来源于米曲霉(*Aspergillus oryzae*),是一种高度单链特异的核酸内切酶,在最适反应条件下,以内切方式降解单链 DNA 或 RNA,产生带 5′-磷酸的单核苷酸或寡核苷酸。S1 核酸酶降解单链 DNA 的速率要比降解双链 DNA 快 75 000 倍,对 dsDNA、dsRNA 和 DNA-RNA 杂交体不敏感,这种酶的活性表现需要低水平的 Zn^{2+} 的存在,最适 pH 为 4.0~4.3。如果所用酶量过大,则双链核酸可以被完全消化,而中等量酶可在切口或小缺口处切割双链 DNA。

S1 核酸酶的单链水解功能可以作用于双链核酸分子的单链区,并从单链部位切断核酸分子,而且这种单链区可以小到只有一个碱基对。所以 S1 核酸酶在 DNA 分子操作实验中可以应用于分析核酸杂交分子(RNA-DNA)的结构、给 RNA 分子定位、测定真核基因中间隔子序列的位置、去除 DNA 片段中突出的单链尾,以及打开在双链 cDNA 合成期间形成的发夹环等。

2. 绿豆核酸酶

绿豆核酸酶(mung bean nuclease)来源于绿豆芽,是一种内切方式的单链特异性核酸内切酶,生成具有 5′-磷酸末端的单核苷酸或寡核苷酸。如果使用过量(1000 倍),也可以将寡聚体完全降解为单核苷酸。与 S1 核酸酶不同,绿豆核酸酶不能切断切口对侧的链,过量的酶还可以降解双链 DNA、RNA 或者 DNA-RNA 杂交体,这时,它会选择性地降解富含 AT 的区域,易在 A↓pN、T↓pN 的位置降解,尤其在 A↓pN 位置上能 100%降解,不易在 C↓pC、C↓pG 的位置降解。

酶学特性与 Sl 核酸酶相似,酶活力比 Sl 核酸酶温和,在大切口上才能进行切割。绿豆核酸酶可使 DNA 突出端切成平端,但绿豆核酸酶在末端为 GC 时容易出现碱基残留,而 S1 核酸酶容易发生切入现象。

3. BAL 31 核酸酶

BAL 31 核酸酶(BAL 31 nuclease)来源于 *Alteromonas espejiana* BAL31,是一种以内切方式特异性地降解单链 DNA 的核酸酶。BAL 31 核酸酶活性依赖 Ca^{2+},EDTA 可抑制其活性,对双链 DNA 中瞬时单链区也有降解作用,能切断单链缺口的双链 DNA。

与 S1 核酸酶和绿豆核酸酶不同的是,BAL 31 核酸酶同时也具有双链特异的核酸外切酶活性,在没有单链时也作用于双链 DNA,表现出从 DNA 两端同时降解的 5′→3′ 及 3′→5′ 的外切酶活性,但 3′→5′ 的外切酶活性高于 5′→3′,所以在反应产物中平末端的 DNA 分子只有 10%左右,而 5′突出的(约 5 bp)的 DNA 分子约为 90%。如果要进行平端连接,需要用 T4 DNA 聚合酶进行补平。

BAL 31 核酸酶和核酸外切酶Ⅲ的外切酶活性都可以进行 DNA 片段的双向缺失,不同的是核酸外切酶Ⅲ可以对 DNA 片段进行单向缺失。BAL 31 核酸酶外切酶活性碱基的依存性较高,富含 GC 的位置上不易降解,而核酸外切酶Ⅲ的碱基特异性较小,更适合用于 DNA 的缺失制作。BAL 31 核酸酶主要适用于以切除 220~1000 bp 为目的的反应,而核酸外切酶Ⅲ则适用于切除 100 bp 以下的碱基。由于使用 BAL 31 时的碱基依存性较强,因此,对于反应不容易进行的 DNA,使用受碱基影响较小的核酸外切酶Ⅲ长时间分解为好,两种酶生成的 DNA 片段平末端的效率大约都在 10%。

4. 脱氧核糖核酸酶 Ⅰ

脱氧核糖核酸酶 Ⅰ(DNase Ⅰ),是一种可以消化单链或双链 DNA,产生单脱氧核苷酸、单链或双链的寡脱氧核苷酸的核酸内切酶。DNase Ⅰ 水解单链或双链 DNA 后的产物,$5'$ 端为磷酸基团,$3'$ 端为—OH。

目前用于 DNA 分子操作实验中的商品化的 DNase Ⅰ 是从牛胰腺纯化得到的,其活性依赖 Ca^{2+},并能被 Mg^{2+} 或 Mn^{2+} 激活。在 Mg^{2+} 存在的条件下,DNase Ⅰ 可随机剪切双链 DNA 的任意位点,形成切口;在 Mn^{2+} 存在条件下,DNase Ⅰ 可在同一位点剪切 DNA 双链,形成平末端,或 1~2 个核苷酸突出的黏末端的 DNA 片段。此外还有一种商品化重组脱氧核糖核酸酶 Ⅰ(recombinant DNase Ⅰ),或者 DNase Ⅰ(RNase-free)酶,几乎完全除去了 RNase 和蛋白酶,从而提高了酶在 pH 中性区域的稳定性,可以安全地用于 RNA 的制取。

DNase Ⅰ 主要用途有:缺口平移法标记探针前用 DNase Ⅰ 处理 DNA,使之形成若干缺口;建立随机克隆,进行 DNA 序列分析;分析蛋白-DNA 复合物(DNA 酶足迹法);除去 RNA 样品中的 DNA(RNase-free)等。

5. 核糖核酸酶

核糖核酸酶(ribonuclease,RNase),是一种从分子内部转移性水解 RNA 的核酸酶,可分为内切核糖核酸酶(endoribonuclease)和外切核糖核酸酶(exoribonuclease)。DNA 分子操作实验中最常用有核糖核酸酶 A(ribonuclease A,RNase A)和核糖核酸酶 H(ribonuclease H,RNase H)。

RNase A 是来源于牛胰的一种高度专一性核酸内切酶,可特异性攻击 RNA 上嘧啶核苷酸的 C'_3 上的磷酸根和相邻核苷酸的 C'_5 之间的键,形成带 $3'$ 嘧啶单核苷酸或以 $3'$ 嘧啶核苷酸结尾的低聚核苷酸产物。还有一种来自米曲霉的商品化的核糖核酸酶 T1(RNase T1),其功能和用途与 RNase A 相似。

RNase A 的主要用途有:除去 DNA 样品中的 RNA;除去 DNA-RNA 中未杂交的 RNA 区;确定杂交体 DNA 中 RNA 的单突变的位置。

RNase H 现已知广泛存在于哺乳动物细胞、酵母、原核生物及病毒颗粒中,所有类型细胞均含有不止一种核糖核酸酶 H。目前商品化的 RNase H 是从小牛胸腺中发现而被分离的,是一种核糖核酸内切酶,可以特异性地水解 DNA-RNA 杂合链中的 RNA 上的磷酸二酯键,产生 $3'$-OH 和 $5'$-磷酸末端的产物。RNase H 不能水解单链或双链 DNA 或 RNA 中的磷酸二酯键,即不能消化单链或双链 DNA 或 RNA。

RNase H 的主要用途有:合成 cDNA 第二链之前去除 RNA;用 DNA 指导在特异位点切割 RNA 等。

第四章　核酸的分离纯化

第一节　核酸分离纯化的基本知识　　　　第二节　核酸分离纯化的基本原则

核酸的分离纯化是 DNA 分子操作中的一项基本技术,核酸样品的质量将直接关系到后续实验的成败。核酸的制备包括 DNA、RNA 及质粒 DNA 等的提取,不同类型核酸提取方法不同;同一种核酸因不同生物或同一生物的不同的组织,因其成分不同,提取方法也有差异;不同核酸性质不同,核酸用途不同,其分离方法也不尽相同,但有关核酸分离纯化的基本原则、操作步骤和基本原理是基本相似的。

核酸的分离纯化中没有绝对万能的方法和步骤,对于某些生物或者特定的材料,高质量的核酸分离纯化本身就具有一定的难度,也是一种研究探索,需要掌握一定的基本原理,所以本章节主要介绍核酸分离纯化的基本原理和相关技术知识。

第一节　核酸分离纯化的基本知识

要获得高质量的核酸,需要掌握核酸提取过程涉及的很多生化药品的作用原理,对核酸提取的原理要有较为清楚的了解,在提取操作的过程中掌握关键的技巧,才能获得高质量的核酸样品。

一、苯酚的重蒸、平衡、配制

1. 苯酚用于核酸分离纯化的原理

苯酚可以和细胞原浆中的蛋白质发生化学反应,形成变性蛋白质。在提取核酸的过程中,苯酚可以迅速使蛋白质变性,抑制核酸酶的活性。利用苯酚处理后,离心分层,DNA 溶于上层水相,变性蛋白质存在于酚层中,从而达到核酸和蛋白质的分离。但是苯酚不能直接简单地应用于核酸的分离纯化,这是因为苯酚是一种容易被氧化的化学物质,在空气中久置会被氧化成粉红色苯醌,这是苯酚放置一段时间呈粉红色的原因。苯酚的氧化产物会破坏 DNA 或 RNA 链,使之断裂,还会导致 DNA 和 RNA 的交联,所以普通的苯酚一般不能直接用于核酸分离纯化,在使用前必须将苯酚在 160℃ 重新蒸馏一次。用于核酸分离纯化的重新蒸馏过的苯酚被称为重蒸酚,为了防止重蒸酚再次被氧化,通常将其置于 -20℃ 保存。

2. 苯酚的平衡

苯酚微溶于冷水,可在水中形成白色混浊液,因此可以根据不同的核酸类型对提取条件(pH、温度)有不同的要求,用不同的缓冲液来对苯酚进行平衡。

在酸性 pH 条件下,DNA 分配于有机相,RNA 分配在水相;在碱性 pH 条件下,DNA

分配于水相,RNA 分配在有机相,所以提取 DNA 需要将苯酚平衡到 pH 7.8 以上,提取 RNA 需要将苯酚平衡到 pH 4.5 以下。

通常用于提取 DNA 的苯酚用 Tris 进行平衡(称 Tris 平衡酚),平衡的步骤是:先将存于−20℃的重蒸酚在室温下放置,使其达到室温(不可直接置于 68℃水浴,以免冷热剧变导致玻璃瓶破裂);在 68℃水浴中使苯酚充分熔解;加入 8-羟基喹啉至终浓度 0.1%;加入等体积 1 mol/L 的 Tris-HCl(pH 8.0);使用磁力搅拌器搅拌 15 min,静置使其充分分层,然后除去上层水相;反复加入等体积的 1 mol/L 的 Tris-HCl 搅拌平衡,直到使用 pH 试纸确认有机相的 pH 大于 7.8。

8-羟基喹啉是一种还原剂,也是核酸酶的不完全抑制剂及金属离子的弱螯合剂,同时因其呈黄色,有助于分辨有机相和水相。加入 8-羟基喹啉有以下作用:① 减少酚的氧化;② 提供颜色指示,使酚在抽提时分层容易区分,同时指示酚的质量和贮存的时间;③ 对 RNase 和 DNase 有一定的抑制作用。

平衡好的 Tris 平衡酚于 4℃下保存,最好不超过 2 个月,需要注意的是苯酚随着 pH 的增加更容易氧化,如果需要用到 pH 大于 8 的平衡酚,最好使用新鲜的平衡酚。目前市场有商品化 Tris 平衡酚销售,有些产品在溶液上添加了一层石油醚,目的是将 Tris 平衡酚的保存时间延长至 6 个月。所以在购买 Tris 平衡酚时要特别注意保存的日期,观察其颜色是否发生变化,使用前最好用 pH 试纸检测一下 pH 是否达到要求。

通常用于提取 RNA 的酚称为饱和酚(或称水饱和酚),其平衡的方法与 Tris 平衡酚相似,只是利用水或柠檬酸来代替 Tris-HCl 进行平衡。市场上销售的水饱和酚有些是利用水平衡的,水饱和酚 pH 小于 5.2,有些是利用柠檬酸来平衡的,柠檬酸饱和酚 pH 小于 5.0。水饱和酚或柠檬酸饱和酚一般不含 8-羟基喹啉,通常与异硫氰酸胍一起使用,用于 RNA 的提取。水饱和酚要求在 4℃,避光保存,可保存 12 个月。

需要注意的是:水饱和酚有较强的腐蚀性,应尽量避免接触皮肤或吸入体内;如发现溶液变为红色或棕色,表明酚已发生氧化,不能继续使用。

3. 苯酚的配制

在核酸分离纯化过程中,苯酚一般不单独用于核酸的抽提,通常是和氯仿混合来抽提核酸。苯酚和氯仿都能使蛋白质变性,从而有效去除蛋白质。苯酚可有效地变性蛋白质,但其能溶解 10%～15% 的水,不易分层;氯仿能加速有机相和水相的分离,而且可以去除植物的色素和一些糖类物质,所以常用苯酚/氯仿混合物来抽提 DNA,此外,苯酚不能完全抑制 RNase 的活性,提取 RNA 过程使用苯酚/氯仿就显得更为重要。通常以 25 体积苯酚、24 体积氯仿和 1 体积异戊醇混合后使用,添加异戊醇有助于消除抽提过程中出现的气泡。氯仿和异戊醇在使用前不需要特殊处理,将平衡好的苯酚与等体积的氯仿/异戊醇(24∶1)混合均匀后,移到棕色玻璃瓶中,在 4℃可以保存一个月。

使用苯酚时要注意:苯酚腐蚀性极强,并可引起严重灼伤,操作时应戴手套及防护镜等。所有操作均应在通风橱中进行,与苯酚接触过的皮肤部位应用大量水清洗,并用肥皂水冲洗,忌用乙醇洗涤。

二、核酸分离纯化常用的试剂的准备

1. 无 DNase 的 RNase 配制

在提取 DNA 时很容易受到大量 RNA 的干扰,因此要使用 RNase 来消除 RNA 的影响。为了避免 RNase 中存在 DNase 活性,需要将 RNase 进行处理后才能使用。RNase 的处理方法如下:将 RNase 溶解于 10mmol/L Tris-Cl(7.5)、15 mmol/L NaCl 的溶液中,终浓度为 10 mg/mL,于 100℃加热 15 min,缓慢冷却至室温,短期使用可保存于 4℃,也可长期保存于−20℃冰箱备用。

2. 蛋白酶

用于核酸分离纯化的蛋白酶主要有蛋白酶 K 和链霉素蛋白酶两种。蛋白酶 K 活力高于链霉素蛋白酶,在核酸提取最为常用。链霉素蛋白酶可以消化一些很难被蛋白酶 K 消化的角蛋白,所以在从富含角蛋白的材料中分离纯化核酸时首选链霉素蛋白酶。

通常将蛋白酶 K 或链霉素蛋白酶配制成 20 mg/mL 的水溶液,然后分装成小份贮存于−20℃冰箱备用。在使用前要进行一定的预处理,特别是配制好的链霉素蛋白酶要在 37℃自消化 1 h,目的是消除蛋白酶中污染的 DNase 和 RNase,但目前的蛋白酶 K 纯度已经很高,一般不需要预处理。

蛋白酶 K 能在较宽范围 pH、缓冲盐、去垢剂(SDS)和温度中保持活性稳定,在 DNA 提取中,蛋白酶 K 在 0.1%～0.5%的 SDS 的条件下保持活性,能消化各种蛋白质和核酸酶,反应温度为 37～56℃,使用的终浓度 50～100 μg/mL。链霉素蛋白酶使用的终浓度为 1 mg/mL,反应温度为 37℃;

3. 溶菌酶的使用

用水将溶菌酶配制成 50 mg/mL 的溶液,于−20℃保存,使用时根据需要确定用量。

4. 抗生素的使用

抗生素通常用于质粒 DNA 的提取,不同抗生素的溶剂、保存方法和使用浓度均不同,同一种抗生素在不同类型质粒中使用的浓度也不同,可以参照表 4-1。

表 4-1　不同抗生素的使用浓度

抗生素	保存浓度 /(mg·mL^{-1})	溶剂	保存条件 /℃	工作浓度 (松弛型)/(μg·mL^{-1})	工作浓度 (严紧型)/(μg·mL^{-1})
氨苄青霉素	50	水	−20	60	20
羧苄青霉素	50	水	−20	60	20
氯霉素	34	乙醇	−20	170	25
卡那霉素	10	水	−20	50	10
链霉素	10	水	−20	50	10
四环素	5	乙醇	−20	50	10

三、核酸的沉淀方法

1. 核酸沉淀的原理

沉淀是浓缩核酸最常用的方法,不仅可以去除溶液中某些盐离子与杂质,也可以根据实验的需要,通过沉淀来改变溶解核酸的缓冲液类型或者重新调整核酸的浓度。

核酸沉淀是核酸分离纯化的关键技术之一,可以和核酸发生沉淀的试剂很多,但并不是都适合于核酸的提取。核酸分离纯化中的沉淀原则是:体积较小,快速有效;不与核酸发生反应,对核酸是安全的;专一性强,不使其他物质和核酸发生共沉淀。

核酸的沉淀方法主要有有机溶剂沉淀和盐离子沉淀。常用于有机溶剂有乙醇和异丙醇,而使用最多的盐离子是阳性一价离子,包括 Na^+、K^+、NH_4^+ 和 Li^+ 等,Mg^{2+} 的沉淀效率最高,但 Mg^{2+} 能激活核酸酶,所以不常用。

核酸沉淀的原理是:在核酸溶液中,核酸以水合分子的形式稳定存在,乙醇属于低极性分子,可以任意比例与水相混,当加入乙醇时,乙醇夺取核酸水合分子周围的水分子,使 DNA 失水而易于聚合沉淀,同时,使 DNA 带负电荷的磷酸基团暴露出来,当加入一定浓度盐离子,盐离子中和 DNA 分子上的负电荷,减少 DNA 分子之间的同性排斥力,使之易于互相聚合而形成 DNA 盐沉淀。低温条件下,分子运动大大减少,DNA 更易于聚合沉淀。在实验中,都是在低温条件下,使用有机溶剂和盐离子来共同沉淀核酸的。

2. 核酸沉淀常用的有机溶剂

沉淀核酸常用的有机溶剂是乙醇和异丙醇,此外,PEG、精胺、硫酸鱼精蛋白或链霉素都能对 DNA 进行有效的沉淀。需要注意的是利用有机溶剂沉淀核酸一般不是单独进行,而是与金属离子同时使用的。不同有机溶剂的使用浓度和沉淀效果也不一样,要根据具体实验的要求来选择。

乙醇是沉淀 DNA 最常用的有机溶剂,乙醇能和水以任意比例相溶,不会与核酸分子发生反应,对盐类的沉淀少,DNA 沉淀中少量的乙醇容易挥发,不影响以后的实验。在适当的盐浓度下加入 2 倍体积的预冷乙醇就可有效地沉淀 DNA,对于 RNA 的沉淀可以提高用量到 2.5 倍。

异丙醇也是沉淀 DNA 最常用的有机溶剂,和乙醇相比,其沉淀所需的体积小,且沉淀速度快,适用于浓度低、体积大的样品沉淀。一般 0.5 倍体积的异丙醇就可以有效地选择性沉淀 DNA 和大分子的 rRNA 和 mRNA,对 5sRNA、tRNA 及多糖不产生沉淀,沉淀的时间比乙醇短。缺点是用异丙醇沉淀时容易使盐离子和 DNA 一起沉淀,且 DNA 沉淀中的异丙醇不容易挥发,这时可用 75% 乙醇洗涤数次以加快异丙醇的挥发。异丙醇一般用于初次沉淀,然后溶解于缓冲液再用乙醇进行纯化。

不同浓度的聚乙二醇(PEG)可以选择性沉淀不同大小的 DNA 分子,应用相对分子质量为 6000 的 PEG 来沉淀 DNA 时,使用的浓度和 DNA 的大小成反比。例如,利用碱裂解方法大量提取质粒时,可以利用一定浓度的 PEG 8000 来选择性沉淀特定大小的质粒 DNA,从而可以达到一定的纯化质粒 DNA 目的。PEG 沉淀 DNA 一般需要加入 0.5 mol/L 的 NaCl。PEG 沉淀的缺点是去除 DNA 沉淀中的 PEG 较乙醇麻烦,去除的方法很多,可以用氯仿抽提、透析袋透析和 DEAE 纤维素柱来分离,最简单的方法是用 75% 乙醇漂洗 2～3 次,重新溶解后再用乙醇沉淀。

精胺不是有机溶剂,但也可以快速有效地沉淀 DNA,其原理是精胺和 DNA 结合后,使 DNA 在溶液中结构凝缩而发生沉淀,并可使单核苷酸和蛋白质杂质与 DNA 分开,达到纯化 DNA 的目的。这种使 DNA 单独沉淀出来,而不和蛋白质发生共沉淀的特点在制备蛋白样品也有用途。精胺沉淀 DNA 要求无盐或低盐(低于 0.1 mol/L)的条件,溶液中过高的盐离子浓度会抑制精胺沉淀 DNA 的效率。

3. 核酸沉淀常用的盐离子

在 pH 8.0 左右的溶液中 DNA 分子是带负电荷的，加入一定浓度的盐离子，使盐离子的正电荷中和 DNA 分子上的负电荷，减少 DNA 分子之间的同性电荷相斥力，易于互相聚合而形成 DNA 盐沉淀。当加入的盐溶液浓度太低时，只有部分 DNA 形成 DNA 盐而聚合，这样就造成 DNA 沉淀不完全；当加入的盐溶液浓度太高时，会导致在沉淀的 DNA 中存在过多的盐杂质，影响 DNA 的酶切等后续的酶促反应。故在核酸沉淀中应加适当浓度的盐，并在核酸沉淀后加 $70\%\sim75\%$ 乙醇漂洗 $2\sim3$ 次以除去沉淀中的盐离子。

不同的盐离子使用浓度不同，对核酸沉淀的影响也有所差异，常用的盐离子有以下几种：

(1) Na^+：

常用的有 NaAc 和 NaCl。NaAc 是沉淀 DNA 和 RNA 最常用的盐类，使用终浓度为 $0.3\,mol/L$（pH 5.0）。在含有 SDS 的样品中沉淀 DNA，最好选用 NaCl，终浓度为 $0.2\,mol/L$，因为在 pH 中性条件下，SDS 可在 70% 乙醇中保持溶解状态，不与 DNA 共沉淀，从而可以通过弃上清液来去除 SDS，避免其对以后的酶促反应的影响。此外，NaCl 有利于去除部分多糖，所以常用于提取细菌 DNA，或在多糖含量较高的样品中沉淀 DNA。

(2) NH_4^+：

常用的盐是 NH_4Ac。NH_4Ac 能有效地沉淀 DNA，而且 dNTP 能有效地溶解在 NH_4Ac 溶液中，因此，要去除样品中 dNTP 最好选用 NH_4Ac，如在 DNA 探针标记要去除多余的放射性 dNTP，或者 PCR 产物中要去除多余的 dNTP，都可选择 NH_4Ac 来沉淀。需要注意的是，NH_4^+ 对 T4 核苷酸激酶和去磷酸化酶有强烈的抑制作用，如果后续要进行这些反应最好不选择 NH_4^+。

(3) K^+：

常用的盐是 KAc。KAc 的沉淀效果与 NaAc 一样，但是核酸的钾盐不能溶解于含有 SDS 的溶液中，在有 SDS 存在时需要用 NaAc 来沉淀核酸。在体外翻译实验前要用 KAc 沉淀 RNA，所以在对含有 SDS 的 RNA 样品进行体外翻译实验时，沉淀分成两步，首先用 NaAc 沉淀 RNA 去除 SDS，然后 KAc 沉淀 RNA，这样就可以置换掉 Na^+。在质粒 DNA 提取时为了更好去除细菌基因组 DNA，也可使用 KAc 来进行沉淀。

(4) Li^+：

常用盐是 LiCl。LiCl 在乙醇中有很好的溶解度，即使在 $2\sim3$ 倍的乙醇中 LiCl 也不会与 DNA 发生共沉淀。LiCl 在高浓度（$0.2\,mol/L$）时可以直接沉淀分子相对较大的 RNA，而对 DNA 有较大的溶解度，所以常用于 RNA 沉淀。在提取质粒 DNA 时也可以利用 LiCl 来去除 RNA，但 Li^+ 对反转录有抑制作用，Li^+ 对体外翻译有抑制作用，所以在进行这些实验时不能用 LiCl 沉淀。

(5) Mg^{2+}：

常用的盐是 $MgSO_4$ 和 $MgCl_2$。就沉淀效果来说，Mg^{2+} 对核酸的沉淀是最为有效的，特别是低浓度的核酸。当核酸浓度低于 $0.1\,\mu g/mL$ 或长度小于 100 bp 时，加入 10 mmol/L 的 Mg^{2+} 就可以有效地将其沉淀下来。在室温下 $MgCl_2$ 的沉淀效率是 NaAc 的 2 倍，但是在实验中，人们不常用 Mg^{2+} 来沉淀核酸，因为 Mg^{2+} 是很多核酸酶的激活剂，如去除不完全，容易引起核酸降解。

使用盐来沉淀 DNA 时要注意，当 DNA 溶液中的盐离子浓度高于表 4-2 的终浓度时，容易产生 DNA 与盐离子共沉淀的现象，大于 10 mol/L 的 EDTA 或磷酸盐肯定会与核酸发生共沉淀，这时盐离子会留在沉淀里，所以当核酸样品中的盐离子过高时，应该先用透析袋或柱子进行脱盐处理，再进行沉淀，避免过多的盐离子干扰以后的酶促实验。

表 4-2　核酸沉淀实验中各种盐的使用浓度

盐	贮存液/(mol/L)	使用终浓度/(mol/L)
$MgCl_2$	1	0.1
KAc	3.0 (pH5.2)	0.3
NaAc	3.0 (pH5.2)	0.3
NH_4Ac	10.0	1
NaCl	5.0	0.5
LiCl	8.0	0.8

4. 核酸沉淀载体

核酸沉淀载体也称共沉淀剂或助沉剂，它是在乙醇沉淀中用来提高少量核酸回收率的一种惰性物质。常用的核酸沉淀载体有三种：酵母 tRNA、线状聚丙烯酰胺及糖原。

酵母 tRNA：工作浓度为 $10\sim20\ \mu g/mL$，价格较便宜。如果沉淀的核酸是用于多核苷酸激酶或末端转移酶的底物，则不能选用此法，因为酵母 RNA 的末端是这些酶的良好底物，将与目标核酸的末端发生竞争。

线状聚丙烯酰胺：线状聚丙烯酰胺是一种有效的中性载体，工作浓度为 $10\sim20\ \mu g/mL$，可用于皮克级的核酸乙醇沉淀或蛋白质的丙酮沉淀。线状聚丙烯酰胺的优点是应用范围广，可有效回收单链的 RNA 或 DNA 和双链 DNA；易溶于水，在甲醇、乙醇溶液中易沉淀析出，不影响后续反应，无须低温条件。

糖原：工作浓度 $50\ \mu g/mL$，常辅助用于 0.5 mol/L 醋酸铵和异丙醇的沉淀。糖原不是核酸，因此不会在以后的反应中与目标核酸竞争，但生物原性的糖原能够干扰 DNA 和蛋白质之间的相互作用，如果沉淀的核酸是用于研究 DNA 和蛋白质相互作用的实验则不能使用该法。

目前市场出现一种非生物原性的多糖 Acryl Carrier 核酸助沉剂，它是一种分子生物学级的惰性多聚物溶液-Glycogen(糖原)。Acryl Carrier 的特点是：能明显提高 DNA 或 RNA 沉淀的得率；无 DNase 和 RNase 活性，同时不影响酶切、连接、转录、PCR、转化、转染等；也不影响核酸电泳和 DNA-蛋白相互作用，因而成为市场最常见的核酸助沉剂。作为 DNA 或 RNA 的辅助沉淀剂，大多数情况下糖原比酵母 tRNA 或超声处理过的 DNA 效果更好。

利用醇和盐离子在低温条件下沉淀是回收液体样品中的 DNA 和 RNA 的最常用方法，然而醇和盐离子沉淀并不能完全回收样品中的核酸，如果液体样品中的核酸浓度很低或 DNA＜200 bp 时，沉淀效果更差。

核酸沉淀载体或助沉剂不能单独用于沉淀核酸，只是用于辅助常规的醇加盐离子沉淀，从而达到提高核酸的沉淀效果。载体不溶于乙醇，形成的沉淀能够捕获目标核酸，离心时,载体能够产生可见的沉淀,有助于对目标核酸的操作,这大概是载体的主要优点。也有观点认为乙醇沉淀效率极高,即使对于稀溶液中的少量核酸仍是如此,载体除了为目标核酸提供可见的线索之外起不到多少实际作用。所以当溶液的核酸浓度较低时,先对样品进行浓缩再沉淀,是提高沉淀效果的更理想的手段。

5. 核酸沉淀的沉淀时间和温度

一般来说核酸沉淀要在低温条件下进行,在−20℃下放置 30 min 就可以很好地将 DNA 沉淀下来,沉淀的效果与核酸的浓度和核酸类型有关。浓度高,沉淀时间短;浓度低,沉淀时间长。质粒 DNA 沉淀时间比线性时间短,RNA 沉淀时间比 DNA 长。

一般都强调核酸沉淀要低温条件和长时间,但低温长时间沉淀易导致盐与 DNA 共沉淀,影响以后的实验。实际上不是所有的核酸提取都要求在低温下长时间进行沉淀。例如,提取质粒 DNA 一般使用 0℃冰水,10～15 min,DNA 样品足可达到实验要求。

四、核酸的浓缩方法

如果溶液中的 DNA 的浓度过低,用乙醇和盐离子进行沉淀的效果都不会太理想,会导致 DNA 的得率很低,这时就有必要对 DNA 样品进行浓缩。核酸浓缩的常用方法有:

1. 透析袋浓缩法

将 DNA 溶液装入透析袋,加入适量的 PEG(相对分子质量 8000～20 000)包埋透析袋,让 PEG 吸水,直到透析袋内的体积合适为止,然后取出透析袋内的 DNA 溶液用乙醇沉淀以回收 DNA。

2. 丁醇萃取法

利用正丁醇或仲丁醇抽提 DNA 水溶液时,可将溶液的一部分水吸走,但溶液的 DNA 仍然保留在溶液里不会分配到有机相,从而减少 DNA 溶液的体积。

3. 冷冻干燥浓缩法

将 DNA 样品预冻处理,同时将冷冻真空干燥机开机预冷,当样品处于结冰状态后放入冷冻真空干燥的透明容器中进行抽真空浓缩,观察冰块到合适的体积将样品拿出,再用酒精沉淀纯化。

和透析袋浓缩法相比,丁醇浓缩和冷冻真空干燥浓缩法不能去除 DNA 溶液中的盐离子,反而随着溶液体积的减少,使盐离子浓度升高,pH 也会发生变化,所以一般用丁醇浓缩和冷冻真空干燥法浓缩 DNA 后需要再用乙醇进行一次沉淀,然后再用新的缓冲液来重新溶解 DNA。如果浓缩倍数过大,会导致盐离子的浓度过高,最好先用透析袋或脱盐柱脱盐再用乙醇沉淀。

五、核酸的保存

DNA 的保存方法一般是将其以高浓度溶解在 TE 溶液里,常用的 DNA 可保存在−20℃。质粒 DNA 常用的保存在−20℃,若要长期保存,最好转化到大肠杆菌中,将菌种添加 15％甘油保存到−80℃。RNA 可加 RNase 抑制剂置于−80℃冰箱保存,也可以加 2 倍体积的无水乙醇,保存于−80℃,使用前离心沉淀后干燥溶解即可用。

总的来说,高浓度 DNA 的保存效果要好于低浓度的,保存于−80℃好于−20℃;质粒 DNA 转化到菌株中好于单独保存。—80℃是长期保存的良好温度,为一次性保存。需要常用的 DNA 最好置于—20℃保存,短期时间内经常使用的可以简单地保存于 4℃。

六、核酸的定量

核酸分子(DNA 或 RNA)由于含有嘌呤环和嘧啶环的共轭双键,在 260 nm 波长处有特异的紫外吸收峰,其吸收强度与核酸的浓度成正比,这个物理特性为测定核酸溶液浓度提供了基础。

A_{260} 为 1 时,相当于约 50 μg/mL 双链 DNA、约 40 μg/mL 单链 DNA(或 RNA)或者约 20 μg/mL 单链寡聚核苷酸。

紫外法是准确定量测定核酸的常用方法,但要求核酸样品是纯净的,即无显著的蛋白质、酚、琼脂糖或其他核酸、核苷酸等污染物的存在,紫外法仅用于测定浓度大于 0.25 μg/mL 的核酸溶液。

用紫外分光光度计测定 260 nm 和 280 nm 两个波长处的光吸收,两处读数的比值(A_{260}/A_{280}),可估算核酸的纯度,或者可反映核酸的纯度。DNA 和 RNA 纯品的 A_{260}/A_{280} 的值分别为 1.8 和 2.0,如果样品中有蛋白质或酚的污染,则 A_{260}/A_{280} 将明显低于此值。

有丰富核酸电泳实验经验的实验人员,从样品电泳后 EB 染色带荧光的强度,即可大致判断出样品中的核酸含量,如果把核酸样品按一定梯度稀释后电泳,当稀释到 EB 能检测到的最低含量 5 ng 时,再乘于稀释的倍数就可更准确地估算核酸的量。

第二节　核酸分离纯化的基本原则

核酸在细胞中总是与各种蛋白质结合在一起的,核酸的分离主要是指将核酸与蛋白质、多糖、脂肪等生物大分子物质分开,有时还需将特定的核酸也与非目的核酸分开。在分离核酸时应遵循一定的原则,要保证核酸分子一级结构的完整性,同时要排除其他分子污染。

一、核酸的种类和理化性质

根据核酸的特点和提取要求,核酸可以分为核 DNA、mRNA、质粒 DNA 和存在于细胞质中的核酸分子,如 rRNA,tRNA 等。

DNA 主要存在于细胞核的染色体中,核外也有少量 DNA,如线粒体 DNA(mtDNA),叶绿体 DNA(cpDNA)等。mRNA 存在于原核生物和真核生物的细胞质及真核细胞的某些细胞器(如线粒体和叶绿体)中。质粒 DNA 一般存在于微生物中,是基因工程的常用载体,细胞质中的核酸包括非细胞形式存在的病毒和噬菌体的核酸,它们或只含DNA,或只含有 RNA,其中一些也是基因工程的常用载体。

理论上所有真核细胞、细菌、病毒都可以提取核酸,样本选择取决于试验目的的需要。从不同材料中提取 DNA 的具体方法不同,分离提取的难易程度也不同。对于低等生物,如病毒,从中提取 DNA 比较容易。多数病毒 DNA 相对分子质量较小,提取时易保持其结构完整性。细菌和真核 DNA 相对分子质量较大,因此易被机械张力剪断,所以从细菌及高等动植物中提取 DNA 难度较病毒大。

RNA 和核苷酸的纯品都呈白色粉末或结晶,DNA 则为白色类似石棉样的纤维状物。除肌苷酸、鸟苷酸具有鲜味外,核酸和核苷酸大都呈酸味。DNA、RNA 和核苷酸都是极性化合物,一般都溶于水,不溶于乙醇、氯仿等有机溶剂,它们的钠盐比游离酸易溶于水,RNA 钠盐在水中溶解度可达 40 g/L,DNA 钠盐在水中为 10 g/L,呈黏性胶体溶液。在酸性溶液中,DNA、RNA 易水解,在中性或弱碱性溶液中较稳定。

天然状态的 DNA 和 RNA 是以脱氧核糖核蛋白(DNP)和核糖核蛋白(RNP)的形式存在于细胞核中,它们提取的原理是相同的。要从细胞中提取 DNA 时,先把 DNP 抽提出来,把蛋白质除去,再除去细胞中的糖、RNA 及无机离子等,然后就可以从中分离出 DNA。

DNP 和 RNP 的溶解度受到溶液中盐浓度影响,DNP 受盐浓度的影响较大,在低浓度盐溶液中几乎不溶解,如在 0.14 mol/L 的 NaCl 溶液中溶解度最低,仅为在水中溶解度的 1%,随着盐浓度的增加,溶解度也增加,至 1 mol/L NaCl 溶液中的溶解度很大,比纯水高 2 倍;RNP 受盐浓度的影响较小,在 0.14 mol/L NaCl 中溶解度较大。因此,核酸提取时常用这一特性分离这两种核蛋白。

二、核酸酶的抑制和抑制剂

核酸提取过程对核酸酶的抑制是核酸提取成功的关键,不同来源的核酸酶,其专一性、作用方式都有所不同,根据降解核酸的类型需要选择不同的核酸酶抑制剂。按抑制核酸的类型不同,核酸酶抑制剂可以分为两大类。

1. DNA 酶(DNase)抑制剂

DNase 比较容易失活,其活性需要 Mg^{2+}、Ca^{2+} 等金属二价离子的激活,加入少量金属离子螯合剂,如 0.01 mol/L 的 EDTA 或柠檬酸钠就可以让 DNase 基本失活。此外,表面活性剂、去垢剂等蛋白变性剂也可使 DNase 失活,常用于提取 DNA 的有 SDS 和 CTAB(十六烷基三甲基溴化铵)。

SDS 能使蛋白质变性,解聚细胞中的核蛋白,并与变性蛋白结合成带负电荷的复合物,该复合物在高盐溶液中形成沉淀。

CTAB 是一种阳离子去污剂,在 DNA 提取中,其作用是使蛋白质变性,让 DNA 被释放出来。CTAB 能与核酸形成复合物,该复合物可溶,稳定存在于高盐浓度下(>0.7 mmol/L),但在低盐浓度(如 0.1~0.5 mmol/L NaCl)的条件下,CTAB 核酸复合物就因溶解度降低而沉淀,而大部分的蛋白质及多糖等仍溶解于溶液中,通过有机溶剂抽提,去除蛋白、多糖、酚类等杂质后,加入乙醇沉淀即可使核酸分离出来。因此在利用 CTAB 法提取 DNA 时,用 NaCl 提供一个高盐环境,使 DNP 充分溶解,在液体环境中,CTAB 同时溶解细胞膜,并结合核酸,使核酸便于分离。经离心弃上清液后,CTAB-核酸复合物用 70%~75% 酒精浸泡可洗脱掉 CTAB,再通过氯仿/异戊醇(24:1)抽提去除蛋白质、多糖、色素等来纯化 DNA,最后经异丙醇或乙醇等 DNA 沉淀剂将 DNA 沉淀分离出来。

2. RNA 酶(RNase)抑制剂

RNase 分布广泛,极易污染样品,而且耐高温、耐酸、耐碱,不宜失活。RNase 的抑制和失活是 RNA 提取成败的关键。

常用的 RNase 抑制剂有：皂土(bentonite)、焦磷酸二乙酯(DEPC)、肝素、复合硅酸盐(Macaloid)、RNase 阻抑蛋白(RNasin)、氧钒核糖核苷复合物(vanadyl-ribonucleoside complex，VRC)及一些强烈的蛋白酶变性剂，如胍盐、氯化锂等。

DEPC 是一种强烈但不彻底的 RNase 抑制剂，它通过与蛋白质中的组氨酸的咪唑环结合，使蛋白质变性，从而抑制酶的活性。

异硫氰酸胍目前被认为是最有效的 RNase 抑制剂之一，异硫氰酸胍有破坏细胞结构、使核酸从核蛋白中解离出来，并对 RNase 有强烈的变性作用。异硫氰酸胍与 β-巯基乙醇(破坏蛋白质的二硫键)合用，使 RNase 被极度抑制。盐酸胍有时也用于 RNase 抑制剂，但它是一个核酸酶的强抑制剂，它并不是一种足够强的变性剂，可以允许完整的 RNA 从富含 RNase 的组织中提取出来。

氧钒核糖核苷复合物是由氧化钒离子和核苷形成的复合物，它和 RNase 结合形式过渡类物质，几乎能完全抑制 RNase 的活性。

氧钒核糖核苷复合物是由氧钒(Ⅳ)离子和 4 种核糖核苷之中的任意一种所形成的复合物，都是过渡态类似物，它能与多种 RNase 结合并几乎百分之百地抑制 RNase 的活性。这 4 种氧钒核糖核苷复合物可加入完整细胞中，在 RNA 提取和纯化的所有过程中，其使用浓度都是 10mmol/L。所得到的 mRNA 可直接在硅卵母细胞中进行翻译，并能作为某些细胞外酶促反应(如 mRNA 反转录)的模板。然而氧钒核糖核苷复合物会强烈抑制 mRNA 在无细胞体系中的翻译，因此必须用苯酚多次抽提以除之。

RNase 的蛋白质抑制剂(RNasin)是从大鼠肝或人胚盘中提取得来的酸性糖蛋白，是 RNase 的一种非竞争性抑制剂，可以和多种 RNase 结合，使其失活。

Macaloid(硅藻土)是一种黏土，很多年前就发现它能吸附 RNase，用缓冲液将其制成浆液，以 0.015%(m/V)的终浓度溶解细胞，这种黏土随同它所吸附的 RNase 可在后续的 RNA 纯化过程中(如酚抽提后)经离心去除。

三、核酸分离、纯化原则和要求

生物细胞内部本身存在很多核酸降解的酶，如果提取的核酸纯度不高就容易被降解。核酸遗传信息全部贮存在其一级结构之中，一级结构还决定其高级结构的形式以及和其他生物大分子结合的方式，所以完整的一级结构是核酸结构与功能研究最基本的要求，保持核酸分子一级结构的完整性和防止核酸的生物降解是核酸分离、纯化的基本原则。

提取核酸的研究目的一般都要再进行下一步的酶促反应，所以对于核酸的纯化应达到以下三点要求：第一，不存在对酶有抑制作用的有机溶剂和过高浓度的金属离子；第二，其他生物大分子如蛋白质、多糖和脂类分子的污染应降到最低；第三，排除其他核酸分子的污染，如提取 DNA 分子时应去除 RNA，反之，提取 RNA 分子时应去除 DNA。

为了保证分离核酸的完整性和纯度，在实验过程中应注意以下事项：

① 尽量简化操作步骤，缩短提取过程，以减少各种有害因素对核酸的破坏。

② 减少化学因素对核酸的降解，要避免过酸、过碱对核酸链中磷酸二酯键的破坏，操作多在 pH4～10 的条件下进行。

③ 减少物理因素对核酸的降解。物理降解因素主要是机械剪切力，其次是高温。机

械剪切力包括强力高速的溶液振荡、搅拌,使溶液快速地通过狭长的孔道,细胞突然置于低渗液中,细胞爆炸式破裂以及 DNA 样本的反复冻贮等,这些都有可能造成 DNA 链的断裂。机械剪切作用的主要危害对象是大分子线性 DNA,如真核细胞的染色体 DNA。对小分子的环状 DNA,如质粒 DNA 及 RNA,机械剪切作用威胁相对小些。高温,如长时间煮沸,除水沸腾带来的剪切力外,高温本身对核酸分子中的有些化学键也有破坏作用。核酸提取过程一般在低温条件下操作,但现在发现在室温快速提取与低温提取获得核酸的质量没有太大差异。

④ 防止核酸的生物降解。细胞内或外来的各种核酸酶消化核酸链中的磷酸二酯键,直接破坏核酸的一级结构,其中 DNase 需要金属二价离子 Mg^{2+}、Ca^{2+} 的激活,使用 EDTA、柠檬酸盐螯合金属二价离子,基本可以抑制 DNase 酶活性。RNase 不但分布广泛,而且耐高温、耐酸、耐碱、不易失活,极易污染样品,是 RNA 提取过程的主要危害因素。降低温度、改变 pH 及盐的浓度都有利于对核酸酶活性的抑制,但均不如利用核酸酶抑制剂更有利,几种条件并用更好。

对于 DNA 的提取,抑制 DNase 活力很容易,但防止机械张力拉断则更重要。对于 RNA 的提取,因 RNA 分子较小,不易被机械张力拉断,但抑制 RNase 活力较难,故在 RNA 提取中设法抑制 RNase 更为重要。

四、核酸提取的一般过程

核酸提取一般包括细胞裂解、抽提核酸除去杂质、核酸的纯化、核酸保存四个基本步骤。

1. 细胞裂解

对于高等生物一般是先将组织或细胞破碎后再进行细胞裂解,而微生物一般细胞破碎和细胞裂解同时进行。不同来源的材料,细胞结构不同,采取的细胞裂解方法会有所不同,一般可以采用机械法、化学作用和酶法。

机械作用包括低渗裂解、超声波裂解、微波裂解、冻融裂解和颗粒破碎等物理裂解方法,用机械力使细胞破碎可能会引起核酸链的断裂,因而不适用于大分子 DNA 的分离。有报道称超声裂解法提取 DNA 大小在 0.5~20 kb 之间,而用颗粒匀浆法提取的 DNA 一般为 10 kb。

化学作用是利用在一定的 pH 环境和变性条件下使细胞裂解,蛋白质变性沉淀,核酸被释放到水相。可以通过加热、加入强碱(NaOH)缓冲液、加入表面活性剂(SDS、Triton X-100、Tween-20、NP-40、CTAB、sarcosyl、Chelex-100 等)或强离子剂(异硫氰酸胍、盐酸胍、肌酸胍)来使细胞裂解。

酶作用主要是通过加入溶菌酶或蛋白酶(蛋白酶 K、植物蛋白酶或链霉蛋白酶)以使细胞裂解,使核酸被释放出来。蛋白酶还能降解与核酸结合的蛋白质,促进核酸的分离。其中溶菌酶能催化细菌细胞壁的蛋白多糖 N-乙酰葡糖胺和 N-乙酰胞壁酸残基间的 β-1,4 键水解;蛋白酶 K 能催化水解多种多肽键,它在 65℃ 及有 EDTA、尿素(1~4 mol/L)和去污剂(如 0.5% SDS 或 1% Triton X-100)存在时仍保留酶活性,这有利于提高大分子核酸的提取效率。在裂解液中加入蛋白酶 K 可以降解蛋白质,灭活核酸酶。

在实际的核酸提取中,酶作用、机械作用、化学作用经常联合使用,具体选择哪种或哪几种方法可根据细胞类型、待分离的核酸类型及后续实验目的来确定。

微生物有坚硬的细胞壁,破碎细胞的方法主要有三种类型:第一种是机械方法,主要有超声波处理法、高压细胞破碎仪法、研磨法、匀浆法或者利用液氮反复冻融等;第二种是化学试剂法,主要是用 SDS 或 CTAB 破碎细胞;第三种是酶法,利用溶菌酶可破碎原核微生物细胞,同时使用纤维素酶和蜗牛酶可破碎真核微生物细胞壁。

高等植物较老的组织不仅 DNA 含量少,而且破碎十分困难,所以植物核酸的提取尽量选择幼嫩的组织,破碎细胞的方法主要有捣碎器破碎、液氮研磨,而对如根茎等一些坚韧植物组织,常需要强烈的搅拌或研磨作用来破碎细胞。

高等动物 DNA 主要存在于细胞核与线粒体中,而动物组织,特别是肌肉组织很难破碎,含水量又高,即使是较易破碎的肝、肾等组织也很难用液氮充分破碎细胞,所以动物组织往往使用组织匀浆器来碾磨,易造成 DNA 断裂。活体动物从处死、分离组织器官到破碎细胞费时长,在此时期间 DNA 可能会被 DNase 降解,或者被微生物污染。对于肌肉和骨骼组织的破胞也是十分困难的。

不同生物材料,要根据具体情况选择适当的细胞破碎方法,但都应考虑以下两个原则:

第一,防止和抑制 DNase 对 DNA 的降解。

第二,尽量减少对溶液中 DNA 的机械剪切破坏。破碎细胞的同时加入核酸酶抑制剂的缓冲液,不同的材料,组织细胞结构和所含成分不同,所以 DNA 分离所采取的方法会有差异,主要的差异是破胞缓冲液会有不同的组成。因此,提取某种生物和材料组织的 DNA 应参照有关文献和经验,建立相应的 DNA 分离方法,以获得符合需要的 DNA。根据材料来源的不同,采取不同的处理方法,而后的 DNA 纯化方法大体相似。此外,真核生物的 DNA 远大于细菌,过于剧烈的细胞破碎可能会造成 DNA 断裂。

2. 抽提核酸除去杂质

首先使脱氧核糖核蛋白、核糖体、病毒的核蛋白与其他成分分离,使核酸与蛋白质分离,再除去脂类和多糖。根据使用的化学试剂不同,DNA 抽提的方法分成以下类型:

(1) 浓盐法。

浓盐法是利用 RNP 和 DNP 在电解溶液中溶解度不同,将二者分离。常用的方法是用 1 mol/L 的 NaCl 溶液抽提,得到的 DNP 黏液,再用含有少量辛醇的氯仿抽提,离心除去蛋白质,此时蛋白质凝胶停留在水相及氯仿相中间,而 DNA 位于上层水相中,用 2 倍体积 95% 乙醇可将 DNA 钠盐沉淀出来。也可用 0.15 mol/L 的 NaCl 溶液反复洗涤细胞破碎液除去 RNP,再以 1 mol/L 的 NaCl 提取 DNP,然后用氯仿/异醇法除去蛋白。

由于浓盐法在提取过程中没有蛋白质变性剂,所以可能会造成部分核酸的降解,因此不适合用于微量材料的 DNA 提取。

以稀盐酸溶液提取 DNA 时,加入适量去污剂,如 SDS 可有助于蛋白质与 DNA 的分离。在 NaCl 溶液中加入柠檬酸钠作为金属离子的络合剂,可在提取过程中抑制组织中的 DNase 对 DNA 的降解作用。通常用 0.15 mol/L NaCl 和 0.015 mol/L 柠檬酸钠配制的溶液,即通常所说的 SSC 溶液提取 DNA。

(2) 去污剂法。

用 CTAB、SDS 或二甲苯酸钠等去污剂使蛋白质变性,可以直接从生物材料中提取

DNA。由于细胞中 DNA 与蛋白质之间常通过静电引力或配位键结合,而阴离子去污剂能够破坏这种价键,所以常用阴离子去污剂来提取 DNA。

(3) 苯酚抽提法。

苯酚作为蛋白变性剂,同时抑制了 DNase 的降解作用。用苯酚处理匀浆液时,由于蛋白与 DNA 之间的键已断,蛋白分子表面含有很多极性基团,与苯酚相似相溶。通过苯酚抽提蛋白分子溶于酚相,而 DNA 溶于水相。离心分层后取出水层,多次重复抽提操作,得到 DNA 纯度较高的水相,利用乙醇沉淀 DNA。此时 DNA 是十分黏稠的物质,可用玻璃慢慢绕成一团取出,此法的特点是使提取的 DNA 保持天然状态。

3. 核酸的纯化

根据所需核酸的性质和特点除去其他核酸污染,并除去提取过程中使用的系列试剂,包括盐、有机溶剂杂质等,最后得到均一的核酸样品。

4. 核酸的贮存

根据核酸的类型和特点选择最佳的方法贮存提取的核酸。

五、质粒 DNA 提取的原理

质粒是基因克隆的主要载体之一,其宿主是大肠杆菌,所以质粒 DNA 一般是从大肠杆菌中提取。

1. 质粒 DNA 提取的方法

质粒提取的主要方法有碱裂解法、煮沸裂解、羟基磷灰石柱层析法、质粒 DNA 释放法、酸酚法等。概括起来主要是用非离子型或离子型去污剂、有机溶剂或碱进行处理及用加热处理。所有质粒 DNA 提取的方法都包括三个基本步骤:培养细菌使质粒扩增;收集和裂解细菌;分离质粒 DNA,有时根据实验所需还要求纯化质粒 DNA。

选择哪一种方法主要取决于以下几个因素:质粒的大小、大肠杆菌菌株、裂解后用于纯化的技术和实验要求。碱裂解提取法有操作简便、快速、得率高的优点,是最常用的质粒提取方法,对于小于 10 kb 的质粒可以获得很好的效果。

2. 碱裂解提取法的原理

在碱变性条件下(pH 12.6),染色体 DNA 的氢键断裂,双螺旋结构解开而变性,质粒 DNA 氢键也大部分断裂,双螺旋也有部分解开,但共价闭合环状结构的两条互补链不会完全分离,当以 pH 4.8 的乙酸钾或乙酸钠将其 pH 调到中性时,变性的质粒 DNA 又恢复到原来的构型,而染色体 DNA 不能复性,形成缠绕的致密网状结构,离心后,由于浮力密度不同,染色体 DNA 与大分子 RNA、蛋白质 SDS 复合物等一起沉淀下来而被除去。

3. 质粒 DNA 碱裂解提取法的试剂组成及其生化作用原理

溶液Ⅰ:50 mmol/L 葡萄糖,25 mmol/L Tris-HCl(pH 8.0),10 mmol/L EDTA(pH 8.0),2 mg/mL 溶菌酶(小量提取可以不加)。

适当浓度的和适当 pH 的 Tris-Cl 缓冲液,葡萄糖主要作用是增加溶液的黏度,维持渗透压,有利于大肠杆菌细胞充分悬浮,使后面的破胞更充分,还可以防止 DNA 受机械力作用而降解。EDTA 的作用是螯合 Mg^{2+}、Ca^{2+} 等金属离子,抑制 DNase 对 DNA 的降解作用。另外,EDTA 的存在,有利于溶菌酶的作用,因为溶菌酶的反应要求环境有较低的离子强度。

溶液Ⅱ:0.2 mol/L NaOH,1% SDS。

溶液Ⅱ中的 NaOH 浓度为 0.2 mol/L,加到提取液中时,使溶液的 pH 达到 12.6,DNA 在 pH 大于 5、小于 9 的溶液中是稳定的,但当 pH>12 或 pH<3 时,就会引起双链之间的氢键解离而变性,所以 NaOH 的作用是促使染色体 DNA 与质粒 DNA 的变性。NaOH 的另一作用是使细胞溶解,提取质粒 DNA 中起裂解细胞作用的主要是 NaOH 而不是 SDS,所以才叫碱裂解提取法。SDS 是离子型表面活性剂,它主要作用是溶解细胞膜上的脂质和蛋白,因而溶解膜蛋白破坏细胞膜,解聚细胞中的核蛋白,SDS 能与蛋白质形成复合物,使蛋白质变性而沉淀下来。

配制溶液Ⅱ一般使用新鲜配制的 NaOH,目的为了防止 NaOH 吸收空气中的 CO_2 而减弱了碱性,影响提取的质量。

要注意,加入溶液Ⅱ后放置的时间不能过长,因为在这样的碱性条件下基因组 DNA 片段会慢慢断裂;此外混匀时必须温柔混合,否则也会使基因组 DNA 断裂。

溶液Ⅲ:3 mol/L KAc/HAc(pH4.8)溶液。

KAc 的水溶液呈碱性,为了调节 pH 至 4.8,必须加入大量的冰醋酸,所以溶液Ⅲ实际上是 3 mol/L KAc -2 mol/L HAc 的缓冲液。溶液Ⅲ中 HAc 是为了把 pH 12.6 的提取液调回至 pH 中性,使变性的质粒 DNA 能够复性,并稳定存在。K^+ 和 SDS 结合生成十二烷基硫酸钾(PDS),而 PDS 是水不溶的,大肠杆菌的基因组 DNA 容易被 PDS 共沉淀,使质粒 DNA 被分离出来。虽然溶液Ⅲ中的 KAc 可以用 NaAc 代替,但 Na^+ 不能像 K^+ 那样和 SDS 发生沉淀,所以提取效果远不如 KAc。

4. 质粒 DNA 提取的注意事项

加入溶液Ⅱ时间过长,或者是振荡过剧烈都会导致大肠杆菌 DNA 断裂,如果断裂的 DNA 片段为 50~100 kb,就不能被 PDS 共沉淀,这就是提取质粒 DNA 电泳时发现有大肠杆菌总 DNA 条带的主要原因。将溶液Ⅲ预冷,加入提取液中,混合均匀后在冰上放置一定时间,目的是为了 PDS 和大肠杆菌总 DNA 沉淀更充分一点。

加入溶液Ⅲ离心后取上清液,要用 25 份苯酚/24 份氯仿/1 份异戊醇混合液进行抽提,然后进行酒精沉淀才能得到质量稳定的质粒 DNA,不然时间一长就会因为混入的 DNase 而使质粒 DNA 发生降解。

目前商品化的质粒提取试剂盒的原理也是采用碱裂解法,首先利用溶液Ⅰ、Ⅱ、Ⅲ处理,离心后取上清液用带有硅胶膜的柱子代替苯酚/氯仿的抽提,这样不仅简化提取的步骤,而且提取的质粒 DNA 更纯。

六、试剂盒提取核酸原理

无论是从真核细胞或是从细菌病毒中提取核酸,涉及的基本原理是使细胞膜或细胞壁破裂,用变性剂使蛋白质变性,使染色体 DNA 与蛋白质分离,然后用有机溶剂抽提再进行沉淀,使核酸分离纯化出来。试剂盒提取核酸的前处理与传统的常规提取方法是相同的,其原理就是利用一些材料能专一吸附核酸的特点,利用特异性核酸吸附材料来代替有机溶剂的抽提,使核酸吸附于其表面,再进行洗涤和洗脱,从而获取高纯度的核酸(图4-1)。

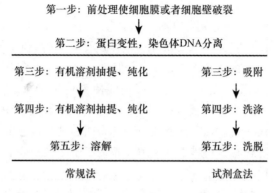

图 4-1　DNA 常规提取法和试剂盒提取法的区别

目前试剂盒中所用吸附核酸的材料主要有二氧化硅、氧化铝、磁珠和玻璃粉等。二氧化硅、氧化铝一般是做成膜来使用,常用于质粒 DNA 和总 DNA 的提取。二氧化硅成本低,许多商品试剂盒采用,但痕量的二氧化硅会抑制 PCR 反应;氧化铝是二氧化硅的替代物,不会抑制 PCR,但价格较高。目前二氧化硅的膜材料技术已经得到了提高,不会再造成二氧化硅的脱落。

不同类型的磁珠在其表面共价结合有不同的基团,用于共价连接蛋白和核酸配体。也有将磁珠预先共价连接链霉亲和素,后者可将任何生物素标记的核酸或蛋白吸附在表面。还有将磁珠用特异性的寡核苷酸探针标记的,用于吸附和分离提取特异性的核酸片段,磁珠的专一性强,提取纯度高。例如,mRNA 的磁珠就是用生物素标记的 oligo(dT)与 mRNA 3′端的 poly A 尾巴退火形成一种磁珠复合体,然后就可以用磁架将此复合体捕获,这样 mRNA 即可与其他形式的 RNA 相分开,进一步用无 RNase 无菌水洗涤,即可获得纯化的 mRNA。

玻璃粉或玻璃珠被证实为一种有效的核酸吸附剂,常用于质粒 DNA 的分离纯化,在高盐溶液中,核酸可被吸附至玻璃基质上,碘化钠或高氯酸钠等离液盐(chaotropic salt)可促进 DNA 与玻璃基质的结合,然后用 80% 乙醇除去细胞残片和蛋白质沉淀,最后用 TE 缓冲液洗脱与玻璃珠结合的 DNA。

由于用试剂盒法提取核酸的质量和纯度比传统酚抽提法的都更高,目前不同类型核酸的提取以及不同微生物、不同组织中核酸的提取都有专门的试剂盒。

七、核酸提取的注意事项

每一种材料的核酸提取都会有一些差异,即使是较容易的微生物 DNA 提取也会因为微生物的种类不同而提取方法不同,有些微生物的多糖较多,会严重影响到 DNA 的得率和质量。许多生物材料在提取核酸时都会遇到多糖的污染问题,具体表现为有机溶剂沉淀时沉淀很多,但将沉淀重新溶解时,大量沉淀不溶解,而电泳观察时发现核酸含量很低。所以提取某一材料的核酸首先应查阅文献,为方法设计提供参考,这是至关重要的。

无论是采用何种方法提取核酸,或者是何种材料提取核酸,都需要进行材料的前处理然后进行细胞破碎,这关系到提取核酸的质量和得率。一些核酸的提取方法,在进行具体实验时,应根据研究对象的性质,提取核酸的用途而对上述方法在操作步骤和试剂使用量上作一定的修改。目前市场上已有很多针对材料 DNA 提取试剂盒,一般的材料都可以很快获得高质量的 DNA 样品,但是没有万能的试剂盒,特别对材料的处理更是需要很强的针对性。

如果材料很难获取或者材料的量很少的时候,在进行核酸的制备之前,首先要进行预备试验,用相同或相似的材料来进行实验方法和试剂的检测,然后才能进行正式的试验。即使是用试剂盒提取,也要用容易获得的相似的材料来检验试剂盒的提取效果。

1. 防止酚类化合物对 DNA 提取的影响

植物不同,其组织其成分有很大的差异,影响 DNA 提取的主要是多糖和酚类等物质,它们在提取过程中会影响提取得率和质量,如果去除不干净,还会对以后的酶切、PCR反应等有很强的抑制作用,因此,在提取过程中要优先考虑去除这些物质的干扰。如果材料中含有较多多糖,多糖常与 DNA 共沉淀而使沉淀物呈胶冻状,一般提取方法将很难去除。少量的多糖一般不影响 DNA 的限制性酶解或扩增,但当影响到下一步研究,使之无法进行时,则要考虑在提取 DNA 过程中去除多糖。在提取酚类化合物较多的植物,特别是木本植物的核酸时,要注意防止酚类化合物被氧化。

植物 DNA 提取防止酚类化合物被氧化的方法有以下几种:

第一,对材料进行脱酚预处理。

尽量取材幼嫩叶片,如酚类物质太多,需要对材料进行预处理。对未粉碎的材料可水浸过夜,主要去除水溶性鞣质等;粉碎后的材料用丙酮浸提,去除脂溶性酚类化合物,或用可去除酚类的缓冲液清洗(0.25 mol/L NaCl;0.2 mol/L Tris-HCl,50 mmol/L EDTA,2%~4% PVP);用−70℃的丙酮抽提冷冻研磨后的植物材料,可以有效地去除木本植物材料中酚类化合物,得到高质量的 RNA。

第二,在提取缓冲液中添加还原剂和螯合剂。

在提取缓冲液中加入 β-巯基乙醇、二硫苏糖醇(DTT)、抗坏血酸或半胱氨酸来防止酚类物质被氧化,有时提取液中 β-巯基乙醇的浓度可高达 2%。β-巯基乙醇等还可以打断多酚氧化酶的二硫键而使之失活。硼氢化钠($NaBH_4$)是一种可还原醛的还原剂,醌类化合物可被还原成多酚化合物,用它处理后提取缓冲液的褐色可被消减。

在提取缓冲液中添加还原剂同时添加螯合剂,螯合剂聚乙烯吡咯烷酮(PVP)和聚乙烯聚吡咯烷酮(PVPP)中的 CO—N═ 有很强的结合多酚化合物的能力,其结合能力随着多酚化合物中芳环羟基数量的增加而加强。原花色素类物质中含有许多芳环上的羟基,因而可以与 PVP 或不溶性的 PVPP 形成稳定的复合物,使原花色素类物质不能成为多酚氧化酶的底物,并可以在以后的抽提步骤中被除去。用 PVP 去除多酚时,pH 是一个重要的影响因素,在 pH 8.0 以上时,PVP 结合多酚的能力会迅速降低。当原花色素类物质的量较大时,单独使用 PVPP 无法去除所有的这类化合物,因而需要与其他方法结合使用。

第三,采用低 pH 的缓冲液或者 Tris-硼酸缓冲液。

酚类物质在碱性的条件更容易被氧化,因此可以降低提取缓冲液的 pH。例如,在 SDS 法中调整抽提液为低 pH(pH 5.5),使酚类呈未解离状态,也可防止其氧化。

采用 Tris-硼酸提取缓冲液(pH 7.5),其中的硼酸可以与酚类化合物以氢键形成复合物,从而抑制了酚类物质的氧化及其与 RNA 的结合,这一方法对提取 RNA 十分有效。

不需要在提取缓冲液中加入其他还原剂也可以获得很好的效果。但要注意,如果 Tris-硼酸浓度过高($>0.2\,mol/L$)则会影响 RNA 的回收率。

2. 注意保持核酸的完整性

在提取动物细胞 DNA 时,要考虑抑制 DNase 的活性和蛋白质对 DNA 提取的影响。动物组织水分含量高,要采用缓冲容量大的缓冲液。不同组织 DNA 含量差异大,肝脏 DNA 含量高,易碾磨破胞;骨头 DNA 含量低,难碾磨破胞。动物细胞容易污染微生物,采样后一定要及时处理。

在操作中当加入提取缓冲液后,为了保证核酸样品的完整性,操作要轻,尤其在提取 DNA 时,更要避免剧烈操作,特别加入变性剂苯酚/氯仿后更容易导致 DNA 被扯断。如果对 DNA 完整性要求较高,可以将吸头剪去一小段,增大吸嘴,减少对 DNA 的剪切作用。

由于 RNA 分子的结构特点,容易受 RNase 的攻击反应而降解,加上 RNase 极为稳定且广泛存在,因而在提取过程中要严格防止 RNase 的污染,并设法抑制其活性,这是实验成败的关键。提取 RNA 的材料一定要新鲜,切忌使用反复冻融的材料,如若材料来源困难,且实验需要一定的时间间隔的,可以先将材料贮存在 Trizol 溶液中或液氮中保存。Trizol 是一种新型的商品化总 RNA 提取试剂,含有异硫氰酸胍等蛋白质变性剂和核酸酶抑制剂,可迅速完全充分裂解样品细胞,并抑制细胞释放的核酸酶,从而保持 RNA 的完整性。

裂解液的质量、外源 RNase 的污染、裂解液的用量不足和组织裂解不充分都很容易造成提取的 RNA 发生降解,某些富含内源 RNase 的样品(如脾脏,胸腺等),很难避免 RNA 的降解,建议在液氮条件下将组织碾碎,并且匀浆时使用更多裂解液。

得到的高度纯化核酸最好溶于 TE 缓冲液中,因溶于 TE 缓冲液的核酸储藏稳定性要高于水溶液中的核酸,另外核酸样品保存时要求以高浓度保存,低浓度的核酸样品要比高浓度的更易降解。

3. 核酸中杂质的去除

在核酸提取时,经常用到苯酚与氯仿来进行抽提,可以单用氯仿或者苯酚,也可苯酚、氯仿混合使用。苯酚与氯仿均起到对蛋白质变性的作用,苯酚的变性能力强于氯仿,但苯酚与水有一定的互溶,因此苯酚抽提后,除可能损失部分核酸外,水相中还会残留苯酚。痕量的苯酚存在对核酸的酶促反应产生强烈抑制,因此在操作中单用苯酚抽提后最好用氯仿再抽提一次。在抽提过程中,若蛋白质含量或其他的杂质还较多,可以增加苯酚/氯仿混合抽提次数。

在沉淀核酸时可用乙醇与异丙醇,乙醇的极性强于异丙醇,所以一般用 2 倍体积的乙醇沉淀,但在多糖、蛋白含量高时,用异丙醇沉淀可部分克服这种污染,尤其用异丙醇在室温下沉淀对摆脱多糖、杂蛋白污染更为有效。

在提取核酸时,如核酸浓度低,可增加有机溶剂沉淀时间,$-70\,℃$ 沉淀 30 min 以上,或者 $-20\,℃$ 沉淀过夜,可以增加核酸的沉淀量;也可以加入促进核酸沉淀的载体或助沉剂。

为了防止核酸沉淀的盐离子浓度过高,可增加 70% 乙醇洗涤的次数(2~3 次),洗涤时,最好用吸头将洗涤液吸出,以免倾倒时造成核酸沉淀丢失。

琼脂糖电泳可以回收纯化 PCR 反应获得的目的片段、酶切后所得特定的 DNA 序列、分子杂交中所制备的探针等。琼脂糖 DNA 回收的质量和得率主要受琼脂糖的质量和回收目标 DNA 大小的影响。低熔点琼脂糖的 DNA 回收率高于普通琼脂糖,高纯度琼脂糖高于普通琼脂糖,割胶越少回收率越高。由于琼脂糖中的酸根和羟基多糖等物质对多种工具酶都有抑制作用,因此,回收的 DNA 一般要经过乙醇沉淀的纯化过程,近年来,琼脂糖特别是低熔点琼脂糖的质量有了很大的提高,有些低熔点琼脂糖能在凝胶中直接完成酶切和连接反应。

回收目标 DNA 分子太大和太小都会影响回收率,大于 20 kb 或者小于 100 bp 的 DNA 片段回收很困难。用试剂盒回收工作简单,而且回收率高,现在大多数实验室都在采用,但是一般的试剂盒回收 300 bp~10 kb 的片段是非常有效的,对一些片段可能效果较差,因此,要根据自己的实验要求选择正确的回收方法。

第五章　PCR 的原理和应用

PCR 是英文 Polymerase Chain Reaction 的缩写,中文称为聚合酶链式反应。PCR 是体外酶促合成特异 DNA 片段的一种方法,由高温变性、低温退火(复性)及适温延伸等几步反应组成一个周期,循环进行,使目的 DNA 得以迅速扩增。就其应用来说 PCR 是一种技术、一种工具、一种手段,它实质上是利用特定的寡聚核苷酸(引物)的限制、定位来获得(合成)目标的核苷酸序列的方法,以达到改造、合成、鉴定 DNA 序列的目的。

第一节　PCR 技术的原理

PCR 是一种生物体外的 DNA 复制技术,是能够对特定 DNA 进行放大扩增的一种分子生物学技术。

一、PCR 技术的诞生

20 世纪 70 年代,DNA 克隆技术已获得飞速的发展,核酸的杂交技术特别是 DNA 的杂交技术,已成为检测目标 DNA 序列的一个强有力的方法。到 80 年代中期已经能利用体外合成系统高效地合成 DNA,同时 DNA 的化学合成技术也获得了发展,但是这些工作不仅烦琐,而且成本高,所以当时对 DNA 克隆和鉴定的研究不仅需要精密的实验方案,而且需要很好的运气。因此,分子生物学的研究迫切需要一种策略,需要更简单、更有效的方法来降低基因合成的工作量。Korana 于 1971 年最早提出核酸体外扩增的设想:"经过 DNA 变性,与合适的引物杂交,用 DNA 聚合酶延伸引物,并不断重复该过程便可克隆 tRNA 基因"。但是,由于测序技术及寡聚核苷酸引物的合成技术尚处在不够成熟的阶段,耐热的 DNA 聚合酶尚未报道。因此,Korana 和他的同事的想法被认为是不切实际的,并很快被人忘却,直到后由 Kary Mullis 及他 Cetus 公司的同事们把这一想法付诸实践。

Kary Mullis 原本是要合成 DNA 引物来进行测序工作,却常为没有足够多的模板 DNA 而烦恼。根据 Kary Mullis 的回忆,那是在一个夜晚,灵感突现:利用添加两条引物实现无限扩增 DNA 片段。1983 年 9 月中旬,Mullis 在反应体系中加入 DNA 聚合酶后在 37℃一直保温。结果第二天在琼脂糖电泳上没有看到任何条带。于是他认识到有必要用加热来解链,每次解链后再加入 DNA 聚合酶进行反应,依次循环。1983 年 12 月 16 日,他终于看到了被同位素标记的 PCR 条带。但是,由于 Klenow 酶具有热不稳定性,每个循环都需要补加酶,PCR 还无法实现自动化,此时的 PCR 还是一个中看不中用的技术。

1986 年 6 月,Cetus 公司纯化了第一种高温菌 DNA 聚合酶(Taq DNA polymerase),到了 1987 年,自动化的热循环仪的使用,使得 PCR 技术真正成为一项实用的技术。但是这一技术成果被 Roche 公司的专利所控制,昂贵的 Taq DNA 聚合酶的价格,限制了 PCR 技术的应用范围,连科研工作也不例外。一年后, Roche 公司才大大降低了价格,使得 PCR 技术广泛应用于分子生物学研究领域,公司自身也获得了发展。由 PCR 衍生的分子生物学技术更是不断地涌现,为此,Kary Mullis 以发明 PCR 技术获得了 1993 年的诺贝尔化学奖。

　　PCR 技术的出现并不是一开始就被所有的人接受的,它带来了不少的争议,究竟是一个发现还是一个发明的争议也持续了很久。同时 PCR 的出现使得过去对 DNA 的研究需要创造的灵感和幸运的机遇,变成现在只需要一点试剂和一台热循环仪器,使得许多人突然变得如此的笨拙,就像马车突然驶进高速公路的快车道而无所适从,甚至有人认为 PCR 让分子生物学的研究变得索然无味,变得毫无创造力和想象力。

　　Kary Mullis 认为无论 PCR 只是一个发明,或者是一种技术,PCR 变成了可操作的实验系统,变成了一项成熟的技术,后者又上升成为新的概念。PCR 并没有改变基因操作的本质,只是让我们在更广的范围内更快、更容易地进行基因操作。不管怎样,PCR 技术给基因的分析和研究带来了一个革命性的技术大转变,也给人类文明带来一场"革命"。

二、PCR 技术的原理

　　PCR 技术的基本原理与生物体内合成 DNA 的模式相似,在体外设计、合成引物,然后以总 DNA 为模板,将其与引物、一定量的 4 种 dNTP 混合,加入耐热的 DNA 聚合酶及所需辅助试剂构成扩增系统,进行循环反应,所以说 PCR 实际上是模拟生物体内 DNA 聚合酶合成 DNA 的过程。

　　生物体内合成 DNA 的步骤是变性、复性、半保留复制。PCR 中则由高温变性、低温退火及适温延伸三个基本步骤组成一个循环,一般进行 25～40 次循环,使目的基因在数小时乃至几十分钟内得以迅速扩增。① 变性。在高温(92～98℃)下使待扩增的 DNA 解链成为单链模板。② 退火。引物在低温(38～65℃)条件下分别与模板两条链的 3′-OH 端互补结合,形成局部双链区。③ 延伸。引物和模板 DNA 完成退火后,DNA 聚合酶开始起作用,在适当温度下(68～72℃)将 dNTP 从引物的 3′端掺入,沿引物 5′→3′方向延伸,合成一条与模板互补的新链 DNA。至此完成了 PCR 反应的第一次循环,继之再加热变性、退火和延伸进行第二次循环。在第二次循环中,第一次循环得到的 DNA 扩增链也作为模板与引物片段杂交。由于引物和 dNTP 都是过量的,加入的 DNA 聚合酶是耐高温的,在以后的各轮循环中不需加入任何其他试剂,反应在热循环仪上自动进行。变性、退火、延伸如此循环反复,每一次循环产生的新链 DNA 均能成为下次循环的模板,故 PCR 产物是以指数方式,即 2^n 方式扩增。

　　需要注意的是,PCR 第一次循环没有目的 DNA 片段的出现,在第二次循环得到单链的目的 DNA 片段,第三次循环才能得到双链的目的 DNA 片段。

　　PCR 仪是自动化热循环仪,它可以根据反应条件的要求,精确设置反应管加热或冷却到每步反应所需的温度。PCR 的灵敏度高,对 PCR 结果的重复性要求也很高。实现 PCR 重复扩增需要满足的两个条件:第一,是对自动化热循环仪的要求,要求仪器有优良的热均匀性,温度控制的精度高,加热和冷却的速度快,还有仪器的重复性和可靠性要高。第二,是对操作人员的要求,扩增体系的物理尺寸要合理,操作要规范。

三、PCR 仪的种类

PCR 仪本质是一个代替手工操作的自动化热循环仪,早期 PCR 仪的雏形是机械手,利用机械自动化循环装置把 PCR 反应管来回放置到不同温度的水浴锅中。1988 年第一台真正意义上的 PCR 热循环仪出现,它主要由热模块、冷却装置、PCR 管样品基座、控制软件组成,通过软件编程来控制每个步骤的时间、温度以及循环数。早期的 PCR 仪器还较简单,其加热装置是普通电阻丝,冷却装置就是一个风扇,只能对到达设定温度反应的时间进行控制,不能对加热和冷却过程中升温和降温速度的快慢进行控制,也没有热盖装置。因此为防止 PCR 反应体系中由于高温使反应液中水分挥发,导致 PCR 体系的体积发生变化,一般在反应体系表面加入一层石蜡油。

随着技术的发展,为了提高降温的速度,采用水冷式或者半导体制冷来代替风扇冷却,同时,引入了热盖技术,即反应管上的盖子能进行加热,由于盖子的温度比 PCR 反应管的温度高,阻止了水蒸气挥发,这样反应中不再需要添加石蜡油,减少了污染的可能性。水冷式是利用制冷压缩机来将液体冷却,当需要冷却时液体通过加热模块进行冷却,因此这种类型的 PCR 仪一般体积和质量都较大。目前的 PCR 大多使用半导体技术,通过对半导体元件电流的大小和方向的调节来对温度进行控制,不仅能对反应温度和时间进行精确控制,也能对加热和冷却过程的速度进行控制,大大提高 PCR 仪器的精度和可控性。

根据 DNA 扩增的目的和检测的标准,可以将 PCR 仪分为普通 PCR 仪、梯度 PCR 仪、原位 PCR 仪、实时荧光定量 PCR 仪四类。

普通 PCR 仪是由主机、加热模块、PCR 管样品基座、热盖(较老的型号可能没有热盖装置)和控制软件组成。目前普通 PCR 仪的软件功能越来越丰富,可以满足各种 PCR 程序的需求,但是普通 PCR 仪一次 PCR 扩增只能设置一种程序,而且 PCR 管样品基座所有的孔的温度控制程序都是一样的,如果要设置不同程序,需要多次运行。普通 PCR 仪的价格较低,适用于常规的 PCR 反应。

梯度 PCR 仪除具有普通 PCR 仪的结构外,还具有特殊的梯度模块,可实现对温度梯度和时间梯度等参数的调整。例如,在 96 孔的模块中,可以分成 12 列,各列可单独设置,一次可设计 12 种温度或者时间参数,因此可以在一次实验中对不同样品设置不同的退火温度和退火时间,从而可在短时间内对 PCR 实验条件进行优化,提高 PCR 科研效率。梯度 PCR 仪主要用于快速确定未知 DNA 退火温度的 PCR 反应,如通过设置一系列退火温度梯度进行扩增,运行一次 PCR 就可以筛选出特异性最好、扩增产物量最高的最适退火温度。梯度 PCR 仪在不设置梯度的情况下也可以做普通 PCR 扩增。

荧光定量 PCR 仪也称实时荧光定量 PCR 仪,是在普通 PCR 仪的基础上增加荧光信号采集系统和计算机分析处理系统,扩增的结果信号通过荧光信号采集系统实时采集,然后输送到计算机分析处理系统,得出量化的实时结果输出。荧光检测系统主要包括激发光源和检测系统,激发光源有卤钨灯光源、氩离子激光器、单色发光二极管 LED 光源,前两种可配多色滤光镜实现不同激发波长,而单色发光二极管 LED 有价格低、能耗少、寿命长的优点,不过因为是单色,需要配置不同的 LED 才能更好地得到不同激发波长。检测系统有 CCD 成像系统和 PMT 光电倍增管,前者可以一次对多点成像;后者灵敏度高,但一次只能扫描一个样品,需要通过逐个扫描实现多样品检测,对于大量样品来说需要较长的时间。荧光定量 PCR 仪有单通道、双通道和多通道等三种类型,当只用一种荧光探针标记的时候,选用单通道 PCR 仪,有多荧光标记的时候用多通道 PCR 仪。单通道 PCR 仪也可以检测多荧光标记的目的基因表达产物,因为一次只能检测一种目的基因的扩增量,需多次扩增才能检测完不同的目的基因片段量。

原位 PCR 仪与普通 PCR 仪相比,用玻片代替了 PCR 管,其反应过程是在载玻片的平面上进行的。原位 PCR 仪最大特点是能够在保持细胞或组织的完整性的条件下,使 PCR 反应体系渗透到组织和细胞中,在细胞的靶 DNA 所在的位置上进行基因扩增,因此不但可以检测到靶 DNA,又能标出靶序列在细胞内的位置。原位 PCR 仪可用于细胞内靶 DNA 的定位分析,如病源基因在细胞的位置或目的基因在细胞内的作用位置,它对在分子和细胞水平上研究疾病的发病机理和临床过程及病理的转变有重大的实用价值。

第二节　PCR 反应系统

PCR 技术操作简便,特异性强,敏感度极高,正因为敏感度高,很容易受其他因素的影响。因此要得到准确可靠的反应结果,需根据模板、*Taq* 酶,扩增目的等的差异配制出不同的 PCR 反应试剂,摸索最适合的反应条件才能获得完美的 PCR 结果。

一、PCR 系统的基本要素

1. PCR 程序

PCR 反应必须具备温度循环参数,包括变性、复性和延伸的温度、时间及循环次数,这系列参数组成就称为 PCR 程序。

一个标准的 PCR 程序设置包括高温(94～98℃)预变性 2～10 min;高温(94～98℃)变性 10～30s,低温(40～65℃)退火 30～1s,适温(68～72℃)延伸 1～5 min,进行 25～40次循环;然后在适温(68～72℃)充分延伸 3～10 min;最后 4～16℃保存。

① 变性温度和时间。由酶的特性和模板的性质来确定,(G+C)%含量高的可使用较高的变性温度和较长的变性时间。退火温度由引物的退火温度 T_m 来决定,一般低于 T_m 5℃,退火温度高,特异性高。退火时间一般为 30s,对于退火温度较低的引物,如随机引物,可以延长退火时间。延伸温度一般为 72℃,时间取决于 DNA 聚合酶的特性,*Pfu* DNA 聚合酶的延伸时间较长,对于 *Taq* DNA 聚合酶一般约 40s 延伸 1 kb,存在复杂二级结构时应延长延伸的时间。循环次数一般为 25～35 次,可以根据模板的目标 DNA 拷贝数来确定循环数,但对保真度要求较高的,一般尽量减少循环数。

② 延伸时间。充分延伸的时间一般 3～10 min,片段大,延伸时间较长,对于需要对 PCR 产物进行 A-T 克隆的,充分延伸的时间要 10 min 以上。

③ 保存时间。如果保存时间较短,可以设置为 4℃保存,如果较长时间的保存最好设置为 16℃,以免 PCR 仪器长时间处于制冷状态,吸取空气的水分引起机器潮湿。

2. PCR 体系

PCR 除了需要具备一定的 PCR 程序外,还要具有一定的 PCR 反应体系,一个标准的

PCR 反应体系包括：模板、引物、核苷酸单体、耐热 DNA 聚合酶和反应缓冲液五个基本要素。

① 模板（template）。PCR 模板就是含有所需扩增片段的目的 DNA，单链或双链 DNA 都可以作为 PCR 的模板。在 100 μL 的反应体系中，模板 DNA 的量一般为 $0.1 \sim 2\mu g$，具体要根据目标 DNA 在总模板 DNA 中的拷贝数来确定，或者是根据模板 DNA 的复杂度来决定。不同的模板 DNA 目标的拷贝数不同，复杂度高的模板 DNA 需要的模板量大。

② 引物（primers）。PCR 技术中，引物的本质是一小段单链 DNA，作为 DNA 复制开始时 DNA 聚合酶的结合位点，DNA 聚合酶只有与引物结合才可以开始复制。引物通过和模板 DNA 上的特定序列结合，决定 PCR 扩增的上游和下游位置。常规的 PCR 一般使用的引物浓度各 $0.01 \sim 0.5$ μmol/L。

③ 核苷酸单体（dNTP）。是合成 DNA 的底物，一般使用终浓度为 0.2 mmol/L（pH 7.0），4 种 dNTP 的浓度应平衡。虽然 dNTP 使用终浓度为 0.4 mmol/L 有利于提高 PCR 产物的产量，但为了提高 PCR 的忠实性，使用时应考虑 Mg^{2+}、引物、产量之间的关系。如序列分析和制备探针时需要使用浓度较低，约 $20 \sim 40$ μmol/L。

④ 耐热 DNA 聚合酶。其作用是合成 DNA。使用最早和最广泛的是来源于 *Thermus aquticus* 的 *Taq* DNA 聚合酶，最适反应温度为 75℃。目前商品化的 PCR 用酶有很多类型，可以根据自己的试验需要选择合适的酶。

⑤ 缓冲液（缓冲液）。用于维持 PCR 反应体系的稳定。一般的缓冲液配制成 $10\times$ 的保存缓冲液，也有 $2.5\times$ 或 $5\times$，不同厂家不同类型的耐热 DNA 聚合酶的缓冲液组成也不同，使用时要注意阅读产品说明书。缓冲液使用终浓度为 $1\times$，主要包含 50 mmol/L KCl、10 mmol/L Tris-HCl（pH $8.3 \sim 9.0$）和 $0.5 \sim 2.5$ mmol/L $MgCl_2$，有些 PCR 的缓冲液还含有明胶和 BSA。Tris-HCl 缓冲液是一种双极化的离子缓冲液，20 mmol/L Tris-HCl 缓冲液在 20℃时 pH 为 8.3，在典型的热循环条件下，真正的 pH 在 $7.8 \sim 6.8$ 之间。K^+ 浓度在 50 mmol/L 时能促进引物退火，但现在有研究表明，NaCl 浓度在 50 mmol/L 时，KCl 浓度高于 50 mmol/L 将会抑制 *Taq* DNA 聚合酶的活性，少加或不加 KCl 对 PCR 结果没有太大影响。明胶和 BSA 或非离子型去垢剂具有稳定酶的作用，一般用量为 100 μg/mL，但现在的研究表明，加或不加都能得到良好的 PCR 结果，影响不大。

3. PCR 产物的积累

从理论上分析一个普通的 PCR 反应，其产物包含短产物片段和长产物片段两种类型。短产物片段是指与模板互补的两个引物 5′端之间的 DNA 片段，即需要扩增的特定 DNA 片段；长产物片段是产物的 3′端超出另一引物的 5′端，原因在于引物所结合的模板不一样。以一个原始模板为例，在第一个循环的反应中，两个引物分别与两条互补的模板 DNA 链退火结合，并从引物的 3′端开始延伸合成一条与模板 DNA 互补的新链；新链的 5′端是固定的，而 3′端则没有固定的终止点，其合成的新 DNA 链长度会超过另一个引物的 5′端，这种产物就是长产物片段。进入第二循环后，引物除与原始模板退火结合外，还可同上一次循环新合成的链，即长产物片段结合，这时，由于新链模板的 5′端序列是固定的，这就相当于这次延伸的片段 3′端被固定了止点，保证了新片段的起点和止点都限定于引物扩增序列以内、形成长短一致的"短产物片段"。不难看出短产物片段是按指数倍数增加,而长产物片段则以算术倍数增加,几乎可以忽略不计,这使得 PCR 反应的产物在进行琼脂糖电泳一般只看到短产物片段,也不需要再进行纯化,就能保证足够纯 DNA 片段供分析。

PCR 的三个反应步骤反复进行,使 DNA 扩增量呈指数上升。以一个拷贝模板来计算,反应最终的 DNA 扩增量

$$Y=(1+X)^n,$$

Y 代表 DNA 片段扩增后的拷贝数,X 表示每次的平均扩增效率,n 代表循环次数。平均扩增效率 X 的理论值为 100%,但在实际反应中平均效率达不到理论值,反应初期,靶序列 DNA 片段的增加呈指数形式,随着 PCR 产物的逐渐积累,被扩增的 DNA 片段不再呈指数增加。在 PCR 反应的后期,体系中底物 dNTP 和引物的浓度降低;酶的活力和稳定性降低;高浓度产物下,变性不彻底,焦磷酸末端产物抑制,非特异性竞争,当产物积累到一定的浓度(0.3~1) pmol/L 时,导致产物的积累按减弱的指数速率增长,最后进入线性增长期或静止期,即出现停滞效应,这种效应称为平台期。

PCR 的扩增效率开始取决于影响 DNA 聚合酶活性的因素,随着 PCR 反应的进行,还会受到非特异性产物竞争等因素的影响,因此平台期的到来是不可避免的。虽然 PCR 平台期的出现是不可避免的,但是一般的 PCR 反应在平台期到来之前,目标 DNA 产物的积累已经能满足实验需要。若平台期过早到来,在一定程度上可以判断 PCR 的反应的条件不是最佳的,产物的特异性会降低。达到平台期所需要的循环数与 PCR 中模板、引物和 DNA 聚合酶的种类、活力、扩增效率,以及 PCR 扩增体系中其他非特异性的引物、污染的模板有关,各种有利于提高扩增特异性的因素,都可以延缓平台期的到来。

二、影响 PCR 的因素

影响 PCR 的因素很多,包括 PCR 体系的组成成分和 PCR 反应条件。

1. 模板

模板 DNA 的量与纯度,是 PCR 成败与否的关键因素之一。模板中过多的蛋白、多糖、酚类等杂质会抑制 PCR 反应;模板降解会导致 PCR 扩增无产物;添加过多的模板容易导致非特异性扩增产物的增加,模板过少会导致扩增产物量低。

2. 引物

PCR 产物的特异性取决于引物与模板 DNA 互补的程度,理论上只要知道任何一段模板 DNA 序列,就能设计出互补的寡核苷酸链做引物,利用 PCR 就可将模板 DNA 在体外大量扩增。

PCR 产物的特异性是由引物决定的,要获得比较高的特异性,对引物有一些要求:① 引物的长度一般在 16~30 bp 之间,太长不仅会浪费,而且最适延伸温度会超过 Taq DNA 聚合酶的最适温度;太短不能保证 PCR 扩增产物的特异性。②(G+C)%含量在 40%~60%之间,(G+C)%含量太少扩增效果不佳,(G+C)%过多易出现非特异条带。③ 3′端最好是 G 或 C,但不要 3 个以上的连续 G 或 C。④ 酶切位点可以加在引物的 5′端,另外加上 2~3 个保护碱基。⑤ 退火温度(T_m)决定了 PCR 的退火温度,两条引物的退火温度相差一般不超过 5℃,退火温度可以用公式 $T_m=4(G+C)+2(A+T)$ 进行粗略

的估算。⑥ 简并引物的设计要尽量使用简并低的密码子。⑦ 内部不要存在反向重复序列;避免两条引物间互补,特别是 $3'$ 端的互补,否则会形成引物二聚体,产生非特异性的扩增条带。⑧ 引物扩增跨度为 $0.5\sim5$ kb 时,扩增较容易,特定条件下可扩增长至 10 kb 以上的片段。⑨ 引物应与核酸序列数据库的其他序列无明显同源性,可以提以在 NCBI 的 primer blast 中分析。⑩ 引物添加量以最低引物量产生所需要的结果为好,浓度偏高会引起错配和非特异性扩增,且可增加引物之间形成二聚体的机会。

3. dNTP 的浓度

PCR 反应体系中 dNTP 的浓度一般为 $50\sim400$ μmol/L,较多地使用 200 μmol/L,dNTP 浓度过高会抑制 DNA 聚合酶的活力,浓度过低会影响 PCR 的产量。4 种 dNTP 浓度一般是相等的,浓度相差太大会引起错误掺入。

4. Mg^{2+} 浓度

Mg^{2+} 浓度对 PCR 扩增的特异性和产量有显著的影响,在一般的 PCR 反应中,各种 dNTP 浓度为 200 μmol/L 时,Mg^{2+} 浓度为 $1.5\sim2.0$ mmol/L。Mg^{2+} 的浓度对 DNA 聚合酶的影响很大,它能够影响酶的活力和忠实性,影响引物的退火温度和产物的特异性。提高 Mg^{2+} 浓度,会降低反应特异性,容易出现非特异扩增;降低 Mg^{2+} 浓度会降低 Taq DNA 聚合酶的活性,使反应产物减少。如果 PCR 反应对特异性要求较高,最好进行优化实验来确认最佳的 Mg^{2+} 浓度。

5. 反应缓冲液

不同商品的耐热 DNA 聚合酶都配有自己的特定的反应缓冲液,一般不混用。有些酶的反应缓冲液已经包含 Mg^{2+},使用时不要再额外添加;有的缓冲液不包含 Mg^{2+},可以根据自己的实际需要来添加。反应缓冲液的工作浓度一般是 $1\times$,虽然反应缓冲液在 $(0.5\sim2.5)\times$ 都能进行 PCR 反应,但使用过低或过高浓度的反应缓冲液都会降低 PCR 扩增能力。

6. DNA 聚合酶

DNA 聚合酶的耐热性影响到 PCR 的产量,不同来源的酶扩增特性(包括扩增效率和忠实性)差异很大。一般来说,总反应体积为 100 μL 的 PCR 反应约需酶量 2.5U,浓度过高可引起非特异性扩增,浓度过低则合成产物量减少。

现已经商品化的耐热 DNA 聚合酶主要有 Taq、$ULTma$、Tth、pfu、$Tli\ Hot$、Tub、Tfl、Tbr 等 DNA 聚合酶。不同的耐热 DNA 聚合酶有不同的特性,有些具有 $3'\rightarrow5'$ 的外切酶活性,所以其扩增的产物是平末端的;有些不具有 $3'\rightarrow5'$ 的外切酶活性,所以能形成带一个突出 A 的扩增产物。前者不能用 T 载体来克隆 PCR 产物,而后者则可以。不同的耐热 DNA 聚合酶具有不同的保真性,有些保真性高,有些保真性低。耐热 DNA 聚合酶通常保存于一定浓度的甘油中,用量要根据其使用说明书,过量的酶不仅造成浪费,而且会带入过量的甘油,影响 PCR 的结果。不同的耐热 DNA 聚合酶商品中虽然基本成分都相似,但是附加的成分会有很大的差异。不同的酶可能会添加 BSA、Tween-20、NP-40、Triton X-100 等,而且盐浓度、pH、二价阳离子等都会有一定的差异。

7. PCR 辅助剂

在常规 PCR 体系中可以添加,如 DMSO($1\%\sim10\%$)、PEG 6000($5\%\sim15\%$)、甘油

（5％～20％）、甲酰胺（1％～10％）、非离子去污剂和牛血清蛋白等一些 PCR 辅助剂，这些辅助剂也叫增强剂，它可以提高 PCR 的特异性和产量，而且有些 PCR 反应只能当这些辅助剂存在时才能扩增出目的片段。添加 PCR 辅助剂可以降低模板和引物的退火温度，但添加量过多会导致 PCR 扩增产量降低。加入 10％的 DMSO 有利于减少 DNA 的二级结构，使（G＋C）％含量高的模板易于完全变性，在反应体系中加入 DMSO 使 PCR 产物直接测序更易进行，但超过 10％时会抑制 *Taq* DNA 聚合酶的活性。一些商品化的试剂盒之所以获得很好的扩增效果，除 PCR 基本组分得到很好的优化外，一般都带有这样或那样的 PCR 增强剂。

三、PCR 的忠实性和致变性

1. PCR 的忠实性

PCR 的忠实性（fidelity），也称保真性，是指 PCR 反应的精确性，以其扩增产物中由 DNA 聚合酶诱导的碱基错配的频率来衡量，也称错配率。忠实性高表明由 DNA 聚合酶诱导的碱基错配少，反之则高。PCR 的错配率在一般普通的 PCR 中不是那么突出，随着 PCR 的应用越来越广泛，特别用分析试剂盒进行诊断，一个碱基的改变都会引起结果的改变。因此，人们对 PCR 的忠实性有了更高的要求，并成为 PCR 中一个重要的研究课题。不同的 DNA 聚合酶有不同的 PCR 错配率特性（表 5-1），如 *Taq* DNA 聚合酶没有 $3'$ →$5'$ 的外切酶活性的校正功能，所以在 PCR 中有较高的错配率。

除了与酶的种类有关，高浓度的 dNTP 或镁离子可降低忠实性，dNTP 的浓度从 200 $\mu mol/L$ 降低到 25～50 $\mu mol/L$，或者 Mg^{2+} 浓度为 1.0 mmol/L 时可以提高 PCR 的忠实性；如果四种 dNTP 的浓度不同也会降低忠实性；进行较少的 PCR 循环有助于提高忠实性，因为增加循环数目和产物长度就会增加突变可能性。

表 5-1　不同 DNA 聚合酶的错配率

酶	*Pfu*	T4	T7	Vent	Klenow	*Taq*
错配率	$7×10^{-7}$	$5×10^{-6}$	$4×10^{-5}$	$48×10^{-5}$	$1×10^{-4}$	$2×10^{-4}$

2. PCR 的致变性

在正常的情况下人们需要的是 PCR 的忠实性，追求 PCR 的准确性尤为重要，但是在研究蛋白质和核酸的功能时，有时候我们希望得到突变体库，然后筛选得到具有特殊性质的个体，利用 PCR 的致变性就是一个很有效的手段。

如果需要突变的只是少数的碱基，可以用寡核苷酸引物来定点替换，但是当需要的突变分散在基因的全长中，最好的办法是在 PCR 过程随机出现不正确掺入的现象。*Taq* DNA 聚合酶的错配率为（0.1～2）×10^{-4}/循环，20～25 次循环后每个核苷酸产生的累积错误率达 10^{-3}，但对于构建一个具有不同序列的变异库是不够的，特别是对于<1 kb 的片段。因此，必须通过改变 PCR 的条件来提高 PCR 的致变性。

提高 PCR 中的 dNTP 浓度可以促进错误掺入；加入 $MnCl_2$、降低退火温度和延长退火时间可以降低 PCR 特异性，提高 *Taq* DNA 聚合酶酶量、增加 Mg^{2+} 浓度提高酶活力和延长延伸时间，都有利于促进延伸链在碱基错配位置继续延伸，这些措施都可以提高 PCR 的致变性。

Mg^{2+} 浓度提高到 7 mmol/L 以上，dNTP 浓度提高到 1 mmol/L 以上，添加 Mn^{2+} 到 0.5 mmol/L，提高 Taq DNA 聚合酶用量到正常的 5 倍以上，较低的退火温度、较长退火和延伸时间，可以使每一个碱基的错误率达到 7×10^{-3}。

在普通 PCR 条件下，具较大定向错配，即 A-T 对突变成 G-C 对，因此降低一种 dNTP 的量（约 10%）、加入 dITP 来代替被减少的 dNTP 或者提高 dCTT/dTTT 到 1 mmol/L，可以使 PCR 的致变性无倾向性。

四、长片段 PCR

长片段 PCR(long distance-PCR) 也称大片段 PCR，一般是指扩增产物的长度超过 10 kb 以上的 PCR 反应。Taq DNA 聚合酶并不能有效扩增较长的目的片段（大于 5 kb），可能是因为其缺少 3$'$→5$'$ 外切酶活性，不能纠正 dNTP 错误掺入，错误配对使产物的延伸概率大大降低，减少了较长产物的产量。Pfu DNA 聚合酶具有完整的 3$'$→5$'$ 外切酶校读活性，可以将每个循环中碱基的错配率由 10^{-4} 降到 10^{-3}，从而提高 PCR 产物的准确性。但在实际应用中 Pfu DNA 聚合酶在扩增 1.5～2.0 kb 片段时，扩增效率比其他类型聚合酶差，在扩增 5.0～7.0 kb 片段时亦不比其他类型的聚合酶有明显优越之处，因而以往的 PCR 反应产物限制在 5.0 kb 以内，超出这一范围，PCR 扩增反应效率将明显下降，同时产物会降解。所以，一般的 PCR 方法都存在扩增产物保真度和合成片段的大小两个方面的局限性。

大片段 PCR 的主要策略有：第一，利用两种 DNA 聚合酶进行较大片段 DNA 的扩增；第二，控制脱嘌呤反应以增强扩增效率。Pfu DNA 聚合酶虽然可以通过 3$'$→5$'$ 外切酶活性功能纠正错配的碱基，但也可能降解引物，尤其是在较长反应时间下和酶浓度较高时，反应效果更差。因此必须将 Pfu DNA 聚合酶的浓度控制在较低状态，同时配合使用 Klen Taq DNA 聚合酶或其他类型的耐热 DNA 聚合酶，这样既可以有效地去除错配，又可以使 Klen Taq DNA 聚合酶催化的延伸反应顺畅进行。已有实验证实，按 15∶1 的比例混合使用 Klen Taq DNA 聚合酶和 Pfu DNA 聚合酶，引物大小为 27～33 bp，可有效地扩增 10～15 kb 的 DNA 片段。对于各种不同条件的反应，两种类型酶的最佳配比需要具体考虑。

在 PCR 反应体系中 DNA 聚合酶的热稳定性一般都是较好的，但某些成分耐热性较差，会影响反应效率，可能是在温度较高的环境中，模板 DNA 的某些位点发生脱嘌呤反应，阻碍反应的顺利进行。Lindahl 和 Nyberg 的研究结果显示：在 70℃ pH 7.4 的条件下，单链 DNA 脱嘌呤反应的速度是双链 DNA 的 4 倍；100℃ pH 7.0 时，100 kb 的碱基中每分钟将有 1 个位点脱嘌呤。这一反应与缓冲体系中酸碱度的变化有关。Tris 的酸解离常数(pK_a)会随温度升高而改变，平均每升高 1℃，pK_a 降低 0.03。因而，在 25℃ 时的 pH 8.55 的 PCR 反应体系，到 95℃ 热变性时，pH 将变为 6.45，这就很可能诱导脱嘌呤反应。

为了控制脱嘌呤反应，增强扩增效率，可以采取下列措施：① 缩短热变性时间，有学者在扩增 35 kb 的大片段时，变性温度为 95℃，时间为 5s，取得满意结果；② 尽可能使升温、降温过程缩短，可选择使用导热性能优越的薄壁反应管及较为先进的扩增设备；③ 适当提高反应体系的 pH，反应最初应控制在 pH 8.8～9.2；④ 适当增加延伸时间（可长至 20 min）。使用这种方法可以扩增最大为 35 kb 的 DNA 片段，产物的准确性亦有充分保证。

一般来说,高质量的模板 DNA,合适的引物,合适的 PCR 反应体积($20\sim50\ \mu L$),都有利于提高长片段 PCR 的扩增效率。此外不同的 DNA 聚合酶扩增产物的长度差异很大,Tth DNA 聚合酶用于大片段扩增比天然 Taq DNA 聚合酶更容易获得较稳定扩增结果,Hot Tub DNA 聚合酶亦可用来扩增 $6\sim15.6\ kb$ 的 DNA,而有 $3'\rightarrow5'$ 外切酶活性的 Pfu DNA 聚合酶及 $Vent$ DNA 聚合酶则一般不能扩增大于 6kb 的 DNA 片段。

随着 DNA 重组技术和酶工程的发展,目前有些商品的 DNA 聚合酶扩增大片段的能力已经得到提高,可以扩增超过 35 kb 的 DNA 片段,也有一些专门针对扩增大片段的 PCR 试剂盒,可以根据实验的需要来进行选择。

五、PCR 反应的特异性

PCR 特异性(specificity)是指 PCR 反应的产物只产生预期的靶序列,不含非目标靶序列的 DNA 片段。理想的 PCR 反应除了忠实性高,还应该体现为高度特异性和高效性,高效性是指经过相对较少的 PCR 循环能获得更多的产物。提高 PCR 反应的特异性的措施有以下几方面:

1. 引物设计

引物长度适当,一般为 $18\sim24\ bp$,并保证序列独特性,以降低序列在非目的片段中存在的可能性。长度大于 24 bp 的引物并不意味着有更高的特异性,较长的序列可能会与错误配对序列杂交,反而降低特异性,而且长序列比短序列杂交慢,影响产量。引物的浓度会影响特异性,最佳的引物浓度一般在 $0.1\sim0.5\ \mu mol/L$,较高的引物浓度会导致非特异性产物扩增。

2. 提高退火温度

PCR 的退火温度设定一般由引物 T_m 决定,退火温度一般设定为比引物的 T_m 低5℃。在理想状态下,退火温度应足够低,以保证引物同目的序列有效退火,同时还要足够高,以减少非特异性结合,因此,需要找到这个温度的均衡点。采用梯度 PCR 仪可以对 PCR 反应的退火温度进行优化筛选,确定特异性最好的退火温度。

3. 合适的 Mg^{2+} 浓度

较高的 Mg^{2+} 浓度可以增加产量,但也会降低特异性,为了确定最佳浓度,可以将 Mg^{2+} 浓度从 1 mmol/L 到 3 mmol/L,以 0.5 mmol/L 递增,进行最适 Mg^{2+} 浓度的测定。

4. 添加 PCR 辅助剂

甲酰胺、DMSO、甘油、甜菜碱等都可充当 PCR 的增强剂,其可能的机理是降低熔解温度,从而有助于引物退火并辅助 DNA 聚合酶延伸通过二级结构区,但是增强剂浓度要适当,否则会降低 PCR 的产量。

5. 改进 PCR 策略

通过改进 PCR 策略,如采用巢式 PCR、递减 PCR、热启动 PCR 等策略有利于提高 PCR 特异性。

六、提高 PCR 反应的特异性的策略

1. 热启动 PCR

热启动 PCR(hot start PCR)的原理是通过抑制一种基本成分来延迟 DNA 合成开始,直到 PCR 仪达到变性温度。尽管 *Taq* DNA 聚合酶的最佳延伸温度在 72~74℃,但其在室温仍然具有活性,因此,在进行 PCR 反应配置过程中,以及在热循环刚开始,温度低于退火温度时仍然会产生非特异性的产物。这些非特异性产物一旦形成,就会被有效扩增,所以减少热循环开始前的 DNA 合成反应就可以大大减少非特异性的扩增。热启动 PCR 是除了好的引物设计之外,提高 PCR 特异性最重要的方法之一。热启动 PCR 的方法可以分为手动和自动两种方法。

手动热启动 PCR 是通过延缓加入一种 PCR 基本组分来避免 DNA 合成反应在未达到变性温度前就提前开始,如在完成预变性后再加入 *Taq* DNA 聚合酶,使 PCR 开始。手动热启动 PCR 的缺点是方法十分烦琐,无法实现高通量的应用,此外在高温时打开 PCR 管的盖子容易造成水分蒸发,使 PCR 体系发生变化。对于热启动要求不高的常用方法是在冰上配制 PCR 反应液,然后再放到预热的 PCR 仪上进行反应,这种方法简单便宜,但并不能完成抑制 DNA 聚合酶的活性,因此并不能完全消除非特异性产物的扩增。

自动热启动 PCR 是通过抑制达到变性温度之前的 DNA 合成开始来实现的。早期的热启动方法使用蜡防护层,将一种基本成分(如镁离子或酶)包裹起来,或者将反应成分(如模板和缓冲液)物理地隔离开。在热循环达到变性温度时,蜡熔化使得各种成分释放出来并混合在一起。与手动热启动方法一样,蜡防护层法的制作比较烦琐,容易被污染,也不适用于高通量应用。

目前的热启动 PCR 是基于 DNA 聚合酶的自动热启动 PCR,它的原理是使 DNA 聚合酶在高温下才被活化,避免在未达到设定温度前就开始反应。这类酶主要包括化学修饰的 *Taq* DNA 聚合酶、抗体结合的 DNA 聚合酶和 PCR 抑制剂结合的 *Taq* DNA 聚合酶。

化学修饰的 *Taq* DNA 聚合酶,也称 Hotstart *Taq*,在常温下,它的活性被化学基团封闭,要在 94~95℃加热数分钟(10~15 min)才能恢复正常活力开始反应。这种酶的特点是:价格较便宜,但它需要 94~95℃加热数分钟才能恢复活力,一定程度上会缩短酶的半衰期,抑制酶的扩增效率。

抗体结合的 *Taq* DNA 聚合酶,商品名为 Platinum *Taq*,它是一种复合有抗 *Taq* DNA 聚合酶单克隆抗体的重组 *Taq* DNA 聚合酶,此酶在常温下活性被封闭,要在 94~95℃下加热数分钟(2~5 min)才能够恢复酶活性。特点是:与经化学修饰 *Taq* DNA 聚合酶相比,Platinum *Taq* 保真度较高,不需要在 94℃延时保温(10~15 min)以激活聚合酶,扩增效率较高。

PCR 抑制剂结合的 *Taq* DNA 聚合酶,商品名为 HotMaster™ *Taq* DNA 聚合酶,它是利用一种温度依赖性的方式来可逆性地阻断酶的活性。HotMaster™ *Taq* DNA 聚合酶在温度低于 40℃时,以非活性的酶-抑制剂复合物的形式存在,在高温条件下抑制剂与酶分离,聚合酶的活性立即恢复,抑制剂是热稳定的,当温度再降低时又能重新形成非活性的酶-抑制剂复合物,所以这种抑制过程随着 PCR 的热循环是可逆的。与一般热启动

Taq DNA 聚合酶不同之处在于，一般的热启动 *Taq* DNA 聚合酶只在第一步温度升高之前封闭酶的活性，而 HotMaster™ *Taq* DNA 聚合酶不但能在反应的起始阶段提供热启动控制，而且也可以使每个 PCR 循环过程中退火时达到冷终止的效果。其特点是：热启动更严格，最大程度减少 PCR 扩增全程中的非特异性扩增产物的非特异性合成，但酶的价格也相对较贵。

2. 巢式 PCR

巢式 PCR(nested PCR)是一种变异的聚合酶链式反应，使用两对或者三对（而非一对）PCR 引物扩增完整的片段。第一对 PCR 引物（也称外引物）扩增片段和普通 PCR 相似。第二对引物称为巢式引物结合在第一次 PCR 产物内部（也因此称内引物），使得第二次 PCR 扩增片段短于第一次扩增。巢式 PCR 的好处在于，如果第一次扩增产生了错误片段，则第二次能在错误片段上进行引物配对并扩增的概率极低，因此，巢式 PCR 扩增的目标序列特异性非常高。

巢式 PCR 需要两到三对引物，一般采用第一套引物扩增 15～30 个循环，再用扩增 DNA 片段内设定的第二套引物扩增 15～30 个循环，这样可使待扩增序列得到高效扩增，而次级结构却很少扩增。巢式引物 PCR 减少了引物非特异性退火，从而增加了特异性扩增，提高了扩增效率。

若将 PCR 的内外引物稍加改变，延长外引物长度（25～30 bp），同时缩短内引物长度（15～17 bp），使外引物先在高退火温度下复性，做双温扩增，然后改换至三温循环，使内引物在外引物扩增的基础上，在低退火温度复性，直到扩增完成，这样就可以使两套引物一次同时加入。

3. 降落 PCR

降落 PCR(Touch-down PCR)的原理是随着退火温度的降低，特异性逐步降低，但特异性条带在温度较高时已经扩增出来，其浓度远远超过非特异性条带，随着退火温度的降低，特异性条带优先被扩增。

降落 PCR 选择初始复性温度的原则是起始复性温度应该比引物的 T_m 高出 5～10℃，以后每次循环递减 1～2℃，在 T_m 扩增 10～25 次循环。

第三节　PCR 常规技术及其延伸技术

随着 PCR 技术的普及应用，根据目的和需求不同，PCR 技术也不断地被改进和深化，产生了很多新的 PCR 技术或策略，本节主要介绍几种 PCR 常规技术和 PCR 新技术。

一、简并引物 PCR

简并引物 PCR(degenerate primer PCR)是利用蛋白质的氨基酸序列来扩增目的基因，由于密码子具有简并性，无法以氨基酸顺序来推测准确的编码 DNA 序列，但可以设计成兼并引物来扩增目的 DNA 序列。

使用简并引物的注意事项有：① 简并引物是指代表编码单个氨基酸所有不同碱基可能性的不同序列的混合物，设计简并引物时，寡核苷酸中核苷酸序列可以改变，但核苷酸的数量应相同;② 简并度越低,产物特异性越强,因此,设计引物时应尽量选择简并性小的氨基酸,并避免引物 3′末端出现简并情况,选择使用的肽链最好避开有 4~6 个密码子的氨基酸;③ 简并的碱基数越多,引物添加量要越大;④ 次黄嘌呤可以同所有的碱基配对,因而可降低引物的退火温度;⑤ 设计简并引物时要参考密码子使用表,注意生物的偏好性。

二、不对称 PCR

不对称 PCR(asymmetric PCR)的基本原理是使两个引物的比例不相等来产生大量的单链 DNA(ssDNA),少的引物称为限制性引物,多的引物称为非限制性引物。

不对称 PCR 两个引物最佳比例一般为 1∶50~1∶100,关键是限制引物的绝对量,限制性引物太多或太少,均不利于单链 DNA 的生成。一般来说,不对称 PCR 反应中,在开始的 20~25 次循环,两个比例不对称的扩增引物产生出双链 DNA(ds DNA),当限制引物耗光后,随后的 5~10 次循环产生单链 DNA(ss DNA),产生的 ds DNA 与 ss DNA 由于相对分子质量不同,可以通过电泳分离。

增加 PCR 循环的次数,在最后 5 个循环中可采用补加 1 倍用量的 *Taq* DNA 聚合酶,改变不对称引物比例等措施,有利于解决不对称 PCR 反应中 ssDNA 扩增效率低的问题。

三、原位 PCR

原位 PCR(*in situ* PCR)技术的基本原理,就是将 PCR 技术的高效扩增与原位杂交的细胞定位结合起来,从而在组织细胞原位检测单拷贝或低拷贝的特定的 DNA 或 RNA 序列。原位 PCR 结合了具有细胞定位能力的原位杂交和高度特异敏感的 PCR 技术的优点,既能分辨鉴定带有靶序列的细胞,又能标出靶序列在细胞内的位置,是细胞学科研与临床诊断领域里的一项有较大潜力的新技术,对于在分子和细胞水平上研究疾病的发病机理和临床过程及病理的转归有重大的实用价值,其特异性和敏感性高于一般的 PCR。

原位 PCR 实验的大致过程包括标本的制备、原位扩增(PCR)及原位检测几个环节。① 标本的制备:对于新鲜组织,用石蜡包埋组织,切片;对于培养细胞,可直接制备爬片、甩片或涂片。② 原位扩增:多聚甲醛固定组织或细胞,蛋白酶消化处理组织;在组织细胞片上滴加 PCR 反应液进行扩增,覆盖并加液体石蜡后,在原位 PCR 仪上进行 PCR 循环扩增。③ 原位检测:PCR 扩增结束后用标记的探针进行原位杂交,最后显微镜观察结果。

四、免疫 PCR

免疫 PCR(immuno PCR,Im-PCR)技术把抗原、抗体反应的高特异性和 PCR 反应的高灵敏性结合起来,其本质是一种以 PCR 扩增一段 DNA 报告分子代替酶联反应来放大抗原、抗体结合率的一种改良型 ELISA,它是一种检测微量抗原的高灵敏度技术,是 Sano 等人在 1992 年建立的。

免疫 PCR 主要包括抗原-抗体反应、与嵌合连接分子结合和 PCR 扩增嵌合连接分子中的 DNA(一般为质粒 DNA)三个主要步骤。嵌合连接分子的制备是免疫 PCR 中最关键的环节。嵌合连接分子起着桥梁作用,它有两个结合位点,一个与抗原、抗体复合物中的抗体结合,另一个与质粒 DNA 结合。免疫 PCR 的基本原理与 ELISA 和免疫酶染色相似,不同之处在于其中的标记物不是酶而是质粒 DNA,在反应中形成抗原抗体-连接分子-DNA 复合物,通过 PCR 扩增 DNA 来判断是否存在特异性抗原。

免疫 PCR 的 PCR 扩增系统与一般 PCR 一样,主要包括引物、缓冲液和耐热 DNA 聚合酶。由于免疫 PCR 需用固相进行抗原、抗体反应,同时又需要对固相结合的 DNA 进行扩增,因此,固相的选择应根据具体情况确定。如用微量板作为固相时,必须有配套的 PCR 仪来直接用微量板进行扩增,否则需要用 PCR 反应管作为固相。扩增后的 PCR 产物用琼脂糖凝胶电泳或聚丙烯酰胺凝胶电泳检测,根据 PCR 产物的大小选择凝胶的浓度。电泳后凝胶经染色和拍照记录结果,再检测底片上 PCR 产物的光密度,并与标准品比较就可以得出待检抗原量。

免疫 PCR 优点为:特异性较强,因为它建立在抗原抗体特异性反应的基础上;敏感度高,PCR 具有惊人的扩增能力,免疫 PCR 比 ELISA 敏感度高 10^5 倍以上,可用于单个抗原的检测;操作简便,PCR 扩增质粒 DNA 比扩增靶基因容易得多,一般实验室均能进行。

五、反向 PCR

反向 PCR(inverse PCR)是用于研究与已知 DNA 区段相连接的未知 DNA 序列的一种 PCR 技术,因此,又可称为染色体缓移或染色体步移技术。

PCR 反应只能扩增两端序列已知的 DNA 片段,一般 PCR 两个引物的 3′ 端是相对的,所以扩增的是两个引物中间的片段;而反向 PCR 的目的在于扩增两个引物旁侧的 DNA 片段,扩增得到的片段位于两个引物上游和下游。两个引物的 3′ 端是朝相反方向的,故称反向 PCR。

反向 PCR 的基本步骤:先用限制性内切酶对样品 DNA 进行酶切,然后用 DNA 连接酶把酶切产物连接成一个环状分子,通过已知序列设计引物进行反向 PCR,扩增引物的上游片段和下游序列(图 5-1)。

反向 PCR 的不足是:

第一,需要从许多限制内切酶随机选择一种合适的酶,并且这个内切酶的识别位点序列不能存在已知的序列中,即不能切断已知序列的 DNA。酶切获得 DNA 片段大小要合适,片段太小则获得两端的未知序列太少,片段太大即使能连接成环状,也很难获得 PCR 扩增产物。

第二,大多数真核基因组含有大量中度和高度重复序列,而在 YAC 或 Cosmid 中的未知功能序列中有时也会有这些序列,这样,通过反向 PCR 得到的探针就有可能与多个基因序列杂交。所以往往需要两组到三组嵌套引物进行巢式 PCR 以提高准确度。

第三,不能定向获得已知序列两端上下游的未知序列,有可能获得的序列大部分都是在已知序列的一端,而另一端获得很少。这就需要再筛选不同的内切酶,增加了工作量。

与反向 PCR 类似的染色体步移 PCR 技术还有接头 PCR(cassette PCR)技术和锅柄 PCR(panhandle PCR,缩写 P-PCR)技术。它们在原理相似,只是在具体方法上有所不同。

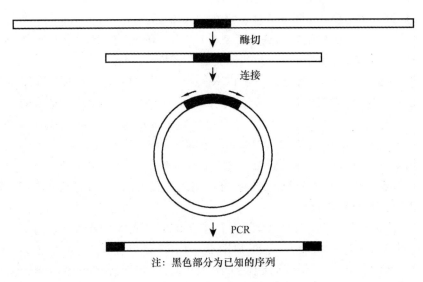

注：黑色部分为已知的序列

图 5-1　反向 PCR 的原理示意图

六、反转录 PCR

反转录 PCR(reverse transcription PCR,RT-PCR)是一种将 RNA 的反转录和 cDNA 的 PCR 相结合的技术。首先利用反转录酶将 RNA 合成 cDNA,再以 cDNA 为模板进行 PCR 反应扩增靶 DNA。RT-PCR 技术灵敏而且用途广泛,可用于检测细胞中基因表达水平,细胞中 RNA 病毒的含量,可检测单个细胞或少数细胞中少于 10 个拷贝的 RNA 模板;可以直接克隆特定基因的 cDNA 序列。

RT-PCR 包括两个步骤:第一,RNA 反转录酶合成互补 cDNA 第一链;第二,以合成 cDNA 为模板进行 PCR 扩增目的 DNA。

根据反转录和 PCR 是否独立进行,RT-PCR 分为一步法和两步法。一步法就是利用同一种反应缓冲液,在同一反应体系中加入反转录酶、引物、Taq DNA 聚合酶、4 种 dNTP,先进行 mRNA 反转录再进行 PCR 反应,整个过程可以利用 PCR 仪来自动完成。反转录和 PCR 反应之间无须开管,操作简便,减少污染的可能性。此外,由于得到的全部 cDNA 产物都一起经 PCR 扩增,使得一步法的灵敏度更高。两步法则是:将反转录和 PCR 分别在不同的缓冲液和不同反应体系中进行,首先进行 mRNA 反转录,再进行 PCR。

一步法由于是在同一反应体系进行反转录和 PCR,两个反应都不能选择酶反应的最佳条件,且容易相互干扰,通常只适宜用基因特异引物来扩增较短的基因及定量 PCR。两步法则由于反转录和 PCR 分别进行,这样使得两个反应都能选择酶反应的最佳条件,可充分发挥各自的特点,方法更为灵活而且严谨,适合那些(G＋C)％含量、二级结构严重的模板或者是未知模板,以及多个基因的 RT-PCR。

一步法在同一反应体系以 mRNA 为模板进行反转录和其后的 PCR 扩增,从而使 mRNA 的反转录 PCR 步骤更为简化,所需样品量减少到最低限度,对临床小样品的检测非常有利。用一步法可检测出总 RNA＜1 ng 的低丰度 mRNA,因此可用于低丰度 mR-NA 的 cDNA 文库的构建及特异 cDNA 的克隆,并有可能与 Taq DNA 聚合酶的测序技术相结合,使得自动反转录、基因扩增与基因转录产物的测序在单管中进行。Tth DNA 聚合酶不仅具有耐热 DNA 聚合酶的作用,而且具有反转录酶活性,可利用其双重作用在同一体系中直接以 mRNA 为模板进行反转录和其后 PCR 扩增,从而使 mRNA 的 PCR 步骤更为简化。

第四节　实时荧光定量 PCR

实时荧光定量 PCR(real time quantitative PCR)技术,是指在 PCR 反应体系中加入荧光基团,通过检测荧光信号积累来实时监测整个 PCR 的反应进程,最后通过标准曲线对未知模板进行定量分析的方法。

一、实时荧光定量的原理

1. 传统的 PCR 定量方法

传统的 PCR 在扩增反应结束之后可以通过凝胶电泳的方法对扩增产物进行定性的分析,也可以通过荧光标记物或放射性核素掺入标记后的光密度扫描来进行定量的分析。无论定性还是定量分析,分析的都是 PCR 终产物。传统的定量 PCR 方法主要有以下方法。

(1)非竞争内参照法。

在同一个 PCR 反应体系(即同一个 PCR 管)中加入两对引物,同步扩增目的靶 DNA 序列和用基因工程方法合成的内标 DNA 序列。在靶序列被扩增的同时,内标也被扩增,通过比较两种序列的扩增量来对靶 DNA 序列进行定量。在实验中其中一个引物用荧光标记,在 PCR 产物中,由于内标与靶序列的长度不同,二者的扩增产物可用电泳或高效液相分离开来,分别测定其荧光强度,以内标为对照定量分析待检测靶序列。

该方法只能对靶序列和内标以相同的量存在时才能准确进行定量,只能对指数扩增期的 PCR 产物进行定量。

(2)竞争性内参照物。

竞争性内参照物是通过竞争性模板来实现定量的。竞争性模板是通过将靶序列内部突变产生一个新的内切酶位点来获得的,这样就可以在同样的反应条件,同一个试管,用同一对引物,其中一个引物为荧光标记,同步扩增靶序列和内参照序列。扩增后用内切酶消化 PCR 产物,竞争性模板的产物被酶解为两个片段,而待测模板不被酶切,可通过电泳或高效液相色谱将两种产物分开,分别测定荧光强度,根据已知模板推测未知模板的起始拷贝数。

(3)PCR-ELISA 法。

利用地高辛或生物素等标记引物,扩增产物被固相板上特异的探针所结合,再加入抗地高辛或生物素酶标抗体—辣根过氧化物酶结合物,最终酶使底物显色。常规的 PCR-ELISA 法只是定性实验,若加入内标,做出标准曲线,也可实现定量检测目的。

由于传统定量方法都是终点检测,而 PCR 经过对数期扩增到达平台期时,检测重现性差。同一个模板在 96 孔 PCR 仪上做 96 次重复实验,所得结果有很大差异,因此无法直接从终点产物量推算出起始模板量。传统的定量 PCR 技术的难点主要在于:第一,如何确定 PCR 正处于线性扩增范围内(只有在此范围内 PCR 产物信号才与初始模板的拷贝数成比例);第二,一旦线性扩增范围确定以后,如何找到一个合适的方法检测结果。加入内标后,可部分消除终产物定量所造成的误差,但在待测样品中加入已知起始拷贝数的内标,则 PCR 反应变为双重 PCR,双重 PCR 反应中存在两种模板之间的干扰和竞争,尤其当两种模板的起始拷贝数相差比较大时,这种竞争会表现得更为显著。由于待测样品的起始拷贝数是未知的,所以无法加入合适数量的已知模板作为内标,也正是这个原因,传统定量方法虽然加入内标,但仍然只是算是一种半定量、粗略定量的方法,而且传统定量 PCR 还存在劳动强度大、定量不准确、重复性差的缺点。

正因为是传统的定量 PCR 方法无法满足精确定量的要求,特别是未经 PCR 信号放大之前的起始模板量的定量,所以实时荧光定量 PCR 技术应运而生。

2. 实时荧光定量 PCR 技术的原理

PCR 反应中目标 DNA 扩增量可用

$$Y = M \times (1+X)^n$$

计算,Y 代表扩增产物量,M 代表反应起始的模板拷贝数,X 代表扩增效率(X = 参与复制的模板/总模板),n 代表扩增循环数。理论的 PCR 扩增效率为 100%,扩增量可用 $Y = M \times 2^n$ 计算,PCR 产物随着循环的进行成指数增长。在实际的 PCR 反应中,通常扩增效率 $X \leqslant 1$,而且 X 在整个 PCR 扩增过程中不是固定不变的,当 M 在 1~105 拷贝、循环次数 $n \leqslant 30$ 时,X 是相对稳定的,原始模板以相对固定的指数形式增加,适合定量分析,这也就是所谓的扩增指数增长期。随着循环次数 n 的增加(>30 次),X 会逐渐减少,Y 就呈非指数形式增加,最后进入平台期,当 X 为 0 时,扩增产物量 Y 就不再增加。通常一个 PCR 反应无论反应体系起始模板含量多少,当扩增速率趋于稳定后,最终扩增片段的含量基本上是一样的,所以一定 PCR 体系中待扩增 DNA 片段起始拷贝数越大,则指数扩增过程越短,到达平台期越快,反之,到达平台期越慢。

任何干扰 PCR 指数扩增的因素都会影响扩增产物的量,使得 PCR 扩增终产物的量与原始模板数之间没有一个固定的比例关系,通过检测扩增终产物很难对原始模板进行准确定量,而荧光定量 PCR 则是利用 PCR 扩增过程产物的增加和起始的关系来对起始模板进行准确定量的。

实时荧光定量 PCR 是目前确定样品中 DNA(或 cDNA)拷贝数最敏感、最准确的方法。它具有特异性强,灵敏度高,可直接对产物进行定量,解决 PCR 污染问题,自动化程度高,操作简单等特点。

在实时荧光定量 PCR 反应中,引入了一种荧光化学物质,随着 PCR 反应的进行,PCR 反应产物不断累计,荧光信号强度也等比例增加。每经过一次循环,收集一次荧光强度信号,这样我们就可以通过荧光强度变化来监测产物量的变化,从而得到一条荧光扩增曲线图(图 5-2)。

一般而言,荧光扩增曲线可以分成三个阶段:荧光背景信号阶段;荧光信号指数扩增阶段;平台期信号阶段。在荧光背景信号阶段,扩增的荧光信号被荧光背景信号所掩盖,我们无法判断产物量的变化。而在平台期信号阶段,扩增产物已不再呈指数增加。PCR 的终产物量与起始模板量之间没有线性关系,所以根据最终的 PCR 产物量不能计算出起始 DNA 拷贝数。只有在荧光信号指数扩增阶段,PCR 产物量的对数值与起始模板量之间才存在线性关系,我们可以选择在这个阶段进行定量分析。

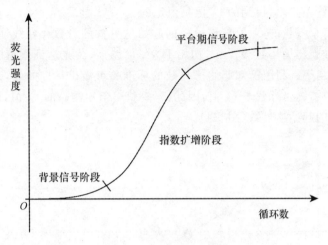

图 5-2 荧光曲线示意图

通常利用荧光扩增曲线拐点、扩增曲线整体平行性和基线三方面来作为判断扩增曲线是否良好的指标。良好的标准是曲线拐点清楚,特别是低浓度样本指数期明显,曲线指数期斜率与扩增效率成正比,斜率越大扩增效率越高;标准的基线平直或略微下降,无明显的上扬趋势;各管的扩增曲线平行性好,表明各反应管的扩增效率相近。

基线(baseline)是指在 PCR 扩增反应的最初数次循环里,荧光信号变化不大,接近一条直线,这样的直线即是基线。

荧光阈值(threshold)是指在荧光扩增曲线上人为设定的一个值,它可以设定在荧光信号指数扩增阶段任意位置上,一般将 PCR 反应前 15 次循环的荧光信号作为荧光本底信号,荧光阈值是 PCR 的 3~15 次循环荧光信号标准差的 10 倍。荧光阈值原则上要大于样本的荧光背景值和阴性对照的荧光最高值,同时要尽量选择进入指数期的最初阶段,并且保证回归系数大于 0.99,荧光信号超过阈值才是真正的信号。

C_t 值(threshold value)是指 PCR 扩增过程中,扩增产物的荧光信号达到设定的阈值时所经过的扩增循环数(图 5-3)。PCR 循环在到达 C_t 值所对应的循环数时,即刚刚进入

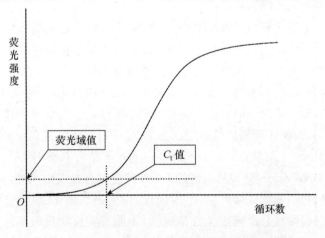

图 5-3 荧光域值、C_t 值和荧光曲线的关系示意图

指数扩增期,此时微小误差尚未放大,因此 C_t 值的重现性极好,即同一模板不同时间扩增或同一时间不同管内扩增,得到的 C_t 值是恒定的。

研究表明,每个模板的 C_t 值与该模板的起始拷贝数的对数存在线性关系,固定荧光信号值后,模板数就与循环数成反比,初始 DNA 量越多,荧光达到阈值时所需要的循环数越少,即 C_t 值越小。利用已知起始拷贝数的标准品可做出标准曲线,其中横坐标代表起始拷贝数的对数,纵坐标代表 C_t 值,因此,只要获得未知样品的 C_t 值,即可从标准曲线上计算出该样品的起始拷贝数(图 5-4)。

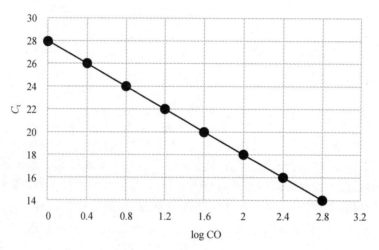

图 5-4　起始拷贝数的对数(log CO)和 C_t 值标准曲线图

二、实时荧光定量 PCR 过程的监测检测模式

实时荧光定量 PCR 过程的监测检测模式实际上就是实时荧光定量 PCR 过程中使 PCR 产物带上荧光标记,然后进行荧光检测方法。荧光检测模式可以分为非特异性荧光检测和特异性荧光检测两种类型。非特异性荧光检测模式主要有 SYBR Green Ⅰ;特异性荧光检测模式有水解探针(TaqMan)、分子信标(molecular beacon)和 Amplisensor 等。

1. SYBR Green Ⅰ 检测模式

SYBR Green Ⅰ能与双链 DNA 结合,与核酸结合后的最大吸收峰在蓝绿可见光区(波长约为 497 nm),发射荧光波长最大约为 520 nm,适用于使用可见光系列仪器对荧光进行观察。SYBR Green Ⅰ与核酸的结合位点是双链 DNA 的小沟部位,而且只有和双链 DNA 结合后才会发出荧光,变性时 DNA 双链分开,SYBR Green Ⅰ无荧光;复性和延伸时形成双链 DNA,SYBR Green Ⅰ发出荧光。SYBR Green Ⅰ检测模式就是在此这个阶段采集荧光信号,从而保证荧光信号的增加与 PCR 产物的增加完全同步。

(1) SYBR Green Ⅰ的缺点:由于 SYBR Green Ⅰ结合双链 DNA 没有特异性,不能识别特定的双链 DNA 分子,只要是双链的 DNA 就会结合并发出荧光,对 PCR 反应中的非特异性扩增或引物二聚体也会产生荧光,因此,由引物二聚体、单链二级结构以及错误的扩增产物引起的假阳性会影响定量的精确性,不能真实反映目的基因的扩增情况。通过测量升高温度后荧光的变化可以帮助降低非特异产物的影响,由解链曲线来分析产物的均一性可提高 SYBR Green Ⅰ定量的准确性。

（2）SYBR Green Ⅰ的优点：SYBR Green Ⅰ能与所有的双链 DNA 相结合，不必因为模板不同而需要设计特异性的荧光探针，因此其通用性好，使用方便。与特异性的荧光探针相比，只需要设计常规的 PCR 引物，因而价格相对较低。由于一个 PCR 产物可以与多个染料分子结合，因此 SYBR Green Ⅰ 的灵敏度很高。利用荧光染料可以指示双链 DNA 熔点的性质，通过熔点曲线分析可以识别扩增产物和引物二聚体，因而可以区分非特异扩增，进一步地还可以实现单色多重测定。SYBR Green Ⅰ检测模式适用于对检测灵敏度要求高，而对定量准确度要求稍低的定量 PCR。

2. 水解探针检测模式

水解探针是一种寡核苷酸探针，与目标序列上游引物和下游引物之间的序列配对，荧光基团连接在探针的 5′末端，而淬灭基团则连接在 3′末端。常见的为 TaqMan 探针（图 5-5）。常用的荧光基团有 FAM、TET、JOE、HEX 和 VIC，常用的淬灭基团有 TAMRA 和 DABCYL。当完整的探针与目标序列配对时，荧光基团发射的荧光因与 3′端的淬灭基团接近而被淬灭。在进行延伸反应时，聚合酶的 5′外切酶活性将探针切断，使得荧光基团与淬灭基团分离而发出荧光，形成荧光信号，一分子荧光信号的产生就代表一分子产物的生成。随着扩增循环数的增加，释放出来的荧光基团不断积累，因此荧光强度与扩增产物的数量呈正比关系，并且探针检测的荧光的积累与循环数成正比。

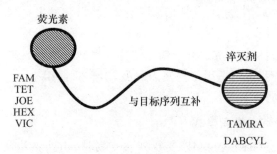

图 5-5　TaqMan 探针的结构示意图

TaqMan 检测模式的特点：TaqMan 探针适合于各种具有 5′外切酶活性的耐热的聚合酶，可应用于基因检测、病毒定量、细胞因子基因定量、癌细胞基因微突变检测等，其结果都具有高特异性与高敏感性，但只适合于一个特定的目标，不易找到本底低的探针，探针需要委托公司标记，且价格较高。

3. 分子信标检测模式

分子信标是一种在靶 DNA 不存在时形成茎环结构的双标记寡核苷酸探针。在此发夹结构中两端的序列互补，因此位于探针一端的荧光基团与探针另一端的淬灭基团紧紧靠近。在此结构中，荧光基团被激发后不是产生光子，而是将能量传递给淬灭剂，这一过程称为荧光谐振能量传递。由于"黑色"淬灭剂的存在，由荧光基团产生的能量以红外而不是可见光形式释放出来。如果第二个荧光基团是淬灭剂，其释放能量的波长与荧光基团的性质有关，常用的常用的荧光基团有 FAM 和 Texas Red。

分子信标的茎环结构（图 5-6）中，环一般由 15～30 bp 构成，并与目标序列互补；茎长

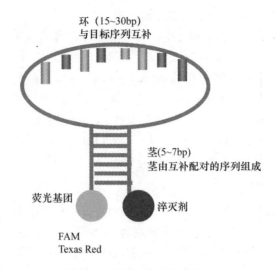

环（15~30bp）
与目标序列互补

茎(5~7bp)
茎由互补配对的序列组成

荧光基团

淬灭剂

FAM
Texas Red

图 5-6　分子信标结构示意图

度一般 5～7 bp，且有一段相互配对形成茎的结构。荧光基团连接在茎臂的一端，而淬灭剂则连接于另一端。分子信标必须非常仔细地设计，以至于在复性温度下，模板不存在时形成茎环结构，模板存在时则与模板配对。与模板配对后，分子信标将成链状而非发夹状，使得荧光基团与淬灭剂分开，当荧光基团被激发时，它发出自身波长的光子。由于是酶切作用的存在，与 TaqMan 探针一样分子信标也是积累荧光。

分子信标检测模式的特点是：分子信标能特异性地检测感兴趣的目标 DNA，可用于单核苷酸多态性的检测，特别适用于检测点突变，但它只能用于一个特定的目标，设计比较困难，而且价格较高。

4. 荧光谐振能量传递检测模式

荧光谐振能量传递（FRET）探针，又称双杂交探针，由两条相邻探针组成，在一条探针的 5′端标记 FAM 荧光基团，另一探针的 3′端标记 Red 640 荧光基团。当复性时，探针结合在模板上，FAM 基团和 Red 640 基团相邻，激发 FAM 产生荧光，作为 Red 640 基团的激发光被吸收，使 Red 640 发出波长为 640 nm 的荧光。当变性时，探针游离，两基团距离远，不能产生 640 nm 的荧光。由于 FRET 探针是靠近发光，所以检测信号是实时信号，非累积信号。FRET 探针是罗氏的发明专利，常用的荧光基团是 LC-Red 640 和 LC-Red 705。

5. LUX 引物检测模式

LUX(light upon extention)引物是利用荧光标记的引物实现定量的一项新技术。LUX 引物检测模式是一种单标引物检测方法，只在定量 PCR 的一对引物中任意一条引物的 3′末端连接有荧光基团。LUX 引物设计为带有末端回文结构，并在 3′末端标记荧光素，这样，这条引物在游离状态下可形成茎环结构，而这种 DNA 构象本身具有淬灭荧光基团的特性，所以不需要在另一端标记淬灭基团，实现荧光淬灭。在模板存在的情况下，引物与模板配对，发夹结构打开，产生荧光信号。

与 TaqMan 探针和分子信标相比，LUX 引物利用自身二级结构实现淬灭，不需要荧光淬灭基团,也不需要设计专门的探针,只需在引物的 5′ 末端添加互补的序列,在 3′ 末端标记荧光素,既省了成本又给实验设计提供了宽松的条件。由于没有探针控制特异性,因此,LUX 引物检测模式的特异性要弱于探针技术,但非特异性扩增或引物二聚体对其没有影响,所以特异性要强于 SYBR Green Ⅰ。LUX 引物最大的特点是使用单荧光标记引物,因此可以很容易实现在同一 PCR 管里同时对多个不同目标的检测,由于目前 LUX 引物只有 FAM、JOE 标记和 Alexa Fluor 546 三种荧光标记,所以只能实现同时对 3 个不同目标的检测。

LUX 引物是一个相对较新的技术,有着高灵敏度、中特异性和低成本的特点,但其引物的二级结构淬灭是否完全? 背景如何? 这种发夹结构淬灭,是否和 G 淬灭(就是临近的 G 碱基会增强荧光淬灭效果)原理相似? 发夹结构状态下的荧光强度与变性打开到引物延伸合成这几步之间荧光信号的变化如何? 为什么目前可应用的荧光标记只有 3 种? 所以其应用还有待实践的进一步检验。

能用于实时荧光 PCR 定量的检测方法很多,各有优缺点,应根据实验的需要和当前的实验条件选择适合自己的方法。

三、定量 PCR 仪的类型

定量 PCR 仪是在普通 PCR 仪的基础上增加一个荧光信号采集系统和计算机分析处理系统,主要由 PCR 系统和荧光检测系统两部分组成。多色多通道的荧光检测系统是目前定量 PCR 仪发展的主流趋势,仪器的激发通道越多,仪器适用的荧光素种类越多,仪器适用范围就越宽。多通道指可同时检测一个样品中的多种荧光,仪器可以同时检测单管内多模板或者内标+样品。通道越多,仪器适用范围越宽,性能就更强大。

目前定量 PCR 仪不断推陈出新,不同类型的定量 PCR 仪,各有特点,主要可以分成以下三种类型。

1. 传统的 96 孔板式定量 PCR 仪

96 孔板式定量 PCR 仪可采用传统的 96 孔板甚至 384 孔板进行批量的定量反应,有些型号还兼容 8 连管和单管。传统 96 孔板式定量 PCR 仪的优点是可容纳的样本量大而且无须特殊耗材,但是缺点也显而易见,传统 96 孔板反应板面积大,温度控制的精确性、升降温速度也相对较慢,因而反应速度也较慢;板固定加热模块的 PCR 温度控制有边缘效应;样品槽上每个孔之间的温度存在差异,也就是所谓位置效应,因此标准曲线的反应条件应难以做到与样本完全一致,样本和样本之间的温度控制也可能存在差异,对于灵敏度极高的定量 PCR 来说,任何极微小的差异都会以指数级别的规模被放大,不能不说是一种缺憾。在 96 孔板定量 PCR 仪的荧光检测分析系统中,由于 96 孔板上样品孔的位置是固定的,每个样品孔距离光源和监测器的光程各不相同,有可能对结果产生影响。此外检测是在孔板或管底进行,其透光性和厚薄均一性都可能对实验结果产生影响。传统的 96 孔板式定量 PCR 仪以 ABI 公司为代表,MJ 和 Bio-Red 公司的定量 PCR 仪也属于这一类,但 Bio-rad 的 IQ 系列荧光定量 PCR 带有梯度功能。

2. 创新概念的离心式实时定量 PCR 仪

离心式实时定量 PCR 仪的扩增样品槽被巧妙地设计为离心转子的模样,借助空气加热和转子在腔内旋转,避免了边缘效应,很好地解决了每个样品孔之间的温度均一性的关键问题,能使样品间温度差异小于±0.01℃,最大限度地保障了标准曲线和样品之间条件的一致性。借助旋转离心力还可以随时将可能凝在管壁和盖子上的液滴离心到管底而无须热盖;还可以将酶加在管盖上,升温后离心到管底与反应体系混合,实现"机械的热启动功能"。由于转子上的样品孔是旋转可移动的,因而离心式荧光检测系统可以固定激发光源和荧光检测器,随时检测旋转到跟前的样品管,由于每个样品管在检测时距离检测器和激发光源的距离都是一样的,使用的是同一个检测器和激发光源,有效减少不必要的系统误差。

创新的离心式的仪器通常选用 LED 激发、PMT 检测,离心式的设计上避免了边缘效应。LED 光源是冷光源,对实验没有影响,因此运行前无须预热,无须采用其他荧光染料校正仪器,系统检测重复性也更好,而且使用寿命长,无须经常更换。PMT 每次只能收集单个荧光信号,但是检测灵敏度高。Corbett 的 Rotor-gene 系列和 Roche 的 Lightcycler 系列均为这一类仪器。

离心式定量 PCR 仪的缺点主要是离心的转子小,能容纳的样本量有限,由于是离心式转子,常规的 96 孔板和条形管就不适用,有的还需要特殊的消耗品,增加使用成本,此外,离心式定量 PCR 仪不可能带梯度功能,存在时间积分等缺点。

3. Smart Cycler Ⅱ 荧光定量 PCR 仪

第三类的定量 PCR 仪是以 Cepheid 公司的 Smart Cycler Ⅱ 为代表,它机型小巧,只有 16 个样品槽。其独到之处在于这 16 个样品槽分别拥有独立的智能升降温模块,也就是说这 16 个样品槽相当于 16 台独立的定量 PCR 仪。独立控温的好处首先是可在同一定量 PCR 仪上分别进行不同条件的定量 PCR 反应。

此外,每个温控模块只控制一个样品槽,升降温速度当然更快,可高达 10℃/s,每个模块独立控制的激发光源和检测器直接与反应管壁接触,保证荧光激发和检测不受外界干扰,固定的结构使得仪器运行更稳定,使用寿命更长。整合有 4 通道光学检测系统,分别可以检测 FAM/SYBR Green Ⅰ,TET/Cy3,Texas Red 和 Cy5,可在同一样本中进行多靶点分析,同时检测 4 种荧光信号,可使用多种检测方法,包括 TaqMan 探针、分子信标、Amplifluor 引物和 Scorpion 引物和荧光内插染料等等。

Smart Cycler Ⅱ 扩增速度快,只要 20 min 就可以完成常规的定量 PCR 反应,大大提高工作效率,满足高速批量的要求,也能照顾灵活的需要,特别适合多成员、多用途的使用。但 Smart Cycler Ⅱ 也存在着需要使用独家的扁平反应管,增加了反应成本,上样也不如传统的方法方便等缺点。

不同的定量 PCR 仪每种设计都有它的独到之处,但也都有无法避免的缺憾,在价格上和耗材上也有很大的差异,所以在选购定量 PCR 仪前要根据自己的需要出发,选择更适合自己需要的仪器。

第六章　基因工程常用载体

　　基因工程 DNA 分子操作的一个关键环节就是将 DNA 片段导入一定的宿主来达到复制、增殖或者表达的目的，但是外源 DNA 很难进入不同的宿主细胞，即使能单独进入宿主细胞也不能进行复制和增殖，也不能传递到下一代的子细胞，最终丢失。因此要完成外源 DNA（目的基因）导入宿主细胞，使之传代、扩增甚至是实现基因表达的目的，就要把它连到一些能独立于细胞染色体之外复制的 DNA 分子上，使其能导入宿主细胞进行传代、扩增或者表达，这类 DNA 分子就叫作载体。

　　基因工程常用载体有质粒、单链 DNA 噬菌体 M13、λ 载体、噬菌体的衍生物、柯斯质粒和动物病毒（virus）等。不同类型的基因工程载体有很多相似之处，但也有很多不同点，所以载体的设计、构建和应用是基因工程实验中非常重要的环节。

　　目前被发现和人工构建的载体种类繁多，本章不能对所有的载体进行详细的描述，主要介绍常见载体的结构特点和使用原理。

第一节　基因工程载体的概述

　　载体（vector）是指 DNA 分子重组中，能运载外源 DNA 有效进入受体细胞内，并能在宿主细胞内独自进行自我复制的一类 DNA 分子。

一、载体在基因工程中的作用

　　由于每种生物都是长期进化的产物，具有很强的排他性，单独进入宿主细胞的外源DNA 会被降解，虽然可以将外源 DNA 通过同源重组整合到宿主的染色体上，并随着染色体的复制而传到下一代子细胞，但无法满足基因工程中要对目的 DNA 片段进行分子操作的要求。因此，外源 DNA 必须有一种载体作为媒介物，才能达到在一定宿主内扩增和表达的目的。载体和外源 DNA 在体外重组成 DNA 重组分子，再进入受体细胞后形成一个复制子，即形成在细胞内能独自进行自我复制的遗传因子，这样外源的 DNA 分子就得到繁殖和遗传。

　　载体在基因工程中的作用有三方面：

　　第一，作为运载外源 DNA 有效进入受体细胞内的工具；

　　第二，作为在细胞内能独自进行自我复制的遗传因子；

　　第三，作为外源 DNA 分子复制和分子操作的工具。

由于大肠杆菌容易培养，生长迅速，操作方便，而且对其分子遗传学研究深入，所以目前它是基因工程研究中最常用的宿主菌，更是最主要的克隆宿主，因此大肠杆菌也被称为其他宿主基因工程的生产车间，以大肠杆菌为宿主的载体是穿梭载体的基础。

二、基因工程中载体的种类

除了质粒之外，细菌病毒（也就是噬菌体）等也可以作为基因工程载体，但是，质粒和病毒在作为基因工程载体时是有区别的。利用病毒作为基因运载体时，所带的基因一般还需要转到受体细胞的染色体 DNA 上，才能成为稳定的遗传结构。质粒载体虽然也可以整合到宿主染色体上，但绝大多数情况下都是独立存在的。质粒本身就是一种稳定的重组 DNA，进入受体细胞后不需要把所带的基因转到受体细胞的染色体上去，本身能进行自我复制，携带的异源 DNA 也同时得到了复制。此外，质粒的提取较简单快捷，这就使得利用质粒作为基因运载体非常方便，所以目前进行的基因工程操作，多用质粒作为基因的运载体。

在基因工程中应用的载体种类很多，来源和用途都不同，按照载体应用的不同，一般可以将基因工程载体分为克隆载体、表达载体和穿梭载体。

1. 克隆载体

克隆载体（cloning vector），也称 DNA 克隆载体，是指通过不同途径将携带的外源 DNA 片段带入宿主细胞且能在其中维持的 DNA 分子，用于目的基因的克隆，如文库构建等。最简单的克隆载体是其上有复制子即可，常用克隆载体多从质粒和病毒改造而来，一些高等生物细胞的质粒或者 DNA 的复制子也可以用于构建克隆载体，如人工酵母染色体。大肠杆菌的克隆载体是 DNA 分子操作中最常用也是最重要的，作为这类载体应具备一定的要求：

第一，具有大肠杆菌的复制子（replicon）的功能，能在大肠杆菌细胞中独立复制繁殖，最好要有较高的自主复制能力。

第二，具备一个或多个克隆位点（multi-cloning site，MCS），在载体上要有一个或多个克隆位点可以插入大小合适的外源 DNA 片段并不影响载体进入宿主细胞和在细胞中的复制，这就要求载体 DNA 上要有合适的限制性核酸内切酶位点。

第三，容易进入宿主细胞，而且进入效率越高越好，且容易从宿主细胞中分离纯化出来。只有这样才便于重组操作。

第四，具有选择克隆子的选择性标记（selective marker），使克隆子容易被识别筛选。当其进入宿主细胞或携带着外来的核酸序列进入宿主细胞都能容易被辨认和分离出来。

第五，安全性，不含损害受体的基因，不能任意转入别的宿主细胞，尤其人的细胞。

2. 表达载体

表达载体（expression vectors）是使目的基因能够在宿主细胞中表达的一类载体，是在克隆载体基本骨架的基础上增加控制基因表达的相关表达元件（如启动子、RBS、终止子等）构建而成，一般的表达载体是以细菌质粒为基础构建的。

3. 穿梭载体

穿梭载体（shuttle vector）狭义上指含有两个亲缘关系不同的复制子，能在两种不同的生物中复制的载体。例如既能在原核生物中复制，又能在真核生物中复制的载体。广义的穿梭载体是指能在不同的宿主细胞中执行一定功能的载体，例如，既能在原核生物中复制，又能在真核细胞中进行 DNA 的整合交换等功能，这类载体不需要一定有两个不同的复制子。和表达载体一样，穿梭载体也是以细菌质粒为基础构建的。

三、基因工程克隆载体的发展概况

人们通过对天然质粒、病毒的改造成功构建了多种克隆载体，例如，1977 年 Boliver 等学者从天然质粒出发，经删除、融合、转座及重排等操作，成功构建了适合多种用途至今仍广泛使用的克隆载体 pBR322。自 Cohen 等 1973 年构建第一个质粒载体 pSC101 作克隆载体以来，随着分子生物学技术的发展，越来越多的克隆载体相继出现，这些载体的发展推动了结构基因组学和功能基因组学研究的发展，同时随着人类基因组计划和植物基因组计划的实施，克隆载体的整体结构、克隆能力和转化效率等都有了长足的发展。克隆载体的发展可以划分为三个阶段：

第一阶段以质粒、λ 噬菌体（λ bacteriophage）、柯斯质粒（cosmid，又称黏粒）为主，这些载体的主要特点是在宿主细胞内稳定遗传、易分离、转化效率高，但是克隆外源 DNA 片段大小有限，质粒一般小于 10 kb，柯斯质粒能克隆较大的片段，一般小于 45 kb。

第二阶段克隆载体则突破了上述载体容量，其显著特点是克隆载体容纳外源 DNA 片段的能力大大提高，可以容纳 100～350 kb 以上，这种类型的载体主要有酵母人工染色体（yeast artificial chromosome，YAC）、细菌人工染色体（bacterial artificial chromosome，BAC）以及源于噬菌体 P_1 的人工染色体（P_1 derived artificial chromosome，PAC）、人类人工染色体（human artificial chromosome，HAC）。

YAC 含有酵母染色体端粒（telesome）、着丝点（centromere）及复制起点等功能序列，可插入长度达 200 kb～2Mbp 的外源 DNA，导入酵母细胞可以随细胞分裂周期复制繁殖。YAC 成为人基因组研究计划的重要克隆载体，其优点是可以容纳较大的外源 DNA 片段，这样用较少的克隆数，可以包含特定基因组的全部序列，从而保持了基因组特定序列的完整性，有利于物理图谱的制作。但 YAC 还存在一些不足：嵌合发生率高，易使基因组本不连续的片段连接在一起形成嵌合体，给后面的序列组装带来困难；具有不稳定的特点，在转代培养中可能会发生 DNA 片段的缺失或重排，很难与酵母染色体分离等缺点，极大地制约了以 YAC 为基础的大基因和大基因簇的转基因研究。

BAC 是指一种以 F 质粒（F-plasmid）为基础构建而成的细菌染色体克隆载体，主要包括 *oriS*，*rep*E（控制 F 质粒复制）和 *par*A、*par*B（控制拷贝数）等成分。BAC 载体形成嵌合体的频率较低，以大肠杆菌为宿主，可以通过电穿孔导入细菌细胞，转化效率高，而且以环状结构存在于细菌体内，易于分辨和分离纯化，常用来克隆 150 kb 左右大小的 DNA 片段，最多可保存 300 kb。BAC 拷贝数低，稳定，比 YAC 易分离，常规方法（碱裂解）即可分离 BAC，蓝白斑、抗生素、菌落原位杂交等均可用于目的基因筛选，对克隆在 BAC 的 DNA 可直接测序。

PAC 是基于 P_1 噬菌体构建的克隆载体，是与黏粒载体工作原理比较相似的一种高通量载体，它含有很多 P_1 噬菌体来源的顺式作用元件，将 BAC 和 P_1 噬菌体载体二者优点结合起来，可以容纳 70～100 kb 大小的外源 DNA 片段。在这种系统中，含有基因组和载体序列的线状重组分子在体外被组装到 P_1 噬菌体颗粒中,后者总容量可达115 kb(包括载体和插入片段)。将载体导入到表达 Cre 重组酶的大肠杆菌细胞中,线状 DNA 分子通过重组于载体的两个 *loxp* 位点之间而发生环化。载体还携带一个通用的 Kan 选择性标记,一个区分携带外源 DNA 克隆的阳性标记 *sac*B 以及一个能够使每个细胞都含有约一个拷贝环状重组质粒的 P_1 质粒复制子。另外一个 P_1 复制子(P_1 裂解性复制子)在可诱导的 *tac* 启动子控制下,用于 DNA 分离前质粒的扩增。

HAC 是一种小型染色体,包含构成人工染色体的所有基本结构,即端粒(TEL)、复制起点(origin)及着丝粒(CEN),转染人体肿瘤细胞株后,在细胞内组成的线状微型染色体。HAC 可作为载体搭载一些基因,并作为人类细胞中额外的染色体(第 47 个),使这些基因表达于人体内。HAC 可容纳 $600\sim1000$ Mbp 的大片段基因组 DNA,可应用于转基因动物模型和基因治疗等方面。

第三个发展阶段是双元大片段克隆载体的构建。

YAC 和 BAC 等载体都不能直接进行植物转化,在候选克隆的转化互补实验中需要将外源片段进行亚克隆,因而工作量大,同时也有漏失目的 DNA 片段的可能,因此,可直接用于植物转化的大片段双元载体便应运而生,双元细菌人工染色体和可转化人工染色体最具有代表性。

双元细菌人工染色体(BIBAC)在结构上具有 BAC 的复制系统,又具有能在根癌农杆菌中起作用的 R 复制子和抗卡那霉素筛选标记及 T-DNA 的左右边界,因此 BIBAC 能在大肠杆菌和根癌农杆菌中穿梭复制。双元表达载体系统主要包括两个部分,一部分为卸甲 Ti 质粒,这类 Ti 质粒由于缺失了 T-DNA 区域,完全丧失了致瘤作用,主要是提供 *Vir* 基因功能,激活处于反式位置上的 T-DNA 的转移。另一部分是微型 Ti 质粒(mini-Ti plasmid),它在 T-DNA 左右边界序列之间提供植株选择标记,如 *NPT*Ⅱ基因以及 *Lac Z* 基因等。

可转化人工染色体(TAC)载体具有 P_1 复制子和 Ri 质粒 pRiA4 复制子,能在大肠杆菌和农杆菌中穿梭复制,还带有了植物选择标记潮霉素磷酸转移酶基因和能被植物识别的启动子等元件。

TAC 载体与 BIBAC 载体一样具有克隆大片段 DNA 和借助于农杆菌直接转化植物的功能,除具有 BAC 载体的优点外,同时还具有大肠杆菌和农杆菌的复制子,是一个穿梭质粒,能在大肠杆菌和农杆菌中均保持稳定,可通过农杆菌介导直接进行基因功能互补实验。

第二节　质　粒　载　体

质粒(plasmid)是一种亚细胞的有机体,是染色体或染色质以外的独立复制的复制子,能自主复制,是与细菌或细胞共生的遗传单位。通常质粒是专指细菌、酵母菌、丝状真菌和放线菌等生物中染色体以外的 DNA 分子。在自然界中,无论是真核生物还是原核生物,不论是革兰氏阳性菌还是革兰氏阴性菌,都发现有质粒的存在。

质粒对宿主生存并不是必需的,这点不同于线粒体等细胞器。线粒体 DNA 也是环状双链分子,也有独立复制的调控,但线粒体的功能是细胞生存所必需的,是细胞的一部分,不属于质粒。质粒的结构比病毒还要简单,既没有蛋白质外壳,也没有生命周期,只能在宿主细胞内独立复制,并随着宿主细胞的分裂而被遗传下去。

一、质粒的特点

质粒在分子结构上是一种双链共价闭合环形 DNA(covalently closed circuar DNA,简称 cccDNA)分子,通常是以超螺旋结构形式存在。目前,已发现有质粒的细菌有几百种,已知的绝大多数的细菌质粒都是闭合环状 DNA 分子,可自然形成超螺旋结构。双链的质粒 DNA 分子形成三种不同分子构型:共价闭合环形 DNA(SC 型),开环 DNA(OC 型),线性 DNA(L 型),它们相对分子质量相同,但在电泳中的迁移速率不同。

细菌质粒的相对分子质量一般较小,约为细菌染色体的 $0.5\% \sim 3\%$,大小在 $2 \sim 300$ kb 之间。根据相对分子质量的大小,质粒大致上可以分成两类:较大一类的分子大小在 $70 \sim 150$ kb 以上,较小的一类在 $3 \sim 7$ kb 以下,少数质粒的分子大小介于两者之间。分子大小 <15 kb 的小质粒比较容易分离纯化,而 >15 kb 的大质粒则不易提取。

细胞内能够自我复制的结构单位称为复制子(replicon),尽管细菌染色体是由 $3 \sim 4$Mbp 组成,但是在通常情况下它只在一个复制控制系统的控制下,作为一个独立单位进行复制,因此它是一个复制子。而酵母等所有的真核细胞,其染色体具有若干个复制起始点,因而可以认为是多个复制子的复合体。细菌的细胞除了是自身染色体的复制场所外,还是噬菌体和质粒的复制场所,因此噬菌体和质粒也称为染色体外因子,它们都是独立的复制子。质粒能自主复制,是能独立复制的复制子(autonomous replicon),但复制依赖宿主细胞的复制系统。每个质粒 DNA 上都有复制的起点,只有能被宿主细胞复制蛋白质识别的质粒才能在该种细胞中复制,不同质粒复制控制状况主要与复制起点的序列结构相关。

质粒也往往有其表型,其表现不是宿主生存所必需的,但也不妨碍宿主的生存。虽然质粒上的基因不是细菌所必需的,但可以使宿主细胞获得质粒编码基因的功能,这些功能包括对抗生素和重金属的抗性、对诱变原的敏感性、对噬菌体的易感性或抗性、产生限制酶、产生稀有的氨基酸或毒素、决定毒力、降解复杂有机分子以及形成共生关系的能力、在生物界内转移 DNA 的能力等。某些质粒携带的基因功能有利于宿主细胞在特定条件下生存,例如,细菌中许多天然的质粒带有抗药性基因,如编码合成能分解破坏四环素、氯霉素、氨苄青霉素等的酶基因,这种质粒称为抗药性质粒,又称 R 质粒。带有 R 质粒的细菌能在相应的抗生素存在的条件下生存繁殖。所以质粒与宿主的关系不是寄生,而是共生。医学上遇到许多细菌的抗药性,常与 R 质粒在细菌间的传播有关,F 质粒就能促使这种传递。

有的质粒可以整合到宿主细胞染色质 DNA 中,随宿主 DNA 复制,称为附加体。例如,细菌的性质粒就是一种附加体,它可以质粒形式存在,也能整合入细菌的 DNA,又能从细菌染色质 DNA 上切下来。F 质粒携带基因编码的蛋白质,能使两个细菌间形成纤毛状细管连接的接合(conjugation),通过这细管,遗传物质可在两个细菌间传递。

一般质粒可随宿主细胞分裂而传给后代,质粒在宿主细胞中复制是依靠宿主细胞提供的蛋白质进行的,复制可以与宿主的细胞周期同步,也可独立于细胞周期。若质粒复制与宿主的细胞周期同步,宿主细胞内质粒的拷贝数较低;若复制独立于细胞周期,则每个宿主细胞内的质粒拷贝数可以达到上千。

质粒在结构上可以分为两个区域，即与复制有关的区域和与复制无关的区域。与复制有关的区域是整个质粒的控制单位；与复制无关的结构区域与质粒的复制无关，只是被动地复制，在这个区域的序列发生的重组、插入、缺失的变化，对质粒的复制不会产生影响，在 DNA 的重组中就是使用与复制无关的结构区域。

来自大肠杆菌的质粒是基因重组中最重要的质粒载体，人们在大肠杆菌中发现许多不同种类的质粒，其中研究得最详细的主要有 F 质粒、R 质粒和 Col 质粒。

F 质粒，又叫 F 因子或者性质粒(sex plasmid)，它能够使寄主染色体上的基因和 F 质粒一起转移到原先不存在该质粒的受体宿主细胞中，使两个宿主发生遗传物质的交换。

R 质粒，通称抗性质粒，它们编码一种或者数种抗生素基因，并能将此种抗性基因转移到缺乏该质粒的适宜的受体细胞中，使后者也获得抗性。

Col 质粒(Col plasmid)，因首先发现于大肠杆菌中而得名，含有编码大肠杆菌素的基因，故又称大肠杆菌素质粒或产大肠杆菌素因子质粒。大肠杆菌素是由大肠杆菌的某些菌株所分泌的细菌素，由 Col 因子编码，能通过抑制复制、转录、翻译或能量代谢等而专一地杀死它种肠道菌或同种其他菌株。带有 Col 因子的菌株，由于质粒本身编码一种免疫蛋白，从而对大肠杆菌素有免疫作用，不受其伤害。Col 因子可分为 ColE1 和 Col Ib 两类，ColE1 相对分子质量较小，约为 5×10^6，无接合作用，拥有该因子的质粒是松弛型控制、多拷贝的。Col Ib 相对分子质量约为 8×10^6，此类质粒与 F 因子相似，具有通过接合作用转移的功能，属于严紧型控制，只有 1~2 个拷贝。ColE1 研究得较深入，并被广泛地用于重组 DNA 的研究和体外复制系中。

二、质粒的复制能力和复制子类型

质粒 DNA 复制转录的进行依赖于宿主编码的蛋白质和多种酶来完成，但是不同的质粒在宿主内采用的酶群有很大差异，导致在宿主中的复制程度有很大的不同。质粒在宿主中的拷贝数是由质粒 DNA 复制起始位点所控制的，复制子的不同可使质粒拷贝数相差很大，一些质粒可以高达 500~700 个拷贝/细胞，有些仅能维持 1~2 个拷贝/细胞的最低水平。通常情况下一个质粒只有一个复制起始位点，在极少数情况下或通过融合构建可产生含有两个以上的复制起始位点，但在某一宿主细胞中，只有一个复制起始位点具有复制活性。

按照质粒 DNA 复制性质可以把质粒分为两类：一类是严紧型质粒(stringent plasmid)，当细胞染色体复制一次时，质粒也复制一次，每个细胞内只有 1~2 个质粒；另一类是松弛型质粒(relaxed plasmid)，当染色体复制停止后仍然能继续复制，每一个细胞内一般有 20 个以上质粒。

严紧型质粒中，质粒 DNA 的复制是受宿主细胞不稳定的复制起始蛋白所控制的，它的复制必须与一定的细胞生长相关联，与宿主的染色体复制同步进行，即质粒的复制在严紧的调控下进行。严紧型质粒在宿主细胞内以低拷贝存在，即使利用氯霉素抑制染色的复制和细胞的分离，也不能增加细胞的质粒拷贝数，如 F 质粒、pSC101 质粒等属于严紧型质粒。

松弛型质粒是指质粒 DNA 的复制由质粒编码基因合成的蛋白质来调控，而不受宿主细胞不稳定的复制起始蛋白所控制,在细胞整个生长周期中随时可以复制,即使在细胞的生长停止期,染色体没有复制,质粒仍然能复制,即质粒的复制是在松弛的控制下进行的。松弛型质粒在细胞中以高拷贝的形式存在,每个细胞有 $10\sim200$ 个拷贝,经过突变或药物(如氯霉素)处理可以使松弛型质粒在细胞的拷贝数达到 1000 以上,如带有 pMB 1 或 Col E 复制子的质粒在大肠杆菌中属于松弛型质粒(表 6-1)。

一般相对分子质量较大的质粒属严紧型,相对分子质量较小的质粒属松弛型。质粒的复制能力有时和它们的宿主细胞有关,某些类型的质粒在大肠杆菌内的复制属严紧型,而在变形杆菌内则属松弛型。

实验证明,在没有选择压力的情况下,两种亲缘关系密切的不同质粒不能在同一宿主细胞内稳定共存,这种现象称为质粒的不亲和性或质粒不相容性(plasmid incompatibility),两种质粒被称为不相容质粒。不相容质粒携带复制子基本相似,复制系统也相同,在复制和分配到子细胞的过程中相互竞争,在细胞的增殖过程中,其中必然有一种会被排斥掉。

表 6-1 几种常见质粒的复制子和拷贝数

质粒	复制子	拷贝数
pBR322 及其衍生质粒	pMB 1	$15\sim20$
pUC 系列质粒	突变的 pMB 1	$500\sim700$
pACYC 及其衍生质粒	p15 A	约为 10
pSC101 及其衍生质粒	pSC 101	约为 5
Col E1	Col E1	$15\sim20$

正是由于质粒的不相容性,同一个大肠杆菌细胞里一般不会同时有两种亲缘关系密切的不同的质粒存在,即使两个质粒插入不同片段后也不能共存于同一细胞中,这保证了在基因克隆中经转化感受态细胞挑取单菌落培养后提取的质粒是均一的,而不是多种质粒的混合物。

穿梭质粒载体(shuttle vector)是指人工构建的一类质粒载体。穿梭载体一般具有两种不同的复制起始位点,可以在两种不同的宿主细胞中存活和复制;或者是只带有大肠杆菌的复制起始位点,但带有另一种宿主细胞的功能序列,可与该宿主细胞的染色体 DNA 执行整合或交换的功能。穿梭质粒的构建是因为在某些宿主细胞进行载体的分离和操作很困难,当载体带有大肠杆菌的复制起始位点后,就可以在大肠杆菌中重组,然后再导入需要的宿主细胞,这样利于进行载体的分子生物学操作和大量制备,因此大肠杆菌也被称为其他宿主基因工程的生产车间,是穿梭载体的基础。常见的穿梭质粒载体有:大肠杆菌-枯草芽孢杆菌穿梭质粒载体、大肠杆菌-酵母穿梭质粒载体、大肠杆菌-动物细胞穿梭质粒载体等。

自杀质粒(suicide plasmid)或自杀噬菌体是指能在一种宿主内复制,但在另一宿主中却不能复制的质粒或噬菌体。自杀质粒通常为 R 质粒的衍生质粒,具有宿主范围广的特点,并具有接合转移基因。它的复制需要一种特殊的蛋白,大多数细菌不产生这种蛋白质,因此,当进入寄主细胞时,要么不能复制,被消除;要么被整合到染色体上,和染色体一起复制。自杀质粒应具备以下条件:在受体菌中不能复制;必须带有一个整合到染色体上以后可供选择的抗性标记;带有易于克隆的多克隆位点。

利用自杀质粒不能在宿主细胞内复制的特点,可以将基因缺失的 DNA 片段连接到自杀质粒上,然后利用缺失基因两端的同源片段定位整合到宿主染色体上,以获得精确基因缺失的突变菌株。多数情况下,利用自杀质粒可随心所欲地缺失大多数基因的任一部分序列,来获得基因缺失工程菌,但关键在于选择到适当的自杀质粒。

三、质粒载体的稳定性

质粒进入大肠杆菌细胞以后,会产生一系列生理效应,影响自身的稳定性,特别是表达型的质粒载体,外源基因的表达会引起宿主细胞的生长速率下降,以及质粒载体的丢失等现象。这种质粒的不稳定性包括分离不稳定和结构不稳定,前者指细菌细胞分裂过程中,有一个子细胞没有得到质粒拷贝,最终使无质粒的细胞成为优势群体;后者主要是指由于转座和重组,使质粒 DNA 重排或缺失。DNA 的缺失、插入和重排是造成质粒载体结构不稳定的主要原因,同向重复短序列之间的同源重组、寄主染色体及质粒载体上的 IS 因子或转位因子也会引起结构的不稳定。细胞分裂过程中发生的质粒不平均的分配,是导致质粒分离不稳定的重要原因。影响质粒载体稳定性的主要因素有新陈代谢负荷和拷贝数差异度。

新陈代谢负荷会影响质粒稳定性,这是因为质粒载体可增加寄主细胞的代谢负荷,有时能延长其世代时间 15% 左右。质粒相对分子质量的大小同宿主细胞生长延缓的程度呈正相关,这可能是由于质粒载体相对分子质量大,造成宿主细胞 DNA 复制的负荷更大的缘故。宿主细胞为了维持质粒载体中外源基因的表达活性,也会在 DNA 转录和蛋白质翻译上增加额外的代谢负荷。如果外源基因携带较多的宿主细胞的稀有密码子,还会给宿主细胞带来所谓的"基因毒害"效应,降低质粒载体的稳定性,同时外源基因的表达产物对寄主细胞的毒害作用也会影响到质粒的稳定性。

拷贝数差异度是指在不同细胞中质粒的拷贝数各不相等,它也会影响质粒在宿主细胞中的稳定性。质粒拷贝数的差异程度可影响质粒的丢失速率,差异度大则很容易造成一些细胞发生质粒丢失,并逐渐发展为优势群体;差异度小,质粒相对地稳定性更高。

四、基因工程中质粒载体的特点

1. 质粒载体结构特点

基因工程中质粒载体是一种小型环状 DNA 分子,必须包括三部分:一个复制子、一个选择性标志和一个克隆位点。复制子(ori)是含有 DNA 复制起始位点的一段 DNA,包括表达由质粒编码的、复制必需的 RNA 和蛋白质的基因。选择性标志对于质粒在细胞内持续存在是必不可少的。克隆位点是限制性内切酶切割位点,外源性 DNA 可由此插入质粒内,而且不影响质粒的复制能力,或为宿主提供选择性表型。

2. 质粒载体拷贝数

复制子决定了质粒在宿主细胞的拷贝数,基因工程中根据不同需要选择不同类型的复制子。Col E1 和 pMB1 复制子派生的质粒具有高拷贝数的特点,每个细胞的拷贝数可达到 1000～3000 个,适合大量增殖克隆基因,或需要大量表达的基因产物。pSC101 复制子派生来的质粒载体在宿主细胞内拷贝数低(如 pLG338、pLG339 和 pLG415 等),不适合大量扩增基因,但适用于某些特殊用途,如有些被克隆的基因的表达产物过多时会严重影响寄主菌的正常代谢活动,导致寄主菌的死亡,这时就需要低拷贝的载体。还有是一类温度敏感型复制控制质粒,如 pBEU1 和 pBEU2,当温度低于 37℃ 时,拷贝数很少,当温度大于 40℃ 时,拷贝数会快速增加到 1000 个以上。

3. 质粒载体的选择标记

质粒转化受体细胞后,要使含有质粒的细胞被选择出来,就需要一个选择标记。抗性标记是质粒使用最广泛的选择标记,其要求转化的宿主菌是抗生素敏感型的。细胞只有转化了带有抗性标记基因的质粒才能在添加了抗生素的培养基上生长,并形成菌落,从而达到筛选的要求。

质粒主要的抗生素选择标记有:氨苄青霉素、氯霉素、四环素和卡那霉素四种。青霉素可抑制细胞壁肽聚糖的合成,与有关的酶结合并抑制其活性,抑制转肽反应。氨苄青霉素抗性基因编码的酶可分泌进入细胞的周质区,催化 β-内酰胺环水解,从而解除氨苄青霉素的毒性,因而氨苄青霉抗性标记是大多数大肠杆菌质粒载体的选择标记。需要注意的是,使用氨苄青霉素做选择标记,培养时间过长,较其他选择标记容易形成"卫星"菌落。

为了方便外源片段的连接,大多载体都含有一个包含多个串联排列的限制性内切核酸识别位点的多克隆位点(multiple cloning site,缩写 MCS)或多位点接头(如 pUC19)。这些酶切位点在载体内通常是唯一,这样就可以防止插入片段插入不恰当的位置。多克隆位点的存在可以确保载体适合大部分的 DNA 片段,可以针对插入片段提供特定的酶切位点,使得在质粒重组操作方面具有更大的灵活性。

值得一提的是,质粒插入外源片段后,当分子大于 15 kb 时,不仅会增加外源 DNA 片段和载体连接的难度,也会降低质粒的转化率,提取质粒 DNA 产量通常很低。所以在设计实验时要考虑到插入 DNA 片段的最终载体大小,尽量用更小的载体。

理想的基因工程质粒除了具备基本的结构外,一般至少有以下几点要求:

第一,要有较高的自主复制能力,能在宿主细胞中复制繁殖;

第二,容易进入宿主细胞,而且进入效率越高越好;

第三,容易插入外来核酸片段,插入后不影响其进入宿主细胞和在细胞中的复制,这就要求载体 DNA 上要有合适的限制性核酸内切酶位点;

第四,容易从宿主细胞中分离纯化出来,便于重组操作;

第五,有容易被识别筛选的标志,当其进入宿主细胞或携带外来的核酸序列进入宿主细胞都能容易被辨认和分离出来。

需要注意质粒选择标记和筛选标记的区分,选择标记是保证转化子是带有质粒的,而筛选标记用来区别重组质粒与非重组质粒。当一个外源 DNA 片段插入到一个质粒载体上时,可通过筛选标记来筛选插入了外源片段的质粒,即重组质粒。大肠杆菌 β-半乳糖苷酶基因是质粒最常用的筛选标记。

随着越来越多含有质粒的微生物和新的质粒被发现,人工设计、改造的质粒更是爆发性增长,由于缺乏统一的命名规则而导致文献中质粒名称的混乱,因此迫切需要统一的命名原则,直到 1976 年 Novick 等才提出一个可为质粒研究者普遍接受和遵循的命名原则。其命名原则是:质粒名称一般是用三个英文字母和编号来命名质粒,第一个字母一律用小写 p,代表质粒;在字母 p 后为两个大写字母,代表发现这一质粒的人名、实验室名称、表型特征或者其他特性的英文缩写;编号为阿拉伯数字,用于区分同一类型的不同质粒。如 pBR322,p 表示一种质粒,而"BR"则是分别取自该质粒的两位主要构建者 F. Bolivar 和 R. L. Rodriguez,322 为质粒的编号。如 pUC18 和 pUC19 可以知道是同一类型的不同编号的质粒,有着相同的基本结构。

五、质粒载体的发展过程

天然质粒并不是一个理想的基因工程载体,是经过不断的改良才成为现在常用的载体。总的来说,质粒载体的发展可以分为三个阶段。

第一阶段,引入易于检测的选择标记,去掉部分非必需的序列。

天然的质粒相对分子质量高、拷贝数低、合适的单一酶切位点少、选择标记不合适,所以最早用于克隆载体的质粒要么复制效率低,要么没有合适的筛选标记(表 6-2)。

表 6-2 天然质粒的特性

天然质粒	分子大小/bp	拷贝数	单一酶切位点	选择性标记	复制类型
pSC101	5.8×10^6	1~3	EcoR I	tet^r	严紧
Col E1	4.2×10^6	20	EcoR I	大肠杆菌素	松弛
RSF2124	7.4×10^6	10	EcoR I(BamH I)	amp^r	松弛

pBR322 质粒载体的成功构建标志着质粒载体的真正实用化,现在很多克隆载体都是它的直系后代。

pBR322 是最早实用化,也是应用最广泛的人工设计质粒载体之一,它属松弛型质粒,全长 4.3 kb,有抗氨苄青霉素和抗四环素两个基因,可作为标记基因,有多种常用的限制酶的切点(图 6-1)。pBR322 质粒由三个不同来源的部分组成:第一部分来源于 pSF2124 质粒易位子 Tn3 的氨苄青霉素抗性基因(amp^r);第二部分来源于 pSC101 质粒的四环素抗性基因(tet^r);第三部分则来源于 Col E1 的派生质粒 pMB1 的 DNA 复制起点(ori)。

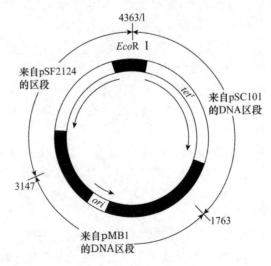

图 6-1 pBR322 质粒的来源

pBR322 含四环素抗性基因(tet)和氨苄青霉素抗性基因(amp),并含有 5 种内切酶的单一切点。如果将 DNA 片段插入 *Eco*R Ⅰ 切点,不会影响两种抗生素基因的表达。但是如果将 DNA 片段插入到 *Hind* Ⅲ、*Bam*H Ⅰ 或 *Sal* Ⅰ 切点,就会使四环素抗性基因失活。这时,含有 DNA 插入片段的 pBR322 将使宿主细菌抗氨苄青霉素,但对四环素敏感。没有 DNA 插入片段的 pBR322 会使宿主细菌既抗氨苄青霉素又抗四环素,而没有 pBR322 质粒的细菌将对氨苄青霉素和四环素都敏感。

pBR322 质粒载体优点主要表现在以下几个方面:

第一,具有较小的相对分子质量。pBR322 质粒 DNA 分子为 4363 bp,这有利于容纳更大的外源 DNA 片段和质粒的分离纯化。质粒运载体的最大插入片段约为 10 kb。

第二,具有两种抗生素抗性基因可供作转化子的选择记号。pBR322 DNA 分子内具有多个限制酶识别位点,外源 DNA 插入某些位点会导致抗生素抗性基因失活,利用质粒 DNA 编码的抗生素抗性基因的插入失活效应,可以有效地检测重组体质粒。

第三,具较高的拷贝数。pBR322 经过氯霉素扩增之后,每个细胞中可累积超过 1000 个拷贝,这就为重组质粒 DNA 的制备提供了极大的方便。

第二阶段,调整载体的结构,引入多克隆位点,提高载体的效率。

pBR322 质粒载体成功构建后,通过长时期的调整,已经把质粒载体的长度减少到最小,扩充载体容纳外源 DNA 片段的能力,同时调整载体的多克隆位点使之分布更合理,更方便外源 DNA 的插入,这也成为质粒构建的发展趋势。不过利用抗性基因做筛选标记很难为质粒设计引入多克隆位点,而引入 β-半乳糖苷酶作为筛选标记可以使载体方便地引入多个克隆位点。

pUC18 和 pUC19 为代表的 pUC 系列质粒载体也是一种常用的大肠杆菌载体,它们是在 pBR322 质粒的基础上改进而来的。pUC 质粒载体主要由四个部分组成:来自 pBR322 的质粒复制起点(*ori*),*amp*ʳ 基因,大肠杆菌 β-半乳糖苷酶基因(*lacZ*)的启动子及编码 α-肽链的 DNA 序列,多克隆位点(MCS)。pUC 系列载体带有 LacZ 蛋白氨基末端的部分编码序列,使得其在特定的受体细胞中可表现 α-互补作用,并通过 α-互补作用形成的蓝色和白色菌落筛选重组质粒。pUC18 和 pUC19 除了多克隆位点的排列方向相反以外,其他部分是完全一样(图 6-2)。

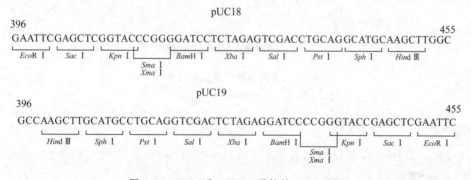

图 6-2 pUC18 和 pUC19 质粒的 MCS 结构

pUC18 和 pUC19 质粒的复制起点的序列经过改造,缺失了控制拷贝数的 *rop* 基因,因此能在大肠杆菌细胞中高频率启动质粒的复制,拷贝数可达 500~700 个。两种质粒都携带一个氨苄青霉素抗性基因作为选择标记,还携带含有编码 β-半乳糖苷酶 N 端 146 个氨基酸的（$lacZ'$）的 DNA 序列和多克隆位点（MCS）序列，并利用 $lacZ'$ 基因宿主菌的 $lacZ\Delta M15$ 基因进行 α-互补筛选重组子（详见本书第八章）。

pUC 质粒载体的优点：具更小的分子质量，相对分子质量为 2.69 kb；更高的拷贝数，适于组织化学方法检测重组体；具有丰富多克隆位点 MCS 区段。

第三阶段，在克隆载体中引入有多种用途的序列，构建有特化功能的载体。

在克隆载体中引入有多种用途序列，构建有特化功能的载体。在克隆载体中引入多种用途的辅助序列是质粒发展的新趋势，这些用途可以通过组织化学检测方法肉眼鉴定重组克隆。产生用于序列分析的单链 DNA、体外转录外源 DNA 序列、表达外源基因所需的功能的序列等。

第三节 λ 噬菌体载体

λ 噬菌体载体是迄今为止研究得最为详尽的一种大肠杆菌双链 DNA 噬菌体载体，不同的 λ 噬菌体载体能容纳外源 DNA 片段的长度为 0～25 kb，它主要用于 cDNA 文库和 DNA 文库的构建。

一、λ 噬菌体载体的特点

λ 噬菌体是一种线性双链 DNA 病毒，具有末端互补的 12 个核苷酸，感染细菌后黏端互补成双链环状，全长 48531 bp，含 50 多个基因。λ 噬菌体之所以能成为一种载体系统，是因为人们对其生物学特性和遗传背景的详尽了解。λ 噬菌体基因组可分为三个区域（图 6-3），左侧区包括使噬菌体 DNA 成为一个成熟的、有外壳的病毒颗粒所需的全部基因，全长约 20 kb。右侧区包含所有的调控因子、与 DNA 复制及裂解宿主菌有关的基因，这个区域约长 12 kb。中间区域约长 18kb，这一段 DNA 可以被缺失或者被外源 DNA 置换而不会影响 λ 噬菌体裂解生长的能力。λ 噬菌体失去 20% 的序列仍然能保持对大肠杆菌的感染和复制繁殖的生物活性，这表明 λ 噬菌体有可能成为一种基因克隆的载体系统。自从 1974 年以来已将野生型 λ 噬菌体改造和构建出一系列载体，目前已经构建载体 100 多种。

图 6-3 λ 噬菌体的基因组结构图

二、λ 噬菌体载体的类型

λ 噬菌体载体可以分成插入型载体（insertion vectors）和替换型载体（replacement vectors）两种类型：

1. 插入型 λ 噬菌体载体

插入型 λ 噬菌体载体只有一个可供外源 DNA 插入的克隆位点，由于改造后的 λ 噬菌体 DNA 相对分子质量都小于野生型，只要插入的位置不影响噬菌体增殖，就可以插入一定大小的外源 DNA。噬菌体 DNA 缺失越长，允许插入片段就越大。λgt10 和 λgt11 是常

用的插入型 λ 噬菌载体,其最大可容纳大约 7 kb 外源 DNA 片段,通常用于 cDNA 文库构建(图 6-4)。

λgt 10 的大小为 43.34 kb,最大可容纳 7.6 kb 外源 DNA 片段。在 λgt10 的抑制基因($c\rm I$)中有唯一的 $Eco\rm R\ I$ 酶切位点,外源 DNA 片段就插入此处。当外源片段插入抑制基因($c\rm I$)后,噬菌体的表型由 $c\rm I^+$ 变成 $c\rm I^-$,形成透明的噬菌斑,极易区别于 $c\rm I^+$ 的混浊噬菌斑。λgt 10 不需要插入外源片段也能被包装,所以用 λgt 10 构建的库中会有 70%~90% 的克隆无插入片段,增加了文库的筛选难度。但如果用高频溶源突变菌株(hflA150)筛选文库,就能限制 $c\rm I^+$ 表型的噬菌体生长,重组子 $c\rm I^-$ 可正常生长,从而提高筛选效率。

λgt11 大小为 43.70 kb,最大可容纳 7.2 kb 的外源 DNA 片段,与 λgt10 不同的是,它具有可表达性。在 λgt11 的 $lac\,Z$ 基因中有唯一的 $Eco\rm R\ I$ 位点,位于 β-半乳糖苷酶基因的终止密码子上游 53 bp 处。λgt11 噬菌体能产生一种温度敏感阻遏物 cI857ts,在 32℃时有活性,可使相应的 λ 噬菌体处于溶源状态;当温度提高到 42℃ 时 cI857ts 失去活性,导致 λ 噬菌体进入裂解生长,根据这一性质,可用来控制 λ 噬菌体的复制和融合蛋白的表达。

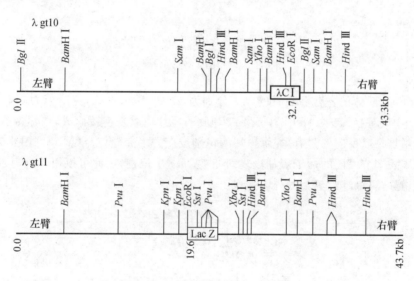

图 6-4 λgt10 和 λgt11 载体的结构

λg11 还含有一个琥珀突变基因($Sam100$),它使噬菌体在缺乏琥珀突变校正基因($Sup\,F$)的寄主中不能裂解。当外源基因插入 λgt11 的 β-半乳糖苷酶基因中,就有可能表达成融合蛋白,所以可用抗体探针筛选克隆在 λgt 11 中的基因或 cDNA 片段。

λgt10 和 λgt11 构建的 cDNA 文库都可用核酸探针筛选,但在特定的菌株中,只有 λgt10 的 cDNA 克隆能生长,并能产生大小均一,形态一致的重组噬菌斑,这使得 λgt10 构建的 cDNA 文库有利于用核酸探针进行筛选。λgt11 是高效表达型载体,在 cDNA 文库扩增时,有些重组子可能产生少量毒素,使噬菌体或寄主菌的生长受限制,即使 $lac\rm I$ 抑制物存在,λgt11 产生的噬斑大小仍不均一,所以 λgt11 构建的 cDNA 库只适合用抗体探针来筛选,不利于用核酸探针进行筛选。

2. 置换型 λ 噬菌体载体

λ 噬菌体载体是指允许外源 DNA 片段替换 λ 噬菌体中间非必需片段的 λ 噬菌体载体。一般情况下,置换型 λ 噬菌体载体在中间区段有成对的克隆位点,在这两个位点之间的 DNA 区段可以被外源 DNA 片段所取代。置换型 λ 噬菌体载体理论上可以容纳 9～23 kb 的外源片段,主要用于构建基因组文库,应用较广的是 EMBL4 和 Charon40 等。

EMBL4 大小为 43 kb,其左臂和右臂的大小分别为 19.3 kb、9.2 kb,其克隆 DNA 片段的大小为 9～23 kb。EMBL4 中间替换区为 13.2 kb,其两侧分别是一个反向的由内切酶识别位点序列组成的多聚衔接物(图 6-5)。在替换区中带有 *red* 和 *gam* 基因,当外源片段代替替换区后,重组体将变成 *red⁻ gam⁻*,同时载体上含有 *chiC* 位点,因此可用 P2 噬菌体的溶源性大肠杆菌进行 Spi 筛选重组体。*Bam*H Ⅰ 位点适合克隆用 *Sau*3A Ⅰ 部分消化的外源 DNA 片段,在得到阳性克隆子后,可用 *Sal* Ⅰ 或 *Eco*R Ⅰ 将外源片段从重组载体上切割出来。

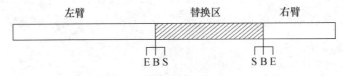

注:E=*Eco*R Ⅰ, B=*Bam*H Ⅰ, S=*Sal* Ⅰ

图 6-5 λ EMBL4 载体的结构

Charon 40 载体的左臂和右臂的大小分别为 19.2 kb、9.6 kb,克隆能力是 9～23 kb。Charon 40 中间替换区约 14 kb,由一个 235 bp 的短片段重复连接而成,也称为多节段区,替换区两侧是一个反向的含有 16 个内切酶识别位点的多克隆位点(MCS)(图 6-6)。Charon 40 载体的多节段区的两个短片段之间能被 *Nae* Ⅰ 识别,因此可以用 *Nae* Ⅰ 有效地将多节段区切除,可以容纳更大的外源片段。

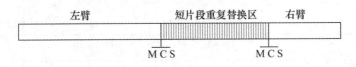

图 6-6 λ Charon 40 载体的结构

插入型和替换型 λ 噬菌体载体的特点不同,在基因克隆中的二者的用途也不尽相同。插入型载体只能克隆较小的外源 DNA 片段(小于 10 kb),广泛应用于 cDNA 及小片段 DNA 的克隆;而替换型载体则可承受较大的外源 DNA 片段(小于 23 kb)的插入,所以适用于基因组文库构建及高等真核生物的染色体 DNA 的克隆。

用替换型载体克隆外源 DNA 包括三个步骤:

第一,用适当的核酸内切限制酶消化 λDNA,除去其可取代的 DNA 区段。

第二,将得到的 λDNA 臂与外源 DNA 片段连接。

第三,对重组体的 λDNA 分子进行包装和增殖,以得到有感染性的 λ 重组噬菌体。

三、λ 噬菌体 DNA 的包装与鉴别

λ 噬菌体裂解生长的能力与包装在头部蛋白内的 DNA 大小有关,包装蛋白对所包装 λ 噬菌体的相对分子质量要求非常严格,过大、过小都不能被包装。当 DNA 的长度短于 野生型的 75% 或超过 105% 时,噬菌体的活性就会急剧下降,也就是说重组的 λ 噬菌体的 相对分子质量只有在野生型 λ 噬菌体相对分子质量的 75%～105% 之间才能被包装成有 活性颗粒,因此要求 λ 载体 DNA 和外源 DNA 长度之和在 39～53 kb 之间。按野生型 λ 噬菌体相对分子质量为 48kb 计算,λ 噬菌体的包装上限是 51 kb,编码必要基因的 DNA 区段占 28 kb,因此 λ 噬菌体载体克隆外源 DNA 的理论极限值应是 23 kb。

置换型载体 DNA 用选定的限制酶完全酶切后,要设法除去中间片段,只留下左臂和 右臂用于和外源 DNA 片段连接,包装成重组噬菌体。这是因为左臂和右臂与中间片段 间都有单链“黏性末端”,在连接酶作用下可以重新恢复原来的结构,从而影响了左臂和右 臂和外源 DNA 的连接。

有些噬菌体载体的中间片段带有编码 β-半乳糖苷酶的基因,因此区分重组子和非重 组子的噬菌斑可以用类似于质粒的 X-gal 显色方法,含有中间片段的重新恢复的噬菌体 可形成蓝色噬菌斑;而与外源 DNA 连接的重组噬菌体形成的噬菌斑是无色透明的。

第四节　噬菌粒载体

M_{13} 噬菌体载体给克隆单链 DNA 带来很大的方便,但是其克隆外源 DNA 的能力有 限,一般只能克隆 1 kb 的外源片段,因此容易造成外源 DNA 区段的部分缺失,这就限制 该类载体在基因克隆特别是真核生物大片段 DNA 克隆中的应用。为了克服这一不足, 将单链噬菌体包装序列、复制子以及质粒复制子、克隆位点、标记基因构建成特殊类型的 载体,由于它由质粒载体和单链噬菌体载体结合而成,所以称为噬菌粒载体。

噬菌粒(phagemid)载体实际上是一种带有丝状噬菌体大间隔区的质粒载体,集质粒 和丝状噬菌体的优点于一身,具有 *ColE I* 复制起点、抗生素抗性选择标记以及丝状体噬 菌体的间隔区。噬菌粒间隔区含有噬菌体 DNA 合成的起始与终止及噬菌体颗粒形态发 生所必需的全部序列,因此含噬菌粒的细菌被噬菌体感染后,基因 II 蛋白可作用于噬菌粒 的间隔区,启动滚环复制产生 ssDNA 并进行包装。和 M_{13} 噬菌体载体相比,噬菌粒可以 像质粒一样用常规方法克隆外源 DNA 片段和质粒提取。当带有这种质粒的大肠杆菌被 M_{13}(或 f_1)丝状噬菌体感染后,病毒的基因 II 和质粒所携带的基因间隔区相互作用,启动 滚环复制,产生质粒 DNA 一条链的拷贝,最终包装在子代噬菌体颗粒中。

1. 几种常见噬菌粒载体

pUC118 和 pUC119 是功能比较完善的噬菌粒载体,分别是由 pUC18、pUC19 质粒载 体和野生型的 M_{13} 噬菌体的基因间隔区重组而成,除了多克隆序列的方向相反,其他结构 是一样的。在 pUC18 和 pUC19 中增加了带有 M_{13} 噬菌体 DNA 合成的起始与终止以及 包装进入噬菌体颗粒所必需的顺式序列(IG),当含这些质粒的细胞被适当的 M_{13} 丝状噬 菌体感染时,可合成质粒 DNA 其中的一条链,并包装在子代噬菌体颗粒中。通过纯化噬 菌体颗粒,就可制备单链 DNA 用于 DNA 序列测定、定点诱变或制备探针。pUC118 和

pUC119 对外源 DNA 片段的大小不那么敏感,并且保留了 pUC 质粒在克隆操作方面的优点。

pGEM-3Z 和 pGEM-4Z 由 pUC18 和 pUC19 增加了一些功能片段改造而来,与 pUC18 和 pUC19 相比,在多克隆位点的两端添加了噬菌体的转录启动子,如 Sp6 和 T7 噬菌体的启动子。pGEM-3Z 和 pGEM-4Z 的差别在于二者互换了两个启动子的位置。

pBluescript Ⅱ 载体是在前述介绍的各种质粒载体的基础上设计出的一种多功能的噬菌粒载体,这类载体综合了各质粒载体的特点,除了具备作为质粒载体基本要素外,还综合了如下功能要素,如多克隆位点、α-互补、噬菌体启动子和单链噬菌体的复制与包装信号。pBluescript Ⅱ 的多克隆位点与 pUC18、pUC19 不同,且使用 f1 噬菌体的复制与包装信号序列。

在 pBluescript Ⅱ 载体中,有 pBluescript Ⅱ KS(±),这类质粒一般由 4 个质粒组成一套系统,其差别在于多克隆位点的序列方向相反(根据多克隆位点两端 Kpn Ⅰ 和 Sac Ⅰ 的顺序不同,用 KS 或 SK 表示),或者单链噬菌体的复制起始方向相反(引导 DNA 双链中不同链合成单链 DNA,用＋或－表示)。

2. 噬菌粒的优缺点

噬菌粒的主要优点在于它相对分子质量足够小,可以容纳 10 kb 的外源 DNA 片段(而这些外源 DNA 区段常常由于太大而不能克隆于常规 M_{13} 载体),因此可以产生大段外源 DNA 的适量单链拷贝,又不必担心发生缺失突变。噬菌粒还可以进行外源 DNA 的常规克隆,然后能像单链噬菌体一样制备单链 DNA,可以减少将外源 DNA 片段从质粒亚克隆于噬菌体载体这一既烦琐又费时的步骤。

噬菌粒还具有常规质粒的特征,还有质粒拷贝数高、双链 DNA 产量高且稳定、可用 X-gal 显色反应筛选重组子以及可以直接对插入的片段进行测序等优点。但许多噬菌粒都有一个缺点,即辅助噬菌体感染后,有时候单链 DNA 的产量较低且重复性较差。

第五节　柯斯质粒载体

柯斯质粒载体(cos site-carrying plasmid,缩写 cosmid),又称黏粒载体(cosmid vector),是人工构建的含有 λDNA 的 cos 位点序列和质粒复制子的特殊类型的质粒载体,实际是质粒的衍生物,是带有 cos 序列的质粒。

λ 噬菌体载体最大的有效克隆只有 24 kb 左右,而很多真核基因的大小都在 30～40 kb。为了解决 λ 噬菌体载体克隆能力的不足,1978 年 Collins 和 Hohn 构建一种新型的带有 λ 噬菌体 cos 序列和质粒序列的大肠杆菌克隆载体,命名为柯斯质粒载体。

cos 序列是 λ 噬菌体将 DNA 包装到噬菌体颗粒中所需的序列,凡具有 cos 位点的任何 DNA 分子,只要在长度上相当于噬菌体的基因组,就可以同外壳蛋白结合而被包装成类似 λ 噬菌体的颗粒。当外源片段与柯斯质粒载体连接时,形成的连接产物群体中,有一定比例的分子是两端各有一个 cos 位点的长度约为 40 kb 的外源 DNA 片段,而且这两个 cos 位点在取向上是一致的,可作为 λ 噬菌体 Ter 功能的一种适用底物。当加入 λ 噬菌体的包装连接物时,它能把这些分子包装进 λ 噬菌体的头部,形成噬菌体颗粒。这些噬菌体颗粒感染大肠杆菌时,线状的重组 DNA 就像 λ 噬菌体 DNA 一样被导入细胞并通过 cos

位点环化,这样形成的环化分子含有完整的柯斯质粒。

柯斯质粒含有质粒的复制起始位点和抗性筛选标记,因此能像质粒一样利用抗性标记筛选转化子,与λ噬菌体载体不同的是,重组的柯斯质粒载体是以大肠杆菌菌落的形式表现出来,而不是噬菌斑,这样所得到的菌落总和就构成了基因文库。重组子能像质粒一样在大肠杆菌细胞内复制和增殖,如把宿主菌在含氯霉素的培养基中生长,柯斯质粒可以扩增到宿主细胞 DNA 总量的 50% 左右。

带有外源片段的重组柯斯质粒,可再次包装到噬菌体颗粒中。通过辅助λ噬菌体的感染或诱导潜伏原噬菌体的生长,重组柯斯质粒的 cos 位点可作为包装的底物,导致重组黏粒 DNA 被包装到噬菌体颗粒中,这些转导性颗粒从细胞中释放出来,既可无限期贮存,也可直接感染其他菌株。

总的来说,柯斯质粒具有λ噬菌体的特性,但因不含全部必需基因,因此不能通过溶菌周期,无法形成子代噬菌体颗粒,转化大肠杆菌只能形成菌落形式表现;具有质粒的特性,有质粒复制子及抗性筛选标记,能像质粒一样进行转化子的筛选和质粒的提取;与λ噬菌体载体相比,柯斯质粒本身仅 5~7 kb,克隆极限可达 45 kb 左右,具有更高容量的克隆能力;具有与同源序列质粒进行重组的能力并广泛应用于基因组 DNA 文库的构建。

但是采用柯斯质粒作载体还会有以下困难:

第一,载体自身只相当于可以插入片段的 1/10 左右,因此往往会出现载体同载体自身连接的现象,结果在一个重组分子内可有几个柯斯质粒载体连在一起。使用碱性磷酸酶处理、使用双 cos 位点载体或对载体的酶切产物进行部分补平,可阻止载体分子自身连接,但这样也会增加工作难度。现在市场上有多种商品化柯斯质粒载体试剂盒,包括磷酸酶处理好的 cos 末端和包装蛋白等,只需按照说明书操作就可以了。

第二,大小不等的外源片段相互连接后插入同一个柯斯质粒载体分子,结果使原来在基因组内本来不是相邻的片段错乱地连接在一起,进而影响实验结果的分析。由此,专门筛选出 30~45 kb 的外源 DNA 插入载体 DNA 就显得非常重要,这样可以确保每个载体只可插入一个外源片段,因为如果两个片段连接就会超过包装成噬菌体颗粒的限度。

第三,细菌的菌落体积远大于噬菌斑,因此如用柯斯质粒制备基因文库,则筛选所需的含某一 DNA 片段的菌落很费时间。现虽建立了高密度菌落筛选法,但由于柯斯质粒制成的基因文库常常不太稳定,插入的大片段外源 DNA 有可能通过同宿主基因组交换而致丢失等,所以最常使用的还是噬菌体载体。

第四,在构建的文库中常常出现不含外源片段的"空克隆",不同类型载体,其含量不同。一般认为,使用只含有单 cos 位点的载体,约有 5% 的克隆是空的,使用含有双 cos 位点的载体产生空克隆的比例要低得多。

第五,不同重组质粒拷贝数可以有很大差异,导致收获量相差悬殊,而且每当对文库作一次噬菌体的扩增,这些差异将会被进一步放大。

第七章　目的基因的克隆

目的基因的获得是基因功能研究及表达的先决条件,也是基因工程成功的必备条件。虽然随着现代分子生物学技术特别是大规模的基因组测序工作的开展,人们已经获得了大量的 DNA 序列,但是面对众多的生物,对目的基因的克隆仍然是基因操作的核心技术。对于基因的克隆技术,特别是对未知基因的克隆,实验设计/实验材料处理都需要研究者进行精心的设计和安排。

基因克隆有传统的成熟技术,但没有固定不变的模式,有时需要创新的思维方式,需要根据实验者的技术平台、技术能力以及目的要求进行设计。

第一节　目的基因的克隆策略

把需要研究的基因称为目的基因,在获得其片段(或序列)之前有时称为目标基因(或靶基因),在获得其片段后称为目的基因,而在基因克隆过程中有时两者均称为插入基因,因此在阅读的时候注意区分。要对某一目的基因进行克隆,必须根据具体的条件来选择相应的策略。

一、基因的电子克隆策略

随着大规模基因组测序工作在全世界的展开,以及大量的基因和氨基酸序列被提交到 GenBank 数据库,由此产生了庞大的 DNA 序列资源,可利用生物信息(bioinformatics)手段对 GenBank 数据库资源进行挖掘来找到目的基因。由于这种方法简单,不需要进行基因文库的构建和筛选,主要是在计算机上进行的,所以可以称为基因的"电子克隆"(图 7-1)。

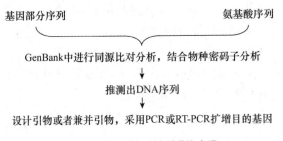

图 7-1　基因"电子克隆"的步骤

具体而言,基因的"电子克隆"就是利用生物信息手段对 GenBank 中庞大的 DNA 序列和氨基酸序列资源进行同源性检索分析,对已经完成序列分析的微生物进行大量核酸序列的分析和对比,推测这些序列的功能,然后找到候选基因序列再进行实验的功能鉴定,最终确定基因的功能和性质。

基因"电子克隆"可以用已知的部分基因序列、表达序列标签(EST)、保守序列来进行"电子延伸"来获得完整的基因;也可以对已知的氨基酸序列进行"电子克隆"来获得基因序列;还可以对随机测序或者是基因文库筛选获得的序列进行功能预测。

基因"电子克隆"的特点是无须进行基因文库的构建和筛选文库,速度快,成本较低,但是基因"电子克隆"需要建立在所选择的对象,或者是其近缘关系种已经完成基因组测序基础上的,因而使用受到很大的限制,获得的基因数量是有限的,并且获得的序列也需要大量的实验来进行功能鉴定。

随着生物信息学(bioinformatics)的发展,数据库检索在进行核酸序列同源性检索、电子基因定位、电子延伸、电子克隆和电子表达以及蛋白质功能分析、基因鉴定等方面起到了重要作用,已成为人们认识生物个体生长发育、繁殖分化、遗传变异、疾病发生、衰老死亡等生命过程的有力工具。

二、基因合成的策略

基因合成是指在体外人工合成双链 DNA 分子的技术。它与寡核苷酸(引物)合成有所不同。

寡核苷酸合成是利用 DNA 自动合成仪,按照设定的序列通过化学反应将核苷酸一个一个连接成单链的寡核苷酸序列。所用化学反应和操作细节随不同的仪器而改变,最广泛应用的方法是亚磷酰胺法。随着的寡核苷酸序列的延长,其回收率会随着每一个碱基的延伸呈线性降低,所以化学合成的片段很难超过 200 bp。基因合成则是在化学合成的寡核苷酸基础上进一步合成双链 DNA 分子,所能合成的长度范围 50 bp~12 kb。

基因合成适用于已知核苷酸序列的、相对分子质量较小的目的基因,如果已经获得某一蛋白质全部氨基酸顺序,或者人工设计的蛋白,推测出编码该蛋白的 DNA 序列,也可以人工合成目的基因。

基因合成具有合成快速、简单的优点,还可以消除基因内部多余的内切酶位点,方便下游的克隆和实验。可以合成一些自然界不存在或者人工设计的基因,或者很难从自然环境中克隆的基因(如极端环境的基因)。基因合成还可以根据表达宿主的特点进行密码子的优化,使之更适合表达宿主的密码子偏好性;还可以通过密码子的简并性消除基因和 mRNA 内部复杂的高级结构,使之更有利基因表达过程的转录和翻译。

由于绝大多数基因的大小超过了化学合成寡聚核苷酸片段的大小,因此,需要将合成的寡核苷酸片段连接组装成完整的基因。在基因合成中,通常是先合成一定长度的、具有特定序列的寡核苷酸片段,然后用一定的方法组装起来。

1. 连接法

连接法是将基因设计成多个小于 200 bp 且带有黏性末端的双链寡核苷酸片段,然后根据碱基互补配对原则,序列两两合成互补的寡核苷酸片段。由于寡核苷酸片段合成结束后 5′-磷酸基团被切除,因此必须用 T4 核苷酸激酶把寡聚核苷酸片段的 5′ 端重新加上磷酸基团,并使两两互补的寡核苷酸片段退火,形成带有互补黏性末端(重叠 10~15 bp)的双链寡核苷酸片段,这时,再用 T4 DNA 连接酶将它们彼此连接成一个完整的基因或一个基因的大片段(图 7-2)。然后将连接好的 DNA 片段连到克隆载体上,再转化到大肠杆菌进行扩增,并进行测序分析,序列正确则表示成功合成了目的基因的 DNA 序列。如果要合成的基因相对分子质量较大,可以设计先合成末端带有酶切识别位点的较小亚克隆片段,分别连接到载体进行测序分析,测序正确后,酶切回收相应的片段,再连接成大片段,形成完整的基因序列。

连接法人工合成基因的优点是简单、快速、准确,突变率较低;缺点是合成的寡核苷酸片段的碱基数量是基因全长的两倍,增加了合成的成本,当基因较大时,需要分割成较多黏性连接片段,给设计和连接都带来一定的困难。虽然通过分段或者逐步连接可以在一定程度解决连接的困难,但是会受到酶切位点使用的限制。

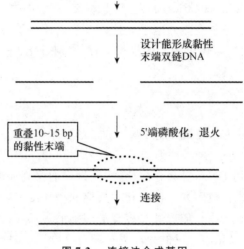

图 7-2　连接法合成基因

2. 聚合酶法

聚合酶法是将基因设计成多个小于 200 bp 末端互补(重叠 10～15 bp)单链寡核苷酸片段,将这些寡核苷酸片段混合后变性、退火,然后在 Klenow 大片段酶或 *Taq* DNA 聚合酶作用下,合成双链 DNA 片段。DNA 片段经处理后连接到适当的载体上,转化大肠杆菌进行增殖和测序分析。测序正确表明得到目的基因的 DNA 序列(图 7-3)。

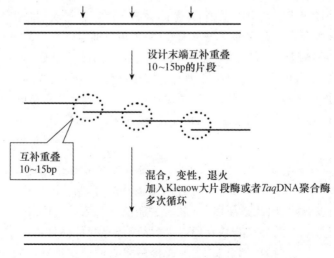

图 7-3　聚合酶法合成基因

聚合酶法人工合成基因的优点是简单,只需要合成单链寡核苷酸片段,成本较连接法低。缺点是当基因片段较大时,需要经过多次循环的聚合酶反应才能获得完整的双链DNA,这样不仅会增加合成的难度,也可能增加了基因突变的可能性。解决的办法可以利用高保真酶进行聚合反应,或者将基因分成几个亚克隆片段进行合成,分别测序,测序结果正确后再组装成完整的基因。

目的基因的人工合成无须模板,也不需要首先获得含有目的基因的生物体,因而不受基因来源限制,是获取基因的手段之一。但是基因合成技术还没有一个统一标准的方法,较小的基因,合成的难度小,大分子的基因,难度很大,其成功率决定于操作人员的实验技能和经验。目前有不少专业的基因合成公司提供基因合成的服务,对于缺少经验的实验人员是一个好的选择。

三、已知基因的克隆策略

从技术层面来说,获取目的基因的常用方法有:从基因文库中筛选获取,利用PCR技术从含有目的基因的模板DNA中扩增得到,根据已知的基因序列来人工合成等。因此,基因的克隆要根据自己实验的基础、目的和条件来选择一定的策略。

① 目的基因的全部DNA或cDNA序列已知。可以人工合成全长的DNA序列。为了节约成本和时间,更多是采用PCR或RT-PCR方法来克隆。不含内含子的基因可直接设计相应的引物,提取目的基因的总DNA进行PCR扩增;对含有内含子的真核基因,需要利用RT-PCR,提取总RNA,然后进行RT-PCR扩增获得目的基因,也可以合成探针筛选cDNA文库。

② 已经知道其他物种的同源基因序列。如果基因同源性较高(95%以上),可以直接设计PCR引物(或者兼并引物)来扩增目的基因,也可以根据同源保守区设计引物或者兼并引物,然后利用PCR克隆目的基因的保守区,再利用染色体步移技术获得全长基因。对同源性较低(低于40%)的基因可以根据其最保守区域设计探针,进行文库筛选来克隆该基因。

③ 已知目的基因的部分DNA、cDNA或EST序列。可以采用反向PCR技术,锅柄PCR技术等染色体步移技术来获得完整全长的基因序列,已知部分cDNA序列的真核基因可以采用快速末端扩增技术(RACE)来获得完整的基因,也可以利用已知序列作为探针来筛选基因文库或cDNA文库以获得全长基因序列。

④ 已知目的基因表达蛋白的氨基酸序列。可以根据蛋白质序列推导DNA序列,然后进行人工合成全长基因;可以根据蛋白质序列设计兼并引物PCR扩增目的基因;也可以设计探针筛选基因文库或cDNA文库。

四、未知基因的克隆策略

和已知基因的克隆相比,对未知基因的克隆,其难度要大很多,风险性也高。对未知基因的克隆本身就是一种探索和研究,需要研究者更多有创造力的研究方案和实验设计。

1. 差异表达的基因克隆

生物体在不同发育阶段、生理状态、不同类型细胞或组织中的结构与功能的变化差异,归根结底是基因在时间与空间上的选择性表达差异,即基因差异表达。基因差异表达的研究策略主要建立在基因转录和翻译的调控过程中,即 mRNA 或 cDNA 差异和蛋白质差异两个水平,研究较多的是 mRNA 或 cDNA 水平。通过比较不同样品的基因差异表达,分离出表达的目的基因,是对组织特异性表达的基因进行分离的一种快速而行之有效的方法。

(1) mRNA 差别显示技术。

mRNA 差异显示技术(mRNA differential display PCR,DDRT-PCR)是由 Peng Liang 等人在 1992 年建立的筛选基因差异表达的有效方法。它是将 mRNA 反转录技术和 PCR 技术相结合的一种 RNA 指纹图谱技术。

mRNA 差异显示就是提取不同的总 RNA,然后反转录合成 cDNA。反转录时设计 12 种 oligo(dT)l2MN 引物(M 为 A、C、G 中的任何一种,N 为 A、C、G 或 T 中的任何一种)。用这 12 种引物分别对同一总 RNA 样品进行 cDNA 合成,即进行 12 次不同的反转录反应,从而使反转录的 cDNA 具有 12 种类型。然后采用 10 个碱基组成的随机引物,对每一类 cDNA 进行反转录引物 PCR 扩增。这样通过比对不同样品的 mRNA,用测序胶电泳分离 PCR 产物,经放射自显影即可找到被扩增的差异表达的基因。通过回收差异表达的特异条带,再次进行扩增、测序,就可以获得相关基因的序列。

mRNA 差异显示技术具有简便、快速、灵敏度高和所需起始材料少的特点,此外,还具有可以同时对多个材料或不同处理材料进行比较等优点。但 mRNA 差异显示具有较高频率的假阳性、重复性低、差异片段太小(多是 100 bp 以下),且差异大多是 poly(A)尾巴端的非翻译区等缺陷,因此,mRNA 差异显示技术筛选出真正有意义的 cDNA 片段并不多,虽然此技术经过了一些改进,但其缺点仍限制着此方法的充分应用。

(2) cDNA 代表性差示分析。

1993 年 Lisitsyn 等建立了代表性差示分析(representational difference analysis,RDA)方法,它可以筛选出两个基因组之间的差异基因或基因片段。受 Lisitsyn 的启发,1994 年 Hubank 和 Schatz 建立了 cDNA 代表性差示分析方法,可以筛选 mRNA 的差异表达。

cDNA RDA 的基本原理是 mRNA 合成双链 cDNA 后,用识别 4 碱基的限制性内切酶进行消化。识别 4 碱基的限制性内切酶理论上将产生平均大小为 256 bp 的片段,因此可以保证绝大多数表达的基因至少有两个酶切位点,即每个基因的 cDNA 经识别 4 碱基的限制性内切酶处理的片段都带有该酶切位点,可以进行后续的扩增、消减、富集等操作。

cDNA RDA 的基本步骤是:① 将对照组和实验组的双链 cDNA 经酶切后,两端连接上由一个 12 寡聚核苷酸和一个 24 寡聚核苷酸组成的特定 12/24 连接头,然后补平末端并用相应的 24 寡聚引物进行 PCR 扩增,得到具有代表性的产物——扩增子(amplicon),分别称为对照组(D)和实验组(T)。扩增子的代表性在于虽然经过酶切和扩增,仍然代表着原来 cDNA 样本的几乎全部信息,而且这个产物是可以扩增的。

② 将 T 和 D 再分别酶切去除原来的接头,然后将 T 连接上新的另一不同的 12/24 连接头,D 不连接接头进行消减杂交。消减杂交就是将 T∶D 按 1∶100~1∶800 000 的比例充分混合,在一定的反应体系中充分的解链和杂交,这样就形成了 3 种杂交体 DD、TD 和 TT,然后再用新的 12/24 连接头上的 24 寡聚引物进行 PCR 扩增特异片段。DD 杂交体是由 D 样品相同序列形成的杂交体,两头没有接头,就没有引物的结合位点,所以

不能被扩增;TD 杂交体是由 T 和 D 两个样品间同源序列形成的杂交体,只有 T 一条单链上有接头序列能和引物结合,在进行 PCR 反应时不能有效被扩增,产物只能是线性增长,PCR 产物量很低;TT 杂交体是由 T 样品相同序列形成的杂交体,两头都有接头能和引物结合,进行 PCR 反应时产物呈指数增长,PCR 产物量高。杂交中加入过量的 D 样品 cDNA,保证能和 T 样品同源的 cDNA 充分杂交,这样确保了 TT 杂交体是不同于样品 D 中的特异片段。杂交进行 2~3 轮,即对差异产物进行 2~3 轮的 PCR 富集,这样就可以得到已经富集了数百万倍的差异片段,它们会很清晰地呈现在普通琼脂糖凝胶上。

cDNA RDA 由于进行了 PCR 富集,与传统的消减富集相比更加灵敏,可以筛选出低拷贝的差异基因。方法操作上具有更加简便易行、重复性好、不需同位素、假阳性率低,在 Northern 印迹上重现性好等优点。

但是 cDNA RDA 所需起始材料较多,更多信赖于 PCR 技术,T 与 D 之间若存在较多差异,或 T 中存在某些基因上调表达,则难达到预期目的,而且工作量比 DDRT-PCR 大,周期长,得到的差异片段是平均为 300~600 bp 的小片段,还需要进一步克隆全长 cDNA,在极低拷贝差异基因的筛选上还不足,即使增加 PCR 富集效果也还不够理想。

（3）抑制性扣除杂交。

抑制性扣除杂交（suppression subtractive hybridization，SSH）由 Diatchenk 等 1996 年提出,其技术基本原理是以抑制 PCR 为基础的 DNA 扣除杂交法,即利用非目标序列片段两端的长反向重复序列在退火时产生"锅一柄"结构,无法与引物配对,从而选择性地抑制非目标序列的扩增。同时,根据 DNA 分子杂交的二级动力学原理,丰度高的单链 cDNA 退火时产生同源杂交的速度要快于丰度低的单链 cDNA,从而使得丰度差别的 cDNA 相对含量基本一致。

SSH 的基本过程是：分别提取 T（tester）和 D（driver）两种不同细胞的差异 mRNA,反转录成双链 cDNA,然后用 Rsa Ⅰ 或 Hae Ⅲ 酶切,以产生大小适当的平头末端 cDNA 片段。将 T 的 cDNA 分成均等的两份,各自接上两种接头,与过量的 D 的 cDNA 变性后退火杂交,第一次杂交后有 4 种产物：a 是 T 的单链 cDNA,b 是自身退火的 T 的双链 cDNA,c 是 T 和 D 的异源双链,d 是 D 的 cDNA。第一次杂交的目的是实现 T 单链 cDNA 均等化,即使原来有丰度差别的单链 cDNA 的相对含量达到基本一致。由于在 T 的 cDNA 中,与 D 的 cDNA 序列相似的片段大都 和 D 形成异源双链分子 c,使 T 的 cDNA 中的差异表达基因的目标 cDNA 得到大量富集。第一次杂交后,合并两份杂交产物,再加上新的变性 D 单链 cDNA,再次退火杂交,此时,只有第一次杂交后经均等化和扣除的 T 的单链 cDNA 和 D 的单链 cDNA 形成各种双链分子,这次杂交进一步富集了差异表达基因的 cDNA,产生了一种新的双链分子 e,它的两个 5′端有两个不同的接头,正由于这两种不同的接头,使其在以后的 PCR 中被有效地扩增。

SSH 技术可成千倍地扩增目的片段,能分离出 T 样品上调表达的基因,其最大优点是假阳性率大大降低,阳性率可达 94%,这是由它的两步杂交和两次 PCR 所保证的。SSH 技术进行了 cDNA 片段的均等化和目标片段的富集,保证了低丰度 mRNA 也可能被检出,使得其灵敏度高于 cDNA RDA 和 DDRT-PCR。

但是 SSH 技术需要较多的起始材料,更多依赖于 PCR 技术,不能同时进行数个材料之间或不同处理材料之间的比较。和 cDNA RDA 一样,需要的 mRNA 量高,保证有 2 μg

以上,否则低丰度的差异表达基因的 cDNA 很可能会检测不到;只能对两个样品进行分析,也需要进一步获得全长的 cDNA;所研究材料的差异不能太大,最好是细微差异。此外,SSH 是商业公司(CLONETECH)参与研究的成果,并推出了相应的研究用途的试剂盒,但技术细节上不如 cDNA RDA 成熟稳定。

2. 有基因图位或标记的基因克隆策略

图位克隆(Map－based cloning)又称为定位克隆(positional cloning),1986 年首先由剑桥大学的 Alan Coulson 提出。它是根据目的基因在染色体上位置进行基因克隆的一种方法。在不知道基因的表达产物和功能信息,又无适宜的相对表型用于表型克隆时,图位克隆法是最常用的基因克隆技术,也是克隆植物基因的主要方法之一。

图位克隆分离基因方法可以根据功能基因在基因组中都有相对较稳定的基因座,再利用分离群体的遗传连锁分析将这个基因座定位到染色体的一个具体位置的基础上,通过构建高密度的分子连锁图,找到与目的基因紧密连锁的分子标记,不断缩小候选区域进而克隆到该基因;也可以利用此物理图谱,通过染色体步移逼近目的基因或通过染色体登陆的方法最终找到包含该目的基因的区域序列;还可以使用与目的基因紧密连锁的分子标记筛选 DNA 文库来获得目的基因序列,最后通过遗传转化和功能互补验证,最终确定目的基因的碱基序列,并阐明其功能和疾病的生化机制。

图位克隆法分首先要有一个根据目的基因的有无而建立起来的遗传分离群体,根据遗传分离组合关系找到与目标基因紧密连锁的分子标记,用遗传作图和物理作图将目标基因定位在染色体的特定位置;然后构建基因组文库,用分子标记筛选文库、染色体步移和亚克隆等手段获得含有目的基因的小片段克隆,再通过遗传转化和功能互补验证最终确定目标基因的碱基序列。

图位克隆法克隆基因不仅需要构建完整的基因组文库,建立饱和的分子标记连锁图和完善的遗传转化体系,而且还要进行大量的测序工作,耗时长,工作烦琐。由于图位克隆法筛选与目标基因连锁的分子标记是成功的关键,所以对基因组大、标记数目不多、重复序列较多的生物采用此法不仅投资大,而且效率低,因而图位克隆法仅局限应用在人类、拟南芥、水稻、番茄等图谱饱和生物上。此外,在分析发生的变异时,可能会遇到一个性状是由不止一个基因位点控制的状况,此时利用图位法来克隆此类基因变得非常困难,对其中任何一个基因位点的精细定位都要通过高代回交来创造只有一个位点保持多态性的重组近交系,这就需要花费更多的时间以及人力和物力。近几年来随着一些物种基因组测序工作的完成,各种分子标记的日趋丰富和各种数据库的完善,在这类物种中用图位法克隆一个基因的难度就大大降低了。

3. 有转座子标记法的基因克隆策略

转座(因)子是基因组中一段可移动的 DNA 序列,可以通过切割、重新整合等一系列过程从基因组的一个位置"跳跃"到另一个位置,这段序列称跳跃基因或转座子。转座子可分插入序列(Is 因子)、转座(Tn)和转座噬菌体(phage),在原核微生物、真核微生物以及高等动植物都发现有转座子。

转座子标记基因克隆法是把转座子作为基因定位的标记,通过转座子在染色体上的插入和嵌合来克隆基因,这种方法在微生物的基因克隆中非常有效。转座子从一个基因位置转移到另一个位置,在转座过程中,原来位置的 DNA 片段并未消失,发生转移的只是转座子的拷贝,基因发生转座可引起插入突变,使插入位置的基因失活并诱导产生突变型或在插入位置上出现新的编码基因,通过转座子上的标记基因(如抗药性等)就可检测出突变基因的位置和克隆出突变基因,也可以通过质粒拯救法来获得被转座子突变的基因。

利用转座子克隆植物基因的操作步骤主要是先把已分离得到的转座子与选择标记构建成含转座子的质粒载体,然后把含转座子的质粒载体导入目标植物,并利用 Southern 杂交等技术检测转座子是否从载体质粒中转座到目标植物基因组中,这是转座子定位和分离目标基因所不可缺少的步骤,最后就是转座子插入突变的鉴定及转座子的分离和克隆。

转座子标签基因的分离和克隆方法主要有:

① 质粒拯救法:提取插入转座子植株的基因组 DNA,合适的限制性内切酶消化,然后用连接酶对消化产物连接环化,再把连接产物转化大肠杆菌,利用转座子上抗性标记筛选出含有转座子的克隆,经过序列分析即可得到转座子的侧翼序列。但是质粒拯救法首先要选用合适的载体,而且不一定能得到完整的基因。

② Southern-based 分离法:通过杂交得到插入转座子的纯合突变株,构建其基因组文库,以转座子的部分序列作为探针从该基因文库中筛选阳性克隆,测序分析就可以得到转座子侧翼的目的基因序列,再将这一基因片段作为探针,去筛选另一个正常植株的基因组文库,或者用染色体步移技术,就可以获得完整的基因。这是转座子标签法克隆基因的常用方法。

③ PCR-based 分离法:以插入转座子的纯合突变株的基因组 DNA 为 PCR 模板,以转座子上的已知序列设计相关引物,采用如反向 PCR 等的染色体步移技术或者是 TAIL-PCR 技术来获得转座子侧翼的目的基因序列,然后再在野生型中进行验证。

和已知基因的克隆相比,对未知序列的基因克隆才是真正的创造性研究,其难度要大很多,其风险性也高。对未知基因的克隆本身就是一种探索和研究,从实验材料的构建和实验的方案,都需要研究者有更多和更新的创造力。对未知基因的克隆,没有固定实验方案,只有不断进步的技术和创新的实验方案。

五、大规模 DNA 测序的基因克隆

传统的 DNA 测序基因克隆的流程是:构建基因组文库;分别进行基因文库筛选和亚克隆;测定亚克隆的序列;通过排列分析,获得目的 DNA 的全序列。但由于用于测序的克隆是随机挑选出来的,因此某些区段往往被重复测定,有时需要很长时间才能确定最后几个亚克隆的序列并拼出全序列。此外,这种测序法适用于基因文库有表型筛选的或者是有标记的基因克隆,对于无表型和无标记的基因克隆,就犹如大海捞针了。

此外,也可以利用随机测序克隆基因,即通过构建基因组的质粒文库,然后随机挑取克隆子进行测序分析,获得的序列再进行同源比对分析,初步分析其可能的基因功能,然后再进行实验验证所获得的序列的功能。这种方法获得的基因是随机的,无预期目的,而且只适于基因组较小的原核微生物的基因克隆。如果克隆预期的目的基因序列占整个基因组的比例很低,即使通过增加测序的样品,随机测序克隆基因法也很难保证能达到预期。

随着 DNA 高通量测序技术的发展和应用,微生物特别是原核微生物基因组因其相对分子质量较小,基因组结构简单,采用基因组测序法对其目的基因的克隆已经变得非常的简便了。但是,对于大多数高等生物来说,不仅其基因组的相对分子质量庞大,而且结构复杂,拥有大量的重复序列,使得基因组测序不仅花费巨大,拼接工作也十分困难。大规模测序虽然能获得更多的序列,但不是一般实验室能做到的。所以用转座子标签法、T-DNA 标签法、图位克隆和染色体步移技术等方法仍然是克隆未知目的基因的有效手段。

第二节 基因组文库的构建

把某种生物基因组的全部基因通过克隆载体贮存在一个受体菌克隆子群体中,这个群体即为这种生物的基因组文库(genomic library),它包含了该生物基因组的全部序列。建立和使用基因组文库是分离获得所需基因的一种重要方法。

一、基因文库概述

1. 基因文库的相关概念

基因文库又称 DNA 文库,广义上,某个生物的基因组 DNA、特定的 DNA 或特定的 cDNA 片段与适当的载体在体外重组后,转化宿主细胞,并通过一定的选择机制筛选后得到大量的阳性菌落(或噬菌体),所有菌落或噬菌体的集合即为该生物的基因文库。

构建基因文库的意义不仅是使生物的遗传信息以稳定的重组体形式贮存起来,更重要的是它还是分离克隆目的基因的主要途径之一,也是基因归类保存的有效手段。

虽然现在已经有了很多种克隆基因的方法,但是通过构建基因文库来克隆目的基因仍然是基因克隆最主要手段之一,更是原始的创新基因克隆手段。此外,大规模的基因组测序技术也离不开基因文库的构建和筛选,精细作图更离不开基因组文库的构建。

对于复杂的染色体 DNA 分子来说,单个基因所占比例十分微小,要想从庞大的基因组中将其分离出来,一般需要先进行扩增,所以需要构建基因文库。此外,基因文库也是高等生物复杂基因组作图的重要依据,在物种基因组学研究、基因表达调控、基因片段分离等方面都具有重要的作用,也是全基因组测序必要的前期基础。

狭义的基因文库有基因组文库和部分基因文库(包括亚基因组文库和 cDNA 文库),基因文库由外源 DNA 片段、载体和宿主组成。

基因组文库是指由大量的含有某一生物基因组 DNA 的不同 DNA 片段的克隆所构成的群体。一个完整的基因组文库,能够保证从中可以筛选到该生物的所有基因,即包含了该生物的所有基因。

若这些大量的克隆所含的外源 DNA 不是来自某一生物基因组的 DNA,而是某一生物的特定器官或特定发育时期细胞内的 mRNA 经反转录形成的 cDNA,它们所构成的重组 DNA 克隆群体,就称之为 cDNA 文库。

如果用某一生物的特定部分的 DNA,如叶绿体 DNA、质粒 DNA、线粒体 DNA 或者某一生物的特定一条染色体的 DNA 所构建的基因文库,就称为亚基因组文库。

一些文库,如酵母人工染色体和细菌人工染色体文库,初步筛选克隆中的外源 DNA

片段往往比较大,含有许多目的基因片段以外的 DNA 片段,因此必须将这个克隆里面大片段进一步构建成一个小片段的基因文库来筛选目的基因,这个文库就叫亚克隆文库,这个过程就叫"亚克隆"。

基因组文库构建就是利用限制性核酸内切酶或者物理手段将染色体 DNA 切割成基因水平的许多片段,然后将这些片段与适当的克隆载体拼接成重组 DNA 分子,继而转入受体菌中扩增,使每个细菌内都携带一种重组 DNA 分子的多个拷贝,不同细菌所包含的重组 DNA 分子可能来源于不同染色体的 DNA 片段,这样生长的全部细菌所携带的各种DNA 片段就代表了整个基因组,目的基因就"躲藏"在某个细菌的重组 DNA 分子中。

基因组 DNA 文库就像图书馆所库存的万卷书一样,涵盖了基因组全部基因的序列,其中也包括我们所需要的目的基因。建立基因文库后需要采用适当筛选方法从众多转化子菌落中筛选出含有某一基因的菌落,再进行扩增,将重组 DNA 分离、回收以获得目的基因。

基因文库的代表性是指文库中全部克隆所携带的 DNA 片段重新组合起来在整个基因组的覆盖率,即可以从该文库中分离到基因组的任何一段 DNA 的概率。基因文库的随机性是指每个 DNA 片段在文库中出现的频率。基因文库的代表性和随机性是评价基因组文库质量的重要指标,其关系到是否能保证一定和有效地筛选到目的基因。

为保证能从基因组文库中筛选到某个特定基因,基因组文库必须具有一定的代表性和随机性,也就是说文库中全部克隆所携带的 DNA 片段必须要覆盖整个基因组,而且每个片段出现的频率都一样。在文库构建中通常采用两种策略来提高文库的代表性,一是采用部分酶切或随机物理打断的方法来切断染色体 DNA,以保证克隆的随机性,保证每段 DNA 在文库中出现的频率均等;二是增加文库重组克隆的数目,以提高其覆盖基因组的倍数,确保能包含所有染色体。

2. 基因文库中克隆数目的确定

一个基因文库中应包含的克隆数目与该生物基因组的大小和被克隆 DNA 片段的长度有关,原核生物的基因组较小,所需要的克隆数也较少;真核生物的基因组较大,所需要克隆数更多,才能覆盖基因组。文库中载体插入外源 DNA 片段的长度越大,则文库所需总克隆数越少;反之则所需克隆数越多。一个基因文库的总克隆数少,则从中筛选目的基因就比较容易,但由于片段大,就会包含许多目的基因之外的片段,还需要进一步亚克隆,这给以后的分析造成困难。如果要使每一克隆中插入的 DNA 片段缩短,就须增加克隆数,这也会增加筛选的工作量,所以在建立基因文库前应根据研究目的、筛选手段来确定插入 DNA 片段的长度和克隆的数目。

1976 年 L. Clark,J. Carbon 提出了一个完全的基因文库所需克隆数的计算公式

$$n = \ln(1-p)/\ln(1-f)$$

n,一个完全基因文库所应包含的重组体克隆数;p,所期望的目的基因在基因文库中出现的概率;f,插入片段的平均大小与基因组 DNA 大小的比值。

例如,哺乳动物的基因组大约为 3×10^6 kb,如果 $p=99\%$,当插入片段平均为20 kb,$n=690\ 773$。也就是说如果构建一个插入片段大小约为 20 kb 的哺乳动物基因组文库,要所有基因出现的概率为 99%,那么所需要的克隆数为 690 773 个。

大肠杆菌的基因组 4 639 221 bp,如果 $p=99\%$,当插入片段平均为 20 kb 时,$n=$

1057；当插入片段平均为 10 kb 时，$n=2116$。可见构建大肠杆菌的基因组文库，所需要的克隆数就少得多了。

在基因文库构建中采用不同载体，其允许插入的外源片段大小不同，所需要的克隆数也不同。使用允许插入大片段的载体，需要的克隆数相对减少，如使用柯斯质粒载体，所需的克隆数是 λ 噬菌体载体所需要克隆数的一半，如 λ 噬菌体载体需 10 000 时，柯斯质粒载体只需要 5000 个。但是，柯斯质粒载体构建文库和贮存文库比 λ 噬菌体载体困难得多，如无特殊需要（如要克隆区域要跨越 25 kb 上），一般不采用柯斯质粒载体。

二、基因组 DNA 文库的构建策略

基因组文库构建的基本原理是相同的，构建流程相对简单，但是构建不同载体的基因组文库在实验步骤和技术细节上有所不同，成功的关键取决于操作者的经验和对实验技能的把控。目前已有专业公司提供基因组文库构建的服务和相应的文库构建试剂盒，这样使得文库的构建变得更简便了。对于具有一定实验技能的人来说，文库构建试剂盒是一个很好的选择，可以更好地全程控制文库的质量。

1. 载体的选择

基因组 DNA 文库的类型根据所选用的载体可以分为：质粒文库、λ 噬菌体文库、黏粒文库、人工染色体文库（细菌人工染色体文库、酵母人工染色体文库）等，各载体允许插入的片段大小不同（表 7-1），在操作上也有所不同。

构建大片段基因组 DNA 文库使用的载体主要有 λ 噬菌体（λ phage）、柯斯质粒（cosmid）、P_1 噬菌体（bacteriophage P_1）及 PAC、细菌人工染色体（bacterial artificial chromosomes，BAC）、酵母人工染色体（yeast artificial chromosomes，YAC）等。根据特征，这些载体可以分为两类：一类是基于噬菌体改建而成的，利用了噬菌体的包装效率高和杂交筛选背景低的优点，如 P_1 噬菌体和 PAC；另一类是经改造的质粒载体或人工染色体，其主要优点在于可容纳超过 100 kb 以上的外源片段。

如果要构建的插入片段小于 50 kb，那么可以选择柯斯质粒，甚至 λ 噬菌体，再利用现有的商品化柯斯质粒载体或 λ 噬菌体载体文库构建试剂盒。试剂盒包含了处理的载体、高效率的包装混合物和合适的大肠杆菌菌株，可以方便地构建文库。

表 7-1 不同载体的允许插入片段和转化方式

载体	可插入的外源 DNA 大小	导入细胞方式
质粒	<10 kb	大肠杆菌转化
λ 噬菌体	6～23 kb	大肠杆菌转导
柯斯质粒	～45 kb	大肠杆菌转导
P_1 噬菌体	90～150 kb	大肠杆菌转导
BAC	100～300 kb	大肠杆菌电转化
YAC	500 kb～1.2 Mb	酵母转化

如果要求插入的片段较大，那么 P_1 噬菌体、PAC 或者 BAC 都是适合载体。BAC 有一系列商业化的 BAC 载体及配套试剂盒，操作相对容易。P_1 噬菌体操作比较困难，PAC 相对简便，它们都有杂交筛选背景低的优点。BAC 稳定，很少发生 DNA 分子间的重组，易于用电击法转化大肠杆菌，比 YAC 更容易分离。

如果要求插入的片段大于 300 kb,那么 YAC 载体就是首选了,不过,应用 YAC 载体来构建基因组文库,操作非常烦琐、困难,其中基因组的提取,文库的保存、筛选和分离都要求很高的操作技能。YAC 可用于克隆 500 kb 以上,甚至几个 Mb 的 DNA 片段,但是其重组子存在高比例的嵌合体,即一个 YAC 克隆含有两个本来不相连的独立片段,部分克隆子不稳定,在转代培养中可能会发生缺失或重排。因为 YAC 与酵母染色体具有相似的结构,难与酵母染色体分开,相对分子质量太大,操作时容易发生染色体机械切割被打断。

总的来说,选择哪一种载体来构建基因组文库要根据实验的最终目的、实验技术手段、文库筛选方法等因素来综合判断。

一个理想的基因组 DNA 文库应当具有一定特征,如文库的克隆总数不宜过大,以减轻文库的保存和筛选工作的压力;重组克隆能稳定保存、扩增、筛选;插入的 DNA 片段易于从载体分子上完整卸下等。

2. 真核生物的基因组文库构建程序

第一,载体 DNA 的制备。根据实验的目的要求选择合适的载体,如果是商品化的载体,工作就十分简单。如果要提前制备和处理载体,需要对载体的制备效果进行检验。

第二,高纯度、相对分子质量大的基因组 DNA 的提取和大片段的制备。高质量的基因组 DNA 对于基因组文库构建是至关重要的,需要通过经验来选择合适的基因组 DNA 分离方法,在分离过程中保证 DNA 不被过度剪切或降解,同时也要尽量保证 DNA 的纯度。

第三,基因组 DNA 的处理和分级。不同的载体对基因组 DNA 的长度有不同的要求,必须选择合适长度的基因组 DNA 来构建基因组文库。可以采用限制性内切酶的部分酶切,或者物理方法来随机打断基因组 DNA,然后修复 DNA 末端,再利用琼脂糖电泳或者脉冲电泳进行分级分离,回收符合载体连接大小要求的 DNA 片段。

第四,使用连接酶把上述大小合适的 DNA 片段连接到载体上,并转化或侵染宿主细胞。根据载体选择最高效的转化方法,把载体和外源的连接产物导入宿主细胞。

第五,基因组文库质量的评价,重组克隆的筛选和保存。可以将小量的连接产物转化宿主,然后对文库的重组率和插入片段大小进行评价。如果构建柯斯质粒或 λ 噬菌体文库,需要用包装蛋白来包装上述连接反应产物,测定包装好的载体的滴度,然后转染,挑出重组子,鉴定插入片段的大小。如果文库的大小和质量都令人满意,就可以铺板进行文库筛选,或者扩增、保存文库。

原核生物基因组文库的构建程序基本相同于真核生物,由于原核生物的基因组小于真核生物的基因组,基因组 DNA 的提取、处理和分级都较真核生物容易。原核生物的基因组文库载体选择上,一般选择容纳量小于 50 kb 的载体(柯斯质粒或 λ 噬菌体)来构建,文库的保存和筛选工作量都小于真核生物的基因组文库。

3. 文库的保存

(1) 影印保存法。

影印保存法是用影印铺板器把一个培养平板上的菌落或者噬菌斑影印到新的培养平板上,或者影印到硝酸纤维素过滤膜上继续生长。如果有必要,还可以再次复制到新的平板或者硝酸纤维素过滤膜上。

影印保存法复制快速,文库不容易失真,可以同时复制多个备份用于筛选。但影印保存法将菌落影印到硝酸纤维素过滤膜上,会使文库的扩增过程冗长,而且有时还会发生在过滤膜保存后菌落不再生长而造成文库缺失甚至全部丢失的现象。如果影印到 LB 平板上,扩增较快,但保存时间较短。

(2)混合在液体培养基中扩增保存。

方法:从琼脂糖平板上刮下所有的菌落转入含适当抗生素的培养基中,培养一定时间,加甘油至终浓度为 25%,分装保存于−80℃。

缺点:因为文库菌落携带的片段不同,会发生生长不均匀的现象,导致文库中某些特定的序列过多或过少,特别是传代次数过多后,这一现象更严重。因此该法适于用表型筛选的克隆保存。

(3)保存单个克隆子于含有甘油的培养基中。

方法:从平板上挑选单个菌落接种于合适的含抗生素的培养基中,菌体生长到一定浓度后,加入甘油至终浓度为 25%,保存于−80℃。

缺点:需保存的克隆数过多,工作量大,适合经过初次筛选的克隆保存。

4. 文库的筛选方法

文库的筛选主要有以下几种类型:

① 表型筛选法:利用克隆子所携带的目的基因能使平板上菌落或噬菌斑表现出易于鉴别的性状,如蓝白筛选,或者是利用目的基因的表达产物能使平板的底物产生鉴别的性状。

② 抗性筛选法:如二氢叶酸还原酶可以使三甲苄二氨嘧啶降解,而该化学物可抑制大肠杆菌生长。

③ 分子杂交法:首先将菌落或者噬菌斑转移到膜上,经过裂解、变性、固定和封闭等一系列的前处理,再利用分子探针对文库进行原位杂交筛选,找到阳性信号点对应的克隆进行再次验证。

④ 免疫筛选法:利用抗原抗体反应来进行原位杂交,检测目的基因所产生蛋白质,从而筛选出含有目的基因的克隆,适用于表达型的基因文库的筛选。

⑤ PCR 筛选法:根据保守序列,或者分子标记来合成引物,扩增特异性片段来筛选含有目的片段的克隆。

第三节　cDNA 文库的构建

某一生物的特定器官或特定发育时期细胞内的 mRNA 经反转录形成 cDNA,由这些 cDNA 所构成的重组 DNA 克隆群体,称为 cDNA 文库。

一、cDNA 文库概述

高等生物一般具有约 10^5 种不同的基因,但在某一特定的时间,单个细胞、组织、器官或个体中,一般只有约 15% 的基因得以表达,产生约 15 000 种不同的 mRNA 分子。可见,由 mRNA 出发的 cDNA 克隆,其复杂程度要比直接从基因组克隆简单得多。

真核生物基因组十分庞大，DNA 序列复杂程度是蛋白质和 mRNA 的 100 倍左右，而且含有大量的重复序列，会给目的基因克隆带来更大的工作量，这是从染色体 DNA 为出发材料直接克隆目的基因的一个主要难题。真核基因大多数含有内含子，cDNA 文库构建可以避开内含子，容易筛选获得目的基因的编码区（CDS），并直接用于基因的表达，进而开展基因功能研究。此外，基因组含有的基因在特定的组织细胞中只有一部分表达，而且处在不同环境条件、不同分化时期的细胞，其基因表达的种类和强度也不尽相同，所以cDNA 文库具有组织细胞特异性。cDNA 便于克隆和大量表达，它不像基因组含有内含子而难于表达，构建 cDNA 文库已成为研究功能基因组学的基本手段之一。cDNA 在研究具体某类特定细胞中基因组的表达状态及表达基因的功能鉴定方面具有特殊的优势，从而使它在个体发育、细胞分化、细胞周期调控、细胞衰老和死亡调控等生命现象的研究中具有更为广泛的应用价值，cDNA 文库是研究工作中最常使用到的基因文库。

和基因组文库一样，在构建 cDNA 文库过程也需要对文库进行质量评价。对 cDNA 文库质量的评价采用两个方面的指标：第一个指标为文库的代表性，第二个指标是重组 cDNA 片段的序列完整性，这点有别于基因组文库的质量评价。

（1）cDNA 文库的代表性。

cDNA 文库的代表性是指文库中所有 cDNA 分子能包含研究目标细胞所表达的 mRNA 种类，也就是说研究目标细胞所表达任何 mRNA 分子是否都能在文库找到其转录而成的 cDNA 分子，它是衡量 cDNA 文库质量的最重要指标。cDNA 文库代表性好坏可用文库的库容量来衡量，它是 cDNA 文库中所包含的独立的重组子克隆数，而不是文库中包含的片段总和。库容量取决于来源细胞中表达出的 mRNA 种类和每种 mRNA 序列的拷贝数，1 个正常细胞含有 10 000～30 000 种不同的 mRNA 分子，按丰度可分为低丰度、中丰度和高丰度三种，其中低丰度 mRNA 是指某一种在细胞总计数群中所占比例少于 0.5％的 mRNA。克隆不同的基因，要求的 cDNA 文库的库容量不同，mRNA 拷贝数高的基因要求库容量低，反之要求就高。满足最低要求的 cDNA 文库的库容量可以用 Clack-Carbor 公式计算：

$$N=\ln(1-p)/(1-1/n)$$

N，文库中以 p 概率出现在细胞中的任何一种 mRNA 序列，其理论上应具有的最少重组子克隆数，就是库容量；p，文库中任何一种 mRNA 序列信息的概率，通常设为 99％；n，细胞中最稀少的 mRNA 序列的拷贝数。

如果要研究的基因是低拷贝表达的基因，特别是要研究多个低拷贝表达的基因，可采用以下方法使文库更具有代表性。

第一，用基因组 DNA 进行差减杂交选择，把高丰度的 mRNA 去除一部分，再进行反转录构建 cDNA 文库。

第二，采用二次复性法，即 cDNA 变性后，拷贝少的片段复性得慢，去掉双链后各种转录子的拷贝数将会均衡，然后以 PCR 扩增，就可得到一个完整的 cDNA 文库。

第三，提取各种特异性组织的 mRNA 分别构建 cDNA 文库，再混合成文库池。

（2）序列完整性。

重组 cDNA 片段的序列完整性就是指在细胞中表达出的各种 mRNA 片段的序列完整性，也是衡量 cDNA 文库质量的重要指标。mRNA 在结构上可以分成三部分，即 5′端非翻译区、3′端非翻译区和编码区(CDS),非翻译区的序列特征对基因的表达具有重要的调控作用,编码区的序列是翻译蛋白的模板。因此,要从文库中分离获得目的基因完整的序列和功能信息,要求文库中的重组 cDNA 片段最好是完整的,以便尽可能反映出天然基因的结构。

mRNA 的提取方法和反转录方法对文库的全长性有很大影响,提取高质量的 mRNA 和采取高效的反转录合成 cDNA,是获得全长 cDNA 片段的两个关键因素。mRNA 的易降解特性是 cDNA 文库构建的一个很大的困难,提取 mRNA 的量不够,纯度不高,都会影响 cDNA 片段的序列完整性。mRNA 反转录效率不高表现为只有一部分 mRNA 被反转录成 cDNA,还有相当一部分 mRNA 未被反转录。mRNA 反转录效率不高还表现为反转录生成的全长 cDNA 含量太少,大部分是缺失了部分序列的 cDNA,这就难于构建好的全长 cDNA 文库。

二、cDNA 文库的构建策略

1. 细胞总 RNA 的提取和 mRNA 的分离

根据实验目的和要求从特定的材料提取总 RNA,然后进一步分离 mRNA,因此,要选用 mRNA 含量高的组织材料,或采用诱导方法来提高目的 mRNA 的含量。由于每类细胞和组织只表达一套特定的基因,因此从特定组织中制备的 mRNA 通常会富集某些特异序列,所以起始材料的选择十分重要。mRNA 的质量直接影响到合成 cDNA 的完整性和代表性,由于 mRNA 分子的结构特点,容易受 RNase 的攻击而降解,加上 RNase 极为稳定且广泛存在,因而在操作过程中严格防止 RNase 的污染是 cDNA 文库构建成败的关键。提取总 RNA 后要进行 mRNA 完整性的检测、对总 mRNA 指导合成 cDNA 第一链长分子的能力的检测和 mRNA 大小的衡量,通常,哺乳动物 mRNA 长度为 500～8000 bp,大部分 mRNA 介于 1.5～2.0 kb 之间。

提取的总 RNA 中大量的是 rRNA 和 tRNA,只有大约 10% 的是 mRNA,为防止 rRNA 和 tRNA 对实验的影响,需要对 mRNA 进行分离纯化。真核细胞的 mRNA 分子最显著的结构特征是具有 5′端帽子结构和 3′端的 poly(A)尾巴。绝大多数哺乳类动物细胞 mRNA 的 3′端存在 20～30 个腺苷酸组成的 poly(A)尾,通常用 poly(A)表示。这种结构为真核 mRNA 的提取提供了极为方便的选择性标志,寡聚(dT)-纤维素或寡聚(U)-琼脂糖亲和层析分离纯化 mRNA 的理论基础就在于此。

mRNA 的分离方法较多,其中以寡聚(dT)-纤维素柱层析法最为有效,已成为常规方法。此法利用 mRNA 的 3′末端含有 poly(A)的特点,当 RNA 流经寡聚(dT)-纤维素柱时,在高盐缓冲液的作用下,mRNA 被特异地结合在柱上,当逐渐降低盐的浓度时或在低盐溶液和蒸馏水的情况下,mRNA 被洗脱,经过两次寡聚(dT)纤维柱后,即可得到较高纯度的 mRNA。

2. cDNA 第一链合成

cDNA 第一链合成可以采用 oligo(dT)引导或者随机引物引导的 cDNA。

oligo(dT)引导法是利用真核 mRNA 分子所具有的 poly(A)尾巴的特性,加入 12～20 个脱氧胸腺嘧啶核苷组成的 oligo(dT)短片段,由反转录酶合成 cDNA 的第一链。

oligo(dT)引导法是从 mRNA 的 3′末端开始合成 cDNA 的,保证含有 mRNA 的 3′端的序列,可以减少其他 RNA 分子如 rRNA 和残留基因组 DNA 的干扰。但是,如果反转录酶的延伸能力不足,对于相对分子质量大的较长的 mRNA 分子来说,oligo(dT)引导法可能会造成合成的 cDNA 缺失 5′端序列,如果合成的 cDNA 大多是位于 3′端的非翻译区的序列,这不利于对序列的识别和分析。因此选用高质量的反转录酶,保证最佳的反转录反应条件是获得全长 cDNA 的关键。

随机引物引导法就是采用多种可能的 6～10 个核苷酸长寡核苷酸短片段序列(混合引物)作为合成第一链 cDNA 的引物,这样 cDNA 的合成可以从 mRNA 模板的许多位点同时发生。所以随机引物引导法即使合成的 cDNA 不是全长的,都可以容易地获得更多的 mRNA 的编码区序列,对识别基因是非常有利的。随机引物引导法容易受到 RNA 分子,如 rRNA 和残留基因组 DNA 的干扰,所以必须要保证 mRNA 的纯度。

3. cDNA 第二链的合成

cDNA 第二链的合成就是将反转录形成的 mRNA-cDNA 杂合双链变成双链 cDNA 的过程,方法大致可以分为 4 种:自身引导合成法、置换合成法、引导合成法、引物-衔接头合成法。

(1)自身引导合成法。

利用 cDNA 第一链合成时能在 3′端形成一个发夹环结构的特性,以自身的 3′端为引物,在 Klenow 大片段酶作用下合成互补 cDNA 的第二链。大多数第一链 cDNA 合成时在 3′端形成发夹环结构的原因,据推测可能与 mRNA 的帽子结构相关,所以 cDNA 第二链的自身引导合成法才能得以实现。自身引导合成法形成的双链是连接在一起的,需要利用 SⅠ核酸酶将连接处发夹环切断形成平端结构才可以进行后续连接。

虽然自身引导合成法简单,但较难控制反应,而且用 SⅠ核酸酶切除发夹环结构时,无一例外地将导致对应于 mRNA 的 5′端序列出现缺失和重排,偶尔还破坏合成的双链 cDNA 分子,因而该方法目前很少使用,尤其是在对 cDNA 序列完整性要求高时。

(2)置换合成法。

利用 RNase H 在合成第一链时生成的 cDNA/mRNA 杂合双链分子中的 mRNA 链上产生多个切口和缺口,从而产生一系列合成第二链的 RNA 引物,在大肠杆菌 DNA 聚合酶Ⅰ的作用下,以第一链 cDNA 为模板通过切口平移反应进行 mRNA 链取代合成一段段互补的 cDNA 片段,这些 cDNA 片段再在 DNA 连接酶的作用下连接成一条链,即 cDNA 的第二链。

置换合成法合成双链 cDNA 时,5′末端的一段很小的 mRNA 也会被大肠杆菌 DNA 聚合酶Ⅰ的 5′→3′核酸外切酶和 RNase H 降解,暴露出与第一链 cDNA 对应的 3′端部分序列。这部分暴露的 3′端序列会被大肠杆菌 DNA 聚合酶Ⅰ的 3′→5′核酸外切酶的活性水解掉,形成平端或差不多的平端双链 cDNA,所以置换合成法合成的 cDNA 会在 5′端缺失几个碱基的序列,但一般不影响编码区的完整。

置换合成法合成双链 cDNA 直接利用第一链反应产物,无须进一步变性处理和纯化,非常有效,是合成双链 cDNA 最常用的方法,大多商品试剂盒都是采用该方法。

(3)引导合成法。

在第一链 cDNA 合成后,直接采用末端转移酶在第一链 cDNA 的 3′末端加上一段

poly(C)的尾巴,然后利用 NaOH 变性去除 mRNA,再以 oligo(dG)为引物,用 Klenow 大片段酶来合成 cDNA 第二链。引导合成法主要特点是合成全长 cDNA 的比例较高,非常适合用于对 mRNA 的 5′末端序列完整度要求高的实验。但其操作比较复杂,而且形成 cDNA 克隆中都带有一段 poly(C)和 poly(A),对重组子的测序带来一定的干扰。

(4) 引物-衔接头合成法。

由引导合成法改进而来,在合成第一链的 oligo(dT)引物和合成第二链的 oligo(dG)引物的 5′末端都加上含有相应的酶切识别位点序列的接头(衔接头),接头序列可以是适用于 PCR 扩增的特异序列,也可以是用于方便克隆的酶切位点的序列。合成的双链 cDNA 经酶切处理就可以和载体连接了,这一方法目前已经发展成 PCR 法构建 cDNA 文库的常用方法。

4. 双链 cDNA 克隆连接到质粒或噬菌体载体并导入宿主中繁殖

由于大片段的平末端连接效率非常低,因此为了避免用平末端与载体连接,对双链 cDNA 的末端进行加工是十分必要的。可以添加特异性核酸接头以形成适合于克隆的黏性末端,也可以利用末端转移酶在 cDNA 末端加上与克隆载体末端互补的尾部进行连接。

双链 cDNA 在插入到克隆载体前,通过琼脂糖凝胶电泳,将不同大小的 cDNA 分子分离开来。这样可以除去过小的 cDNA 片段,减少无效的克隆数,增加获得全长 cDNA 克隆的概率。此外不对 mRNA 进行分级处理,而是合成 cDNA 后再分级处理,可以避免了分离过程中 mRNA 被污染的 RNase 降解,还可以获得更准确的分级分离效果。

构建 cDNA 文库可以采用质粒作为载体,但是载体会对小片段的外源片段优先连接,很难获得理想的 cDNA 文库,所以构建 cDNA 文库时,一般采用插入型的 λ 噬菌体载体。

mRNA 的 3′末端都带有一段 poly(A),这是利用反转录酶制备 cDNA 文库的基础,但是由于 cDNA 的 5′端的序列各不相同。即使在操作过程非常小心,也很难保证一定获得所有种类 mRNA 的全长 cDNA,因此如何利用已知片段序列得到全长的 cDNA,是 cDNA 文库构建和筛选必不可少的补充技术。

三、全长 cDNA 的克隆策略

真核细胞的 mRNA 在加工过程中有一个比喻为"穿鞋戴帽"的过程,因此 mRNA 的 3′末端都带有一段 poly(A)尾巴,这就是反转录酶利用 oligo(dT)合成 cDNA 的基础。但是这样构建的文库筛选得到的 cDNA 序列中,cDNA 的 3′端序列大大多于 5′端,大多数的 cDNA 片段都是 5′端序列缺失,从而丢失了大量的信息。造成这种现象的主要原因有两方面:第一,反转录酶合成全长 cDNA 的能力有限,且大多数基因的 mRNA 5′端存在"CpG 岛"等构成的复杂二级结构,阻碍了反转录酶的进一步延伸,使得 cDNA 合成提前终止;第二,即使反转录酶能根据一部分 mRNA 合成全长 cDNA,也无法在 cDNA 文库中将这种全长 cDNA 与非全长 cDNA 进行区别筛选。

完整的 cDNA 序列的获得对基因结构、蛋白质表达、基因功能的研究至关重要,虽然在理论上可以通过筛选更多的克隆子来覆盖一条完整的 cDNA,但在实际的文库筛选中要达到这个目的,不仅工作量巨大,花费时间较长,而且也很难实现。由于 cDNA 的 5′端的序列各不相同,如何获得全长的 cDNA,如何扩增由微量的 mRNA 反转录得到的 cDNA 文库、如何利用已知片段序列得到全长的 cDNA,曾经是一个令人困扰的问题。完整的 cDNA 序列可以通过文库的筛选,但在实际应用中更多是采用末端克隆技术来获得。

1. cDNA 末端快速扩增技术

cDNA 末端快速扩增技术(rapid-amplification of cDNA ends,简称 RACE)是 20 世纪 80 年代发展起来的,是一种基于 mRNA 反转录和 PCR 技术,以部分的已知序列为起点扩增基因上下游未知序列,从而得到 cDNA 完整序列的方法。

筛选文库时一般只能回收一个或几个 cDNA 克隆,而 RACE 可产生大量独立克隆,与筛选文库法相比,RACE 有许多优点:该方法通过 PCR 技术实现,无须建立或者重新筛选 cDNA 文库就可以在很短的时间内获得有利用价值的信息;只要引物设计正确,在初级产物的基础上可以获得大量的感兴趣的基因的全长;cDNA 克隆中得到了不完整的片段,可采用此方法获得 3′末端和 5′末端的序列;可以获得低丰度 mRNA 的 cDNA 序列;节约了实验所花费的经费和时间。

RACE 技术具有快速、高效克隆新基因的特点,还可以为快速钓取基因家族候选新成员提供新思路,相比单纯寻找新基因的全长,此种方法充分利用了信息量巨大的基因资源库,获得新基因速度更快,效率更高,在基因克隆、基因家族和基因表达变化等研究中发挥极大的作用。

RACE 包括 3′RACE 和 5′RACE,又被称为锚定 PCR(anchored PCR)和单边 PCR(one side PCR),即采用 PCR 技术由已知的部分 cDNA 顺序来扩增出完整 cDNA 3′和 5′末端。

(1) 3′末端 RACE。

3′末端 RACE 的基本步骤是,首先利用带有人工接头的 oligo(dT)引物和反转录酶对 mRNA 进行反转录,得到 cDNA 第一链,这样就在合成的 cDNA 末端接上了一段特殊的接头序列,再用 cDNA 中间的已知序列和 cDNA 末端接头序列设计巢式 PCR 来获得 cD-NA 的 3′末端序列(图 7-4)。

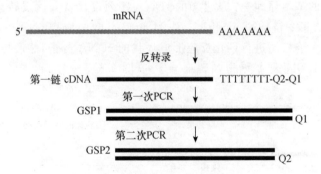

图 7-4 3′末端 RACE 原理图

利用带有人工接头的 oligo(dT)引物进行反转录合成第一链 cDNA,然后根据已经得到的不完整 cD-NA 序列设计引物 GSP1 和 GSP2,再与接头引物 Q2、Q1 进行第一次和第二次巢式 PCR。

(2) 5′末端 RACE。

5′RACE 与 3′RACE 略有不同,首先根据已知的 cDNA 序列设计特异引物进行反转录合成 cDNA,然后进行加 oligo(dA)尾反应,再用带有接头 oligo(dT)锚定引物合成第二链 cDNA,接下来的过程与 3′ RACE 相同,用接头引物和基因特异性引物进行巢式 PCR 扩增获得 5′末端序列(图 7-5)。

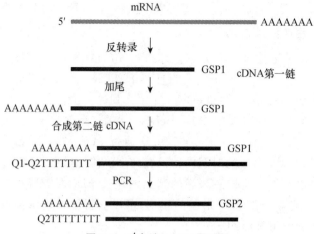

图 7-5 5′末端 RACE 原理图

注：根据已经得到的不完整 cDNA 序列设计引物 GSP1 和 GSP2，利用 GSP1 引物进行反转录合成第一链 cDNA，然后加上 oligo(dA)尾，再用带有人工接头 Q1 和 Q2 的 oligo(dT)引物合成第二链 cDNA，随后根据接头引物 Q1、Q2 和 GSP1、GSP2 引物进行巢式 PCR。

（3）环型 RACE。

传统的 5′末端 RACE 是对第一链 cDNA 用 TdT 酶进行同聚加尾来引发第二链 cD-NA 的合成，由于反转录后一些自由的核苷酸也会被 TdT 酶转移到 cDNA 3′末端，从而降低了目的 cDNA 加尾的有效性，导致第二链 cDNA 合成的降低。此外，TdT 酶无法选择长的 cDNA 进行专一的加尾反应，而较短的 cDNA 加尾后会在后续的 PCR 反应中形成优势 PCR 产物，由此得不到足够长度的 PCR 产物。为了克服上述加尾反应存在的缺陷，许多学者都提出了环型 RACE 来改良 5′末端 RACE。

环型 RACE 的基本原理是：从已知的 cDNA 序列设计特异性反转录引物，把引物磷酸化后反转录合成第一链 cDNA，用 RNase H 降解 cDNA 和 mRNA 的杂合体中的 mR-NA，加入 T4 RNA 连接酶进行环化反应形成环状的 cDNA 分子，然后再利用已知区域的序列设计反向 PCR 引物来扩增得到 5′末端序列（图 7-6）。

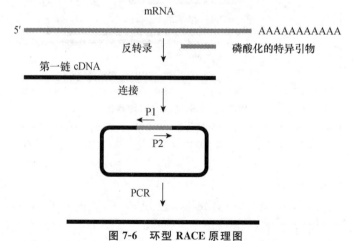

图 7-6 环型 RACE 原理图

注：特异性引物磷酸化后用于反转录合成第一链 cDNA，经 RNase H 降解后得到单链的 cDNA 第一链，T4 RNA 连接酶连接成环状，用根据已知区域的序列设计引物进行反向 PCR 反应。

RACE 技术从理论上来说是很简单的,但是实际操作中会面临许多技术上的难题。mRNA 的 5′端序列经常会由于反转录过程的不彻底而丢掉,特别是在有大的转录物或者复杂的二级结构的时候;连接反应通常是特异性差、效率很低,这样 PCR 成功进行就不能保证;长片段扩增的 PCR 效率较低,经常出现非特异性扩增条带,这些原因都会导致不易获得所希望的结果,因此,要保证 RACE 技术的顺利进行,还需从不同方面进行改良优化。

2. cDNA 的 SMART 扩增技术

随着 RACE 技术日益完善,目前已有商业化 RACE 技术产品推出,如 CLONTECH 开发并拥有专利的 Maratho™和 SMART™ RACE 技术。一般认为 SMART™ RACE 得到的片段比 Maratho™技术的长,以下就国内目前应用最广的 SMART™ RACE 试剂盒的基本原理和操作过程作简单的介绍。

(1) SMART™ 3′-RACE 原理。

SMART™ 3′-RACE 基本原理是首先设计一个连有 SMART 寡核苷酸序列通用接头引物的 oligo(dT) MN 锚定引物,即在 oligo(dT)引物的 3′端引入两个简并的核苷酸[5′-oligo(dT)16-30MN-3′,M＝A、G 或 C;N＝A、G、C 或 T],使引物定位在 poly(A)尾的起始点,从而消除了在合成第一条 cDNA 链时 oligo(dT)与 poly(A)尾的任何部位的结合所带来的影响。以 oligo(dT) MN 作为锚定引物反转录合成标准第一链 cDNA,然后根据已知序列设计的一个基因特异引物作为上游引物,用一个含有部分接头序列的通用引物作为下游引物,以 cDNA 第一链为模板进行 PCR,把目的基因 3′末端的 DNA 片段扩增出来,为了提高特异性也可以设计巢式 PCR 引物来扩增。

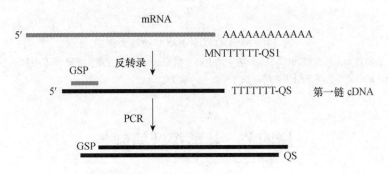

图 7-7　SMART™ 3′-RACE 的基本原理

注:用 SMART 锚定 oligo(dT) MN 引物反转录合成第一链 cDNA,然后利用已知特异基因的序列 GSP 作为上游引物,SMART 锚定引物的通用序列 QS 作为下游引物来扩增 3′端的序列。

(2) SMART™ 5′-RACE。

SMART™ 5′-RACE 的基本原理是利用 SMART 反转录酶具有末端转移酶活性的特性,即当反转录到 mRNA 的 5′末端时,也就是 RNA/DNA 双链结构的末端时,SMART 反转录酶会自动在 cDNA 链末端加上 3～5 个 C。在操作上和 SMART™ 3′-RACE 相似,第一步,先以 oligo(dT) MN 作为锚定引物反转录合成第一链 cDNA,利用该反转录酶具有的末端转移酶活性,在反转录到达 mRNA 的 5′末端的"帽子结构"(即甲基化的 G)时,自动在第一链 cDNA 末端加上 3～5 个(dC)残基;第二步,SMART 引物的 oligo(dG)

与合成 cDNA 末端突出的几个 C 配对后形成第一链 cDNA 继续延伸的模板,这样反转录酶第一链 cDNA 继续延伸直到 SMART 引物的末端,得到的所有 cDNA 单链的一端都有含 oligo(dT)的起始引物序列,另一端有已知的 SMART 引物序列;第三步,利用 SMART引物的通用序列作为上游引物,已知基因的特异序列作为下游引物扩增 mRNA 的 5′端序列。由于有 5′帽子结构的 mRNA 才能利用这个反应得到能扩增的 cDNA,因此扩增得到的 cDNA 就是全长 cDNA。

和前面的末端快速扩增技术相比,SMART™ 5′-RACE 是最为成熟的,其缺点主要在于其试剂盒的价格过于昂贵,而且对 mRNA 质量要求很高。

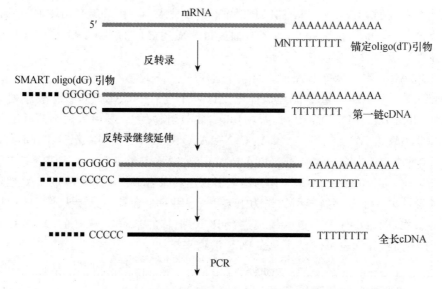

图 7-8 SMART™ 5′-RACE 的基本原理

用 SMART 引物作为上游引物,锚定引物作为下游引物扩增全长 cDNA,或者用 SMART 引物作为上游引物,已知序列设计的引物作为下游引物扩增 5′端序列。

第四节 核酸探针的制备

探针(probe)是指分子生物学和生物化学实验中,与特定的靶分子(如核酸、蛋白质、细胞结构)发生特异性相互作用,并可被特殊的方法探知的特殊分子或标记分子。

一、核酸探针的概述

核酸探针(nucleic acid probe)是指一类人工合成的带有标记(如放射性或生物素标记)的一小段单链 DNA 或者 RNA 片段(大小为 20~500 bp),在分子杂交中,它用于检测与其互补的 DNA 或 RNA 目标序列,它能检测目标序列在组织或者细胞中的位置,也能在许多 DNA 或 RNA 复杂混合物中检测或识别目标序列。

根据所标记核酸的类型不同,核酸探针可以分为 DNA 探针(DNA probe)、CDNA 探针、RNA 探针(RNA probe)和简并探针(degenerate probe)。DNA 探针是指长度在几百碱基对以上的双链 DNA 或单链 DNA 探针,是最常用的核酸探针;cDNA 探针是由 RNA

经反转录酶催化产生的单链 DNA 探针；RNA 探针是合成 mRNA 时均匀掺入同位素而得到的标记寡核苷酸探针；简并探针是一段含有简并性碱基(脱氧次黄苷，代表符号为Ⅰ)的寡聚核苷酸经过标记得到的探针。

核酸探针常用的标记物有同位素标记物 ^{32}P 和 ^{35}S，非同位素标记物有地高辛、生物素和荧光染料(表 7-2)。

表 7-2　探针的标记类型及特性

标记物	检测方法	特点
^{32}P	β射线，自显影	灵敏度最高，半寿期 14 天，放射强度 1.7 MeV
^{35}S	β射线，自显影	灵敏度高，半寿期 87 天，放射强度 0.17 MeV
生物素	酶标血凝素，显色	灵敏度好，要避免有内源性生物素标本
地高辛	酶标地高辛配体，显色	灵敏度好，分辨率一般
荧光染料	荧光检测，显色	分辨力，灵敏度高，有多色荧光，用于自动测序仪

放射性同位素是目前应用最多的一类探针标记物。放射性同位素的灵敏度极高，可以检测到低于 $10^{-14}g$ 的核酸，在最适条件下可以测出样品中少于 1000 个分子的核酸含量。常用标记核酸探针的同位素有 ^{32}P、^{35}S，在 Southern 杂交中以 ^{32}P 最常用。

^{32}P 是最常用的标记同位素，被标记的 dNTP 本身就带有磷酸基团，便于标记，特点是比活性高，可达 9000Ci/mmol；发射的 β 射线能量高，可达 1.7MeV，用它标记的探针自显影时间短，灵敏度高。^{32}P 的半寿期为 14 天，一般标记后，必须在一周内使用，虽带来不便，但给使用后废弃物处理减轻了压力。

^{35}S 也是一种常用的标记同位素，$[α-^{35}S]dNTP$ 中的 α 位磷酸基中的氧被 ^{35}S 取代，可用于核苷酸的手工序列分析和分子标记等，也可用于缺口翻译法标记 DNA。^{35}S 的半衰期为 87 天，标记的探针可以保存较长的时间，β 射线能量只有 ^{32}P 的 1/10，可达0.17 MeV，所以其标记的探针比活也低于 ^{32}P。虽然 ^{35}S 标记的探针比活较低，在检测时需要增加自显影的时间，但是其自显影得到的带型更紧凑和锐利，因而有更好的分辨力，能更好地区分条带。

在使用同位素标记时，还应根据标记方法的不同选择相应标记方位的核苷酸，一般情况下，用聚合酶标记的方法使用的是 $[α-^{32}P]dNTP$，使用 T4 多核苷酸激酶进行末端标记的必须是 $[γ-^{32}P]NTP$，最常用的是 $[γ-^{32}P]ATP$。

使用 ^{32}P 标记物应注意防护，操作时应用 1~1.5cm 的聚甲基丙烯酸甲酯有机玻璃隔离保护人体躯干，避免直接照射。实验过程必须严格规范实验操作程序，实验结束后，应用专用探测器(盖革-米勒检测器)检查工作区域、手、衣服等，以免污染发生。操作人员胸前应佩带个人计量器，定期检测。使用其他同位素标记物时，同样应注意放射线防护。

非放射性标记有酶标和化学物标记法，酶标方法与免疫测定 ELISA 方法相似，只是被标记的核酸代替了被标记的抗体，事实上被标记的抗体也称为探针，阅读文献时应加以注意。

现有许多商品是生物素(biotin)、地高辛标记的，如生物素-dUTP、生物素-dATP、地高辛-dUTP 等。酶标法复杂、重复性差、成本高，但便于运输保存，灵敏度与放射性标记相当，但是，酶标记显色稳定时间短，变异系数较大。

化学物标记法有的也是利用相应酶标抗体形成特异复合物，与上述方法相当，有的则可自发光。化学物标记法简单、成本低，但灵敏度相对较低。

荧光标记简单、成本低,有多种荧光标记可进行分别标记,所以具有很高的分辨力。但是荧光染料的荧光激发和接收需要昂贵仪器,虽然用一般的紫外观测设备可以检测,但不是最佳的检测条件。

二、探针的标记方法

核酸探针标记的基本原理是利用聚合酶的聚合作用,将标记的核苷酸掺入新合成的DNA链,常用的标记方法有缺口平移标记法、随机引物标记法、末端标记法等。

1. 切口平移标记法

切口平移标记(nick translation)法,也称为缺口翻译法,是先由限量的 DNase Ⅰ 和 Mg^{2+} 在双链 DNA 上随机切出单链切口,然后加入 DNA 聚合酶Ⅰ和四种 dNTP,其中一种 dNTP 是被标记的。由于 DNA 聚合酶Ⅰ具有 $5'{\to}3'$ 的水解活性,所以能从双链 DNA 切口开始从 $5'$ 端水解单链 DNA,并从 $3'$ 端延伸合成新的互补链,同时标记核苷酸被掺入新生产的 DNA 链中,新链合成是在双链 DNA 上的切口平行推移,可均一标记 DNA 链,故称切口平移法(图 7-9)。

切口平移标记法有如下特点:

优点:快速,简便,成本相对较低,比活性较高,标记均一。

缺点:最合适的切口平移片段一般为 $50{\sim}500$ bp,适用于对大分子 DNA 的标记(>1 kb最好),但只能对双链 DNA 分子进行标记,单链 DNA、RNA 不能用该法标记。

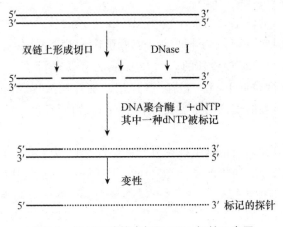

图 7-9 切口平移技术标记 DNA 探针示意图

2. 随机引物标记法

随机引物标记法(random primer labeling)就是利用人工合成的长度为 6 个寡核苷酸残基的随机引物(random primer)与单链 DNA、RNA 或变性的双链 DNA 结合,以 4 种 dNTP(其中一种是 dNTP 被标记)为底物,在 DNA 聚合酶或反转录酶的作用下合成与模板 DNA 互补的且带有标记物的 DNA 探针。当以 RNA 为模板时,必须采用反转录酶,得到的产物是标记的单链 cDNA 探针。变性处理后,新合成探针片段与模板解离,即得到多条各种大小的探针 DNA。因为所用寡核苷酸片段很短,在低温条件下可与模板 DNA 随机发生退火反应,因此被称为随机引物标记法(图 7-10)。

　　用随机引物标记的 DNA 探针或 cDNA 探针比活性显著高于缺口平移标记法,且结果较为稳定。随机引物标记法尤其适用于真核 DNA 探针,因为随机引物来自真核 DNA,它与真核序列的退火率要高于原核序列。

　　但是随机引物法对于克隆在载体上的 DNA 探针进行标记,通常是先将插入探针 DNA 从质粒上回收后再进行标记,而缺口平移法可直接用于质粒上的 DNA 进行标记。

　　随机引物标记法的特点:

　　优点:快速、简便、比活性较高、标记均一,可代替切口平移标记法。此外,大小、单双 DNA 均可标记,标记均匀,标记率高。

　　缺点:随机引物的价格较高,标记的探针较缺口平移法短。

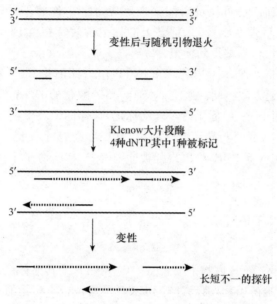

图 7-10　利用随机引物标记 DNA 探针示意图

3. 末端标记法

　　末端标记(end labeling)法是借助工具酶将标记基团与核酸分子末端连接的技术,主要有 DNA 聚合酶末端标记法和 T4 多核苷酸激酶末端标记法。

　　利用 Klenow 大片段酶可以填补由限制性内切酶切双链 DNA 所产生的 $5'$ 突出末端,因此,用这种方法可以对 $5'$ 突出末端双链 DNA 进行标记。

　　用 Klenow 大片段酶标记末端一般只用一种[α-^{32}P]dNTP,加入反应的[α-^{32}P]dNTP 的种类取决于 DNA $5'$ 突出末端序列是哪种碱基,例如,用 EcoR I 切割 DNA 所产生的末端可用[α-^{32}P]dATP 标记,补平的末端碱基 A 就是带有标记的(图 7-11)。通过选择相应标记的 dNTP,末端标记法还可以只标记双链 DNA 分子的一端。例如,若 DNA 片段的两个末端分别是 Bam H I 和 Hind III 黏性末端,在反应中只加入[α-^{32}P]dGTP 或[α-^{32}P]dATP,可选择性标记两末端之一。标记反应可在一种限制性内切酶消解 DNA 后立即进行,不需去除限制性内切酶或使其失活,也不需更换缓冲液。需要注意的是,$3'$ 端突出的双链 DNA 不能被 Klenow 大片段酶有效地标记,如果要对 $3'$ 端突出的双链 DNA 分子进行标记,可用 T4 DNA 聚合酶。

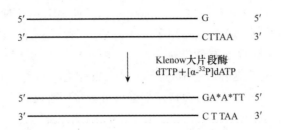

图 7-11 *Eco*R I 酶切片段的 Klenow 大片段酶末端标记

T4 多核苷酸激酶(PNK)能催化 ATP 的 γ-磷酸转移至 DNA 或 RNA 的 5'-OH 的末端。在过量 ADP 存在时,也可促进磷酸交换反应,使 PNK 将 DNA 5'末端磷酸转移到 ADP 上生成 ATP,然后催化[γ-^{32}P]ATP 上的标记磷酸转移至 DNA 的 5'末端,从而使 DNA 重新磷酸化,由此 5'末端得到标记。

显然,PNK 标记 DNA 末端需要[γ-^{32}P]NTP 作为标记物,最常用的是[γ-^{32}P]ATP,这与前述的聚合酶标记方法不同。通常,对于 5'端磷酸化的 DNA,要先用碱性磷酸酶去掉磷酸基团,然后再用于 PNK 催化的 5'末端标记,这样标记效率较高。

短的 RNA 和 DNA 探针可选用此法标记,寡核苷酸探针一般也多用这种标记,如将 PCR 引物标记后进行 PCR 扩增,可以得到被标记的 PCR 产物探针。

末端标记的特点:

优点:简单、快速,成本最低。

缺点:若用于大分子核酸标记,会因尾巴短而标记比活性低。

4. PCR 标记法

PCR 标记法就是在 PCR 底物中加入[α-^{32}P] dNTP 或其他标记的 dNTP,或者 T4 多核苷酸激酶标记 5'末端的引物,然后进行 PCR 反应合成带有标记的 DNA 片段。

PCR 技术具有很高的特异性,可在 1~2 h 之内大量合成探针 DNA 片段,如果在底物中加入[α-^{32}P] dNTP 或其他标记的 dNTP,则探针 DNA 合成过程中可得到很好的标记,标记物的掺入率可高达 70%~80%,因此,PCR 标记技术特别适用于大规模检测和非放射性标记。

PCR 标记法的特点:

优点:快速简单,成本较低。双链嵌入,比活最高,使用从探针 DNA 上制备的小片段作引物也能取得较好的标记效果。

缺点:一般需要知道探针的序列,要专门合成一对特异性 PCR 引物。

第八章 重组子的构建、转化和筛选

外源目的 DNA 和载体进行连接的技术即 DNA 的体外重组技术,是基因工程的核心技术,它利用内切酶和其他一些核酸工具酶对外源目的 DNA 片段和载体 DNA 片段进行一定的切割和修饰,然后再把这些片段连接成一个 DNA 分子(称为重组子),导入宿主细胞,从而实现外源目的 DNA 增殖和表达的目的。

本章主要介绍了目的基因片段与载体连接的操作策略,有助于掌握 DNA 片段的体外连接技术。

第一节 连 接 方 式

基因重组所说的连接通常是指核酸分子在连接酶的催化下,两个相邻末端上的 $5'$-磷酸基团和 $3'$-羟基形成一个磷酸二酯键,从而把两个末端连接起来。

一、连接方式

根据两个连接片段的末端性质,可以将连接分成黏性末端连接和平末端连接两种方式。黏性末端连接即进行连接反应的两个 DNA 末端为互补的黏性末端,这种连接效率高,是常用的连接方法;平末端连接即进行连接的两个 DNA 末端为平末端,这种连接方式效率低,酶用量大。

DNA 重组技术中所指的连接是指利用 DNA 连接酶将不同的 DNA 片段连接成一个新的 DNA 分子(重组子),通常是把目的基因与载体连接成重组子,然后导入大肠杆菌进行增殖或者表达。为了使目的基因与载体连接成重组子,需要对目的基因片段和载体的末端进行处理,然后再进行连接反应。目的基因片段和载体的连接方式主要有黏性末端连接、平末端连接、同聚物加尾连接和人工黏性末端连接等方法,虽然它们在对载体和片段的处理方式上有所不同,但都是利用 DNA 连接酶所具有的连接和封闭单链 DNA 的功能。

1. 黏性末端连接

黏性末端连接即载体的末端通过酶切产生的互补的黏性末端进行连接。这种连接方法连接效率高,是最常用的连接方法。根据待连接载体上的两个末端是否相同,黏性末端连接又可以分为同源(不定向)黏性末端连接和异源(定向)黏性末端连接。

同源黏性末端连接是指待连接载体的两个末端的连接方式相同(图 8-1)。由于载体的两个末端相同,所以目的片段以哪个方向连接到载体是随机的、不确定的。这种连接方法只需要把插入片段和载体用同种内切酶或者同尾酶消化后,就可以使插入片段和载体的末端产生相同的黏性末端,然后进行连接。这种方法操作简单,但载体的自身环化率高,导致连接效果较差。所以采用同源黏性末端连接时,为了防止载体的自身环化,需要用磷酸化酶把载体 5′端的磷酸基团去掉(去磷酸化处理)。去磷酸化处理过的载体要先进行自身连接,然后转化大肠杆菌感受态细胞以检验载体的去磷酸化效果,只有达到要求的才能和插入片段进行连接。

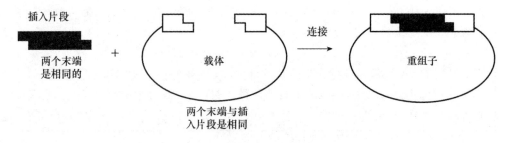

图 8-1　同源黏性末端连接方式

异源黏性末端连接是指待连接载体的两个末端是不相同的(图 8-2)。这种方法可以用两种内切酶(非同尾酶和平端酶)来处理载体,使载体两端产生不相同的黏性末端,然后和同样处理的外源片段进行连接。异源黏性末端连接虽然在操作上较复杂,但其无需对载体进行去磷酸化处理,可以有效降低载体的自身环化率,还可以使插入片段按照实验目的要求定向连接到载体上,连接效率高,是表达载体最常用的连接方式。

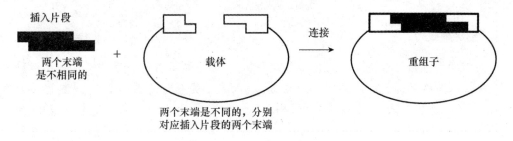

图 8-2　异源黏性末端连接方式

2. 平末端连接

平末端连接方式就是利用平端内切酶或者 DNA 聚合酶使载体和目的片段的末端变成平末端后进行连接(图 8-3)。平末端连接要比黏性末端连接的效率低得多,酶用量大,载体自身环化高,所以一般尽量避免使用平末端连接。

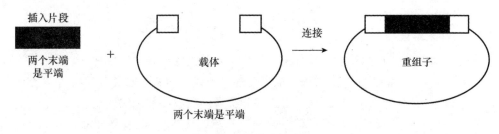

图 8-3　平末端连接方式

　　尽管平末端连接的效率比较低,使用较少,但有时目的片段没有互补的黏性末端,这时需要对末端进行补平,然后再与用平端酶(如 Sma Ⅰ)处理过的载体进行连接。在平端连接反应中,一般通过延长反应时间和加大连接酶的用量来提高连接效率,但是这样又会导致载体的自身环化率和连接背景提高,降低了载体和片段的重组率。

　　一般的连接是酶切后并对内切酶进行灭活后再进行的,为了解决平末端连接中载体和插入片段重组率低的问题,可以利用连接/酶切双功能反应系统来进行连接,这样可以有效提高平末端连接的重组率。

　　连接/酶切双功能反应系统的原理是:连接酶活力主要依赖于ATP,最适反应 pH 为7.5~8.0,能在多种缓冲液中保持高活力。而大多数内切酶缓冲液的 pH 为 7.5~8.0,因此在内切酶缓冲液中存在 ATP 的条件下,连接酶就能保持很高的连接酶活性,因此连接酶和内切酶可以在同一反应体系中有较高酶活力,也就是说酶切和连接反应可同时进行。

　　连接/酶切双功能反应系统,不仅可以降低连接背景,还可以节约时间,但它的使用有一定限制,即两个 DNA 分子末端连接形成的新序列不能被内切酶识别。例如,如果载体是用 Sma Ⅰ处理的平端,而外源目的片段序列没有 Sma Ⅰ识别位点,连接后形成新的重组分子也不会产生新的 Sma Ⅰ位点,也就是说连接在载体上的外源片段不能被 Sma Ⅰ切割下来,这时可以在连接反应体系加入 Sma Ⅰ内切酶,组成连接/酶切的体系,这样如果发生载体自身环化,内切酶会将其切开,而连接形成的重组分子不会被切开,从而提高连接效率(图 8-4)。

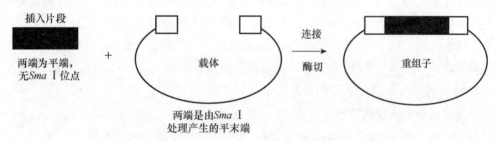

　　图 8-4　连接/酶切双功能反应系统的平末端连接方式

　　重组分子不会被加入的内切酶重新切开,是利用连接/酶切双功能反应系统进行连接的基本条件。因此,不仅平端连接可以利用连接/酶切双功能反应系统来进行,只要满足加入的内切酶不会酶切连接产生的重组 DNA 分子的条件,都可以使用这个系统。例如,由于酶切位点都是回文结构,用平端酶制备的 T 载体,当其末端和插入片段的末端连接后,回文结构消失,即酶切位点消失;还有人工接头和目的片段连接或用同尾酶产生的片段相互连接,连接后酶切识别位点消失的,都可以使用这一种连接方法。

3. 人工黏性末端连接

　　人工黏性末端连接是指先在载体和插入片段的末端连接上一段化学合成的带有酶切识别位点的序列或者是带有黏性末端的衔接物或接头,然后使它们形成黏性末端再进行连接,或者是直接进行连接的一类连接方法。人工黏性末端连接法主要包括人工接头(linker)连接法和 DNA 衔接物(adaptor)连接法,具体操作步骤在下一节再详细介绍。

二、提高连接效率的策略

1. 载体的酶切效率

在基因重组中使用到的载体类型很多,载体的相对分子质量、提取和纯化的方法都有不同。λ噬菌体等相对分子质量较大的载体,其提取难度比质粒载体大,对于高拷贝数的质粒,用小量碱裂解提取就可以满足一般的基因操作。现在已经有很多商品化的试剂可以快速获得高质量的载体DNA,完全可以满足基因重组的需要。

根据需要连入载体的位点,选择对应的限制性内切酶消化载体,使载体上产生一个缺口用于插入外源片段。选择限制性内切酶时要考虑酶的星号活力、甲基化、末端的特性等;为了考虑载体的酶切效率,通常会选择一些酶切效率高的酶,如 $BamH\ I$ 和 $EcoR\ I$ 等。如果要采用双酶切,还要考虑两个酶的最适反应温度和缓冲液等因素对酶切效率的影响。最适反应温度差距较大的,可以分步反应,先进行低温反应,再进行高温反应;如果不能找到一种缓冲液让两个酶保持高的活力,要先进行第一个酶的酶切反应,然后进行回收纯化,再进行第二个酶的酶切反应。酶切完毕要进行灭活,大多数内切酶可以采用高温灭活,有些耐高温的内切酶(如 $Taq\ I$)不能用高温灭活,需要用试剂盒进行回收纯化后才能进行连接反应。

经过酶切的载体需要经过纯化才能保证得到较高重组率,单酶切的载体还需要经过去磷酸化处理以防止载体自身环化。纯化的方法一般是选择琼脂糖电泳回收目的片段,这样可以保证没有被酶切的质粒和切下的小片段与线性质粒分离,提高载体的重组率。回收的载体先进行一次不加外源DNA片段的连接反应,然后转化大肠杆菌感受态细胞,检验制备载体的自身环化率,合格后才和目的片段进行连接。

2. 载体和插入片段的质量和纯度

连接相对分子质量较小的片段,纯度问题很容易被忽略,但是连接较大的片段或者是需要很高的重组率时,保证载体和插入片段的质量和纯度就十分重要了。实验发现,把 $1\sim3$ kb 的目的片段连接到质粒上是很容易的事情,而要把大于 8 kb 的片段连接到载体上就十分困难了;PCR产物的电泳条带清晰时,产物就容易连接,当电泳条带不够清晰时,甚至模糊时,连接就变得十分困难。

琼脂糖凝胶电泳回收目的片段中使用琼脂糖的质量,质粒提取、胶回收和PCR产物试剂盒的质量,PCR试剂的质量和PCR产物的质量等,都有可能影响载体和插入片段制备的纯度和质量,从而影响连接效率。此外,EDTA、杂蛋白质和存留有活性的酶等影响酶切的因素也影响到连接效率。

3. 连接反应条件优化

连接反应体系中的组成,如酶的用量、辅助物、载体和插入片段的比率等因素都会对连接效率产生影响。载体和插入片段的比率,不同的载体、插入片段的长度会有不同的比率,可以借鉴相关的经验,如果是采用试剂盒的可以按说明书进行。

对于一般的连接体系,$10\ \mu L$ 的反应体系中载体和片段的浓度一般为 $20\sim100$ ng,载体和插入片段的摩尔数为 $1:2\sim1:3$,过低会降低重组率,过高容易导致多拷贝插入。

在反应体系中添加低浓度的PEG,可以有效地提高连接效率,所以有些公司的连接酶会附带 PEG，或提供两种连接酶缓冲液，其中一种添加有 PEG。注意添加有 PEG 的缓冲液会有悬浮装物质，需要摇匀后再使用。

提高插入 DNA 的浓度、加入 DNA 载体、提高连接酶的用量、降低 ATP 的浓度和延长连接时间等方法都可以提高平端连接的连接效率。平端 DNA 连接所需的酶量比黏性末端连接至少提高 10～20 倍，才能达到与黏性末端同样的连接效率(表 8-1)。

虽然连接酶的最适反应温度为 37℃，但在这一温度下黏性末端的氢键结合不稳定，反而导致连接效果差，因此连接反应的温度通常采用 4～16℃，多选用 12～16℃ 反应 30 min～16 h，可以分段进行，如先低温处理再高温处理。

表 8-1　连接酶对不同连接方式作用的比较

	同源黏性末端连接	异源黏性末端连接	平端连接
重组率	较低	高	较低
是否定向	非定向插入	定向插入	非定向插入
连接效率	高	高	低
自身环化	高	较低	自身环化
末端	单个黏性末端	两个黏性末端	单个平端
去磷酸化	需要	不需要	需要
反应温度	12～16℃	12～16℃	16～20℃
酶用量	低浓度	低浓度	高浓度
ATP 用量	高浓度	高浓度	低浓度

第二节　重组子的构建策略

在基因重组中，插入片段来源有多种情况，有些插入片段的序列是已知的，有些是未知的，因此要根据目的片段的来源和性质选择一定的构建策略。

一、PCR 产物的构建策略

PCR 产物可以利用 Klenow 大片段酶或 T4 DNA 聚合酶将 PCR 产物变成平端，然后采用平端连接的方式与载体连接，但其连接效率较低，所以 PCR 产物更多采用黏性末端的方式来和载体进行连接。根据 PCR 产物的特性可采用以下几种连接策略来和载体进行连接。

1. 在 PCR 引物 5′端引入酶切位点

在引物设计上，在 5′端中增加相应的酶切位点和 1～3 个保护碱基。保护碱基的数目根据内切酶的种类不同和末端碱基数对酶切的影响不同来确定，不提倡添加过多的保护碱基，因为太多的额外碱基会增加 PCR 扩增的难度，同时增加合成费用。利用 5′端带有酶切位点的引物进行 PCR 扩增，将 PCR 产物用对应的内切酶消化，使插入片段的末端变成黏性末端，这样就可以和带有同样黏性的载体进行连接(图 8-5)。如果在上下游引物引入不同的酶切位点，就可以使 PCR 获得的目的片段定向插入载体。

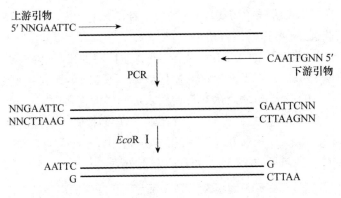

图 8-5　利用 PCR 引物引入酶切位点的方法

2. 利用 PCR 引物直接引入酶切位点

如果载体上酶切位点受限制而必须使用该酶切位点,而插入片段的序列又含有这种内切酶的识别位点,也没有同尾酶可以选择,这时就不能采用在引物 5′端上添加酶切位点的方法来使插入片段末端变成该内切酶的黏性末端。这是因为插入片段中含有这种内切酶的识别位点,当用内切酶处理 PCR 产物时,同时也会把目的片段切断,连接反应中较短的片段会优先和载体连接,导致重组子只是含有小部分的插入片段,而得不到完整的插入片段。这时可以通过设计两套引物分别进行 PCR,然后将两个 PCR 产物纯化后,充分变性再复性,这样混合物中就会有 1/4 是具有相应内切酶的黏性末端。如图 8-6 中通过设计两对引物分别进行 PCR 反应,两个 PCR 产物经过变性再复性,混合物的产物 4 末端就变成 $EcoR$ Ⅰ和 BamH Ⅰ的黏性末端,就能用 $EcoR$ Ⅰ和 BamH Ⅰ双酶切处理过的载体进行黏性末端连接。

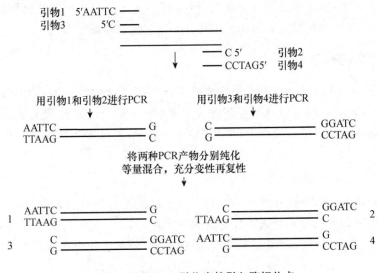

图 8-6　利用 PCR 引物直接引入酶切位点

3. 利用 T-载体连接

Taq DNA 聚合酶具有末端转移酶的活性,会在 PCR 产物的末端 3′-OH 上再添加一个核苷酸,通常 70% 以上产物添加的核苷酸为 A。因此,利用 Taq DNA 聚合酶扩增的产物,纯化后就能够与末端带有核苷酸 T 的载体(T-载体)进行黏性末端的连接,从而达到高效克隆的目的(图 8-7)。T-载体最初由 Promega 公司开发出商品,并一直沿用到现在。需要注意的是 Pfu DNA 聚合酶等具有高保真酶特性,具有 $3'{\to}5'$ 酶切活性,其扩增产物不能直接和 T-载体连接。如果希望和 T-载体连接,可以将 Pfu DNA 聚合酶扩增产物纯化后用 Taq DNA 聚合酶反应体系 72℃保温 15～30 min,使其末端添加上一个 A,然后就可以和 T-载体连接。

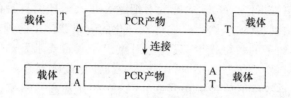

图 8-7 PCR 产物的 T-载体连接

利用 T-载体进行连接,其方法简单、快速,连接效率高,对引物的设计没有特殊的要求,也不需要设计酶切位点,不需要进行酶切,就可以获得与酶切相似的黏性末端连接效果。但是,利用 T-载体连接属于非定向连接,此外,其 T-载体为一次性使用,不能再生,需要购买商品化的 T-载体,载体选择上受到限制,成本会增加。

现在,利用 T-载体连接 PCR 产物也有了新的发展,从牛痘(vaccinia)病毒发现的一种拓扑异构酶 I,它可以结合在双链 DNA 的特异位点上,并可在一条链上于 5'-CCCTT-3'序列的 3'末端处打开磷酸二酯键,释放出的能量可催化 DNA 切口处的 3'磷酸基团与拓扑异构酶的第 274 位的酪氨酸(Tyr)残基共价结合,同样这个共价键又会受到切口处 3'-羟基的攻击,进行可逆反应,恢复切口处的磷酸二酯键,重新将 DNA 连接起来。Invitrogene 公司利用拓扑异构酶 I 这一特性,开发了一种将拓扑异构酶与 T-载体相结合的 PCR 产物快速克隆系统 PCR-TOPO。PCR-TOPO 载体也是一种 T-载体,只是在其 3'末端的突出 T 上共价结合了一个拓扑异构酶 I,当带 3'末端的突出 A 的 PCR 产物与该 T-载体互补配对时,拓扑异构酶 I 就将该缺口连接起来。TOPO 载体除了 T-载体版,还有用于定向连接的定向版和用于平端连接的平端版。

拓扑异构酶 I 同时具有连接酶和内切酶的功能,能够将 PCR-TOPO 载体自身环化的产物切割,因此虽然其转化得到的菌落可能不如用 T-载体的克隆多,但其重组率高,95%左右的菌落都是重组子。操作上 PCR-TOPO 载体和传统 T-载体的 TA 克隆相似,只需要在常温条件下反应 5 min 就可以进行转化了,但是拓扑异构酶 I 要保持较高的活力,需要较高的反应缓冲液离子浓度,这不利于连接产物的电转化。此外,PCR-TOPO 载体为一次性使用,不能再生,价格过于昂贵。

4. 重叠末端修复

重叠末端修复是一类不依赖于序列和连接反应的 DNA 重组技术,其原理是利用 DNA 聚合酶在无或低浓度 dNTP 的条件下,能很好地发挥 $3'{\to}5'$ 核酸外切酶活性,从双链 DNA 的 3'端降解单链,形成 5'端突出一小段单链(15～40 bp)的产物。如果载体和插入片段的末端原来有重叠的序列,5'端突出一小段单链后,两个片段之间依靠重叠序列退火,形成环状中间体,然后导入大肠杆菌感受态细胞。中间体进入大肠杆菌细胞后,在大肠杆菌的修复系统的作用下,形成完整的双链环状重组质粒(图 8-8),同样的方法也可以用于把两个小片段通过重叠末端修复形成一个大片段。大肠杆菌的 Rec A 可提高重组效率,所以要求转化的菌株带有 Rec A 的基因,菌株 XL10-Gold 具有 Hte 基因型,也提高了连接 DNA 的转化效率,不少商品试剂盒都是使用该菌株。

在构建重组子时,可以在 PCR 引物的 5′端设计加上一段(15~40 bp)与载体末端相同的序列。将 PCR 产物纯化,然后与线性化的载体混合,这时不再需要其他酶的处理,可直接转化大肠杆菌菌株 XL10-Gold 的感受态细胞。在大肠杆菌自身修复系统的作用下,外源片段即能够重组到载体上,然后筛选得到环化的重组载体。这种方法非常简单,不需要连接酶,但获得重组子的数量较少,只合适对重组子数量要求不高的重组连接,如表达载体构建、基因的定点突变等。如果 PCR 产物和线性化载体混合后,利用 T4 DNA 聚合酶在低浓度 dNTP 的条件下处理一定时间,可以有效地提高重组率,但在酶用量、dNTP浓度和反应时间的掌握上有一定的难度。

重叠末端修复法构建重组子,快速简单,适用于任何载体和任何片段,不需要磷酸化处理和末端处理就可以获得很高的重组率。其最大的特点是可以实现目的片段在无碱基插入或改变的状况下无缝插入载体,这非常有利于表达载体的构建。但其需要合成较长的 PCR 引物,不仅增加成本,还会给 PCR 增加一定的困难。

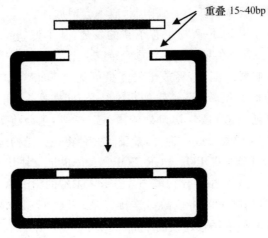

重叠 15~40bp

图 8-8 重叠末端修复的步骤

重叠末端修复法构建重组子,目前已经有商品化的试剂盒,如 Clontech 公司开发的基于 In-fusion 技术的 In-fusion PCR 产物克隆系统。这一系统只需要在 PCR 引物的 5′端加上一段大于 15 bp 的与线性化载体末端相同的序列,PCR 产物纯化后和线性化的载体混合,在 In-fusion 酶的作用下反应 15 min,就可以转化大肠杆菌感受态细胞,然后筛选得到由目的片段和载体组成的重组子。

与 In-fusion 系统相似的还有 NEB 公司的 Gibson Assembly 系统,In-fusion 系统依赖的是一种来自牛痘病毒的具有 3′→5′核酸外切酶活性的 DNA 聚合酶(VVpol),把两个具有相同末端的 DNA 片段连接起来;而 Gibson Assembly 系统则利用 T5 核酸外切酶、DNA 聚合酶及 *Taq* 连接酶的协同作用,把两个具有相同末端的 DNA 片段连接起来。In-fusion 系统两个连接片段的末端只需要重叠 15 个碱基,Gibson Assembly 系统要求重叠大于 20 个碱基,但能重组的 DNA 分子大于 In-fusion 系统,操作上也较复杂。

In-fusion 系统和 Gibson Assembly 系统等商品化的重叠末端修复系统,由于采用了复合酶系统,优化了反应条件,使重叠末端修复的重组率比利用大肠杆菌自身修复系统的重组率大大提高,可以用于包括基因文库构建的重组,但其价格还较昂贵。

二、制备片段的连接策略

制备片段是指经过内切酶或者是其他工具酶处理的目的 DNA 片段。最简单的连接策略是将插入片段补平后再与用平端酶(如 Sma Ⅰ)处理过的载体进行平端连接,但这种方式的效率较低,尽量少用,尽可能使用黏性末端的连接方式。根据片段的特性和连接要求不同,制备片段的连接可以采用以下几种策略。

1. 相同内切酶或同尾酶末端的连接

采用相同的内切酶或同尾酶分别处理插入片段,得到相同黏性末端进行连接。采用相同内切酶产生的末端连接后,由于其识别位点没有改变,所以插入的片段能被相同的内切酶切下。两个同尾酶产生的末端连接后,反向重复序列的识别位点消失,所以不能被原来的两种酶识别,如图 8-9 中的 Bgl Ⅱ 和 BamH Ⅰ 产生的黏性末端,连接后在识别处产生两种新的序列,都不能被 Bgl Ⅱ 或 BamH Ⅰ 识别。

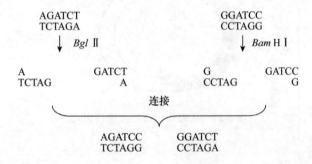

图 8-9　Bgl Ⅱ 和 BamH Ⅰ 产生的末端连接后识别位点消失

2. 不同内切酶末端部分补平的连接

不同内切酶的黏性末端是不相同的,就不能采用黏性末端的连接方式,但是如果两个不同内切酶的黏性末端具有部分相同碱基,就可以部分补平后再进行黏性末端连接。这种连接方式在连接位点处插入了两个碱基,产生的新的序列也不能被原来的两种酶识别(图 8-10)。

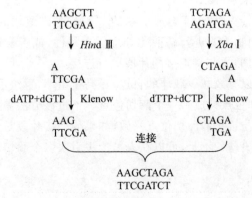

图 8-10　Hind Ⅲ 和 Xba Ⅰ 产生的末端部分补平后连接

3. 同聚物加尾连接

同聚物加尾连接法也称多聚核苷酸投影法（polynucleotide projection），这个方法的基本原理是利用末端转移酶在载体和插入片段制造出互补的黏性末端，而后进行黏性末端连接。如在载体的末端上添加一段 poly(G)，在插入片段末端添加一段互补 poly(C)，这样载体和插入片段就可以通过碱基互补进行黏性连接(图 8-11)。同聚物加尾连接方法是一种人工提高连接效率的方法，属于黏性末端连接的一种特殊形式，与黏性末端连接效果一样，但是其操作的步骤较多，多用于基因文库的构建。

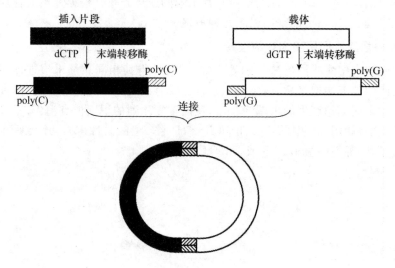

图 8-11　同聚物加尾连接连接方式

4. 人工接头连接法

人工接头(linker)连接法是在待连接的 DNA 片段的平末端先连接上一段带有内切酶识别位点的接头或适当分子，然后再用内切酶进行酶切反应，即可使待连接的片段产生黏性末端。该方法首先是合成带有酶切位点和保护碱基的寡聚核苷酸引物，如果设计成互补的反向重复序列，只需要合成一条引物，如果不是就需要合成两条引物。然后用 T4 多聚核苷酸激酶对引物进行磷酸化处理，使 5′端带上磷酸基团，再进行变性、复性可得到双链的人工接头。双链人工接头和待连接的片段进行连接，然后用内切酶处理就可以使待连接的片段产生黏性末端(图 8-12)。

当复性形成双链的接头时，由于合成引物的 5′端是去磷酸化的，没有磷酸基团，无法进行连接，所以合成的引物需要进行磷酸化处理后再复性，或者复性后再进行磷酸化，使接头的 5′端带上磷酸基团，再与待连接的片段进行连接。

人工接头连接法可以有效减少载体的自连，提高重组率；重组子插入片段可进行酶切回收，也可以由一个酶切位点换成另一个酶切位点。不过该方法需要合成专门的接头，且待连接片段序列中不能与接头的酶切位点一致，如果待连接片段是未知的序列，就会存在被破坏的可能。为了解决这一不足，可以在人工接头引入多个酶切识别位点，这样更方便后续的内切酶选择。

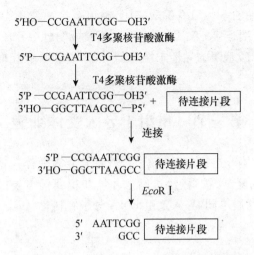

图 8-12 *Eco*R Ⅰ 人工接头形成黏性末端的步骤

5. DNA 衔接物连接法

DNA 衔接物(adaptor)连接法是采用一种人工合成的有黏性末端的特殊双链寡核苷酸短片段和待连接的片段连接,使待连接的片段产生黏性末端(图 8-13)。与人工接头不同的是,衔接物的一个末端是某种限制酶的黏性末端,是用于与载体连接的,另一末端是平末端,用于与待连接的片段相连的。

衔接物连接法在操作上和人工接头连接法相似,但是衔接物和待连接片段连接后就可以直接产生黏性末端,不需要进行内切酶的消化,从而避免了未知序列的连接片段可能因存在内切酶的识别位点而被切断。但是该方法在操作上较人工接头连接法复杂,需要两次磷酸化处理。

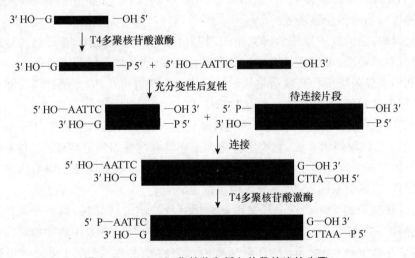

图 8-13 *Eco*R Ⅰ 衔接物和插入片段的连接步骤

衔接物连接法是设计合成一长一短两条能互补形成黏性末端的寡聚核苷酸引物,为了防止衔接物自身连接成二聚体,提高其和外源片段的连接效率,在制备衔接物的时候需要经过两次磷酸化:第一次是将短引物进行磷酸化处理,使衔接物只有平末端的 5′ 端具有磷酸基团,而黏性末端的 5′端没有磷酸基团,避免衔接物自身连接形成二聚体,但可以和待连接片段进行平末端连接;第二次磷酸化在衔接物与外源片段连接之后,目的使待连接片段变成 5′端具有磷酸基团的黏性末端(图 8-13),以和具有相同黏性末端的载体进行连接。

第三节　重组子导入受体细胞

目的片段与载体在体外连接成重组子后,需将其导入受体菌,随着受体菌的生长、增殖,重组 DNA 分子得到复制、扩增,经过筛选才能获得我们需要的"克隆子"。根据重组 DNA 时所采用的载体性质不同,导入重组 DNA 分子有转化、转染和感染等不同手段。

一、受体细胞

基因工程中的受体细胞(receptor cell)又称宿主细胞、寄主细胞(host cell),是指能吸收外源 DNA 并使其维持稳定的细胞。

用于基因工程的宿主细胞可以分为原核细胞和真核细胞两大类。基因工程中的目的不同,对受体细胞的要求也不完全相同,有良好的遗传操作系统或者转化系统以进行 DNA 重组技术操作是基因工程受体细胞的基本条件。

因受体细胞类型不同,重组子导入受体细胞的方法也不同。导入原核细胞的方法主要有感受态细胞转化、电转化、三亲杂交转化、转导和转染等;导入真核微生物细胞的主要方法有化学转化法、原生质体转化法和电转化法等;导入植物细胞的主要方法有农杆菌介导的 Ti 质粒转化法、多聚物介导法、电穿孔法、激光微束穿孔转化法、超声波介导法、基因枪法、脂质体介导法和显微注射法等;导入动物细胞的主要方法有病毒颗粒转导法、磷酸钙转染法、DEAE-葡聚糖转染法、聚阳离子-DMSO 转染法、显微注射转基因法、电穿孔 DNA 转移法和脂质体介导法等。

由于大肠杆菌的分子遗传学研究深入,其生长迅速,操作方便,有成熟的转化方法和丰富的质粒载体类型,可满足基因工程的各种需要,因此,大肠杆菌本身既是一种受体细胞,也是基因克隆的场所和其他宿主的质粒载体的生产构建车间,大肠杆菌的转化技术也是基因工程中最常见的、最重要的转化技术。

一个 DNA 分子转化受体细胞的转化效率决定于三个内在因素:① 受体细胞的感受态;② 受体细胞的限制酶系统,它决定转化因子在整合前是否被分解;③ 受体和供体染色体的同源性,它决定转化因子的整合,因为转化因子总是与碱基顺序相同的或相近的受体 DNA 相配合,亲缘关系越近的,其同源性也越强。

转化过程所用的受体菌株一般是限制修饰系统缺陷的变异株,即不含限制性内切酶和甲基化酶的突变体(R⁻, M⁻),它可以容忍外源 DNA 分子进入体内并稳定地遗传给后代。虽然某些微生物(如酵母)没有限制性内切酶突变菌株,但可以通过增加线性外源 DNA 的量,然后利用电转化导入宿主细胞,在限制性内切酶降解外源 DNA 前就整合到宿主染色体上,并随着染色体遗传下去。有些大肠杆菌菌株虽然没有缺失限制性内切酶,但也可以进行正常的质粒转化,这得益于大肠杆菌的限制和修饰系统。

显然内切酶缺陷和重组酶缺陷的菌株不是大肠杆菌转化的必需条件,但是内切酶缺陷的菌株可以获得更高的转化率，而重组酶缺陷是保证外源片段在细胞的传代过程中不发生序列的交换重组，保持外源片段 DNA 序列的稳定性，因此，在基因的克隆以及基因重组过程中，为了保证能获得高的转化率和外源片段序列的稳定性，选择内切酶缺陷和重组酶缺陷的菌株作为转化的受体细胞是十分必要的。

二、重组子导入大肠杆菌

重组 DNA 分子导入大肠杆菌受体细胞有转化、转染和感染等不同手段，选用哪种方式要根据实验的目的和载体的类型来选择。

1. 大肠杆菌的转化

（1）感受态与感受态细胞。

细菌的自然转化是指一种细菌菌株由于捕获了来自另一种细菌菌株的 DNA，而导致性状特征发生遗传改变的生命过程。这种提供转化 DNA 的菌株叫作供体菌株，而接受转化 DNA 的寄主菌株则称为受体菌株。但是，在自然界中转化并不是细菌获取遗传信息的主要方式。不是所有细菌都能进行自然转化，细菌也不是生长的任何阶段都具有吸收 DNA 的能力，细菌能从周围环境中吸收 DNA 的生理状态被称为感受态。细菌的自然转化不能满足基因工程的需要，通过物理或化学处理可提高细菌吸收 DNA 的能力。

基因工程的转化也称人工转化，是指通过人工诱导大肠杆菌出现感受态，把质粒 DNA 或以它为载体构建的重组子导入大肠杆菌细胞的过程。在基因的分子操作中，把经过物理或化学处理，处于容易吸收外源 DNA 状态的大肠杆菌细胞称为感受态细胞（competent cell）。感受态的出现是由于细菌表面出现许多 DNA 结合位点，这些位点只能与双链 DNA 结合，而不与单链 DNA 结合，这说明完整的双链结构对于转化活性来说是必要的。

一般用于 DNA 分子操作转化受体细胞的大肠杆菌菌株应当具有两个基本的条件：第一，属于安全宿主菌；第二，具有限制酶和重组酶缺陷。

（2）感受态细胞制备的方法。

目前大肠杆菌常用的感受态细胞制备方法主要有 DMSO 休克感受态法和离子感受态法，离子感受态法主要有 $CaCl_2$ 和 RbCl（KCl）法。RbCl（KCl）法制备的感受态细胞转化效率较高，也被称为超级感受态法，其转化率最高可达 $10^7 \sim 10^9$ 转化子/μg 质粒 DNA，但制备较复杂，成本较高。$CaCl_2$ 法制备感受态细胞，方法简便易行，其转化率为 $10^3 \sim 10^5$ 转化子/μg DNA，完全可以满足一般实验的要求。制备好的感受态细胞暂时不用时，可加入占总体积 15% 的无菌甘油于 $-80℃$ 保存一年，但是转化率会随着保存时间延长而降低。DMSO 休克感受态法制备的感受态细胞转化率高，成本较 RbCl 法低，但是保存时间较短，于 $-80℃$ 保存一个月，转化率就会降低超过一半，所以较少使用。

$CaCl_2$ 转化的原理是细菌处于 $0℃$ 的 $CaCl_2$ 低渗溶液中，细胞膨胀成球形，溶液中的 Mg^{2+} 对维持外源 DNA 的稳定性起重要作用。$0℃$ 时转化混合物中的 DNA 会形成一种抗 DNA 酶的羟基-钙磷酸复合物黏附于细胞表面，经 $42℃$ 短时间的热激处理，促进细胞吸收 DNA 复合物；接着将转化混合物放置在非选择性培养基中保温一段时间，促使在转化过程中获得新的表型（如抗 Amp 等）的表达，然后将此细菌培养物涂在含有氨苄青霉素的选择性平板上，$37℃$ 培养 $8 \sim 12$ h 得到的菌落都是含有质粒的，这种含有质粒的菌落也叫转化子。

在加入转化 DNA 之前,必须预先用 $CaCl_2$ 处理大肠杆菌细胞,使之呈感受态。对绝大多数来源于大肠杆菌 K_{12} 系列的 hsdR$^-$,hsdM$^-$ 缺失衍生菌株(hsdR 是一型限制酶;hsdM 属于 DNA 甲基化酶,也是一型限制酶的一部分),$1\ \mu g$ 的质粒 DNA 转化可以达到 $10^7 \sim 10^8$ 个转化子。

(3)影响转化率的因素。

大肠杆菌的转化率受到转化质粒 DNA 的浓度、纯度和构型,转化细胞的生理状态,经 $CaCl_2$ 处理后的成活率,温度、pH、离子浓度等转化条件的影响。所以为了提高大肠杆菌的转化率,要考虑以下几个方面的因素:

第一,制备的感受态细胞的生长状态和密度。

不要用经过多次转接或保存于 4℃ 的培养菌来做感受态细胞,最好从 -80℃ 甘油保存的菌种中划线接种 LB 平板,挑取生长快速的单菌落于 LB 液体培养基中培养,至 A_{600} 为 0.5～0.6 时,再划线接种 LB 平板,选择生长快速的单菌落用于制备感受态细胞。用于制备感受态细胞的菌液,其细胞生长密度以刚进入对数生长期时为好,可通过监测培养液的 A_{600} 来控制。如 DH5α 菌株的 A_{600} 为 0.5～0.6 时,细胞密度约为 5×10^7 个/mL(不同的菌株情况有所不同),这时细胞密度比较合适,密度过高或不足均会影响转化效率。

第二,转化 DNA 的质量和浓度。

用于转化的质粒 DNA 应主要是超螺旋态的 DNA,转化效率与源 DNA 的浓度在一定范围内成正比,当加入的 DNA 量过多或体积过大时,转化效率就会降低,$1\ ng$ 的超螺旋态的质粒 DNA 即可使 $50\ \mu L$ 的感受态细胞达到饱和,一般情况下,加入 DNA 溶液的体积不应超过感受态细胞体积的 10%,加入过多的 DNA 会降低转化率。开环质粒 DNA 或者质粒和外源 DNA 片段的连接产物,其转化率会远低于超螺旋质粒 DNA。此外,重组质粒的相对分子质量也会影响转化率,相对分子质量超过 15 kb 的质粒转化率就更低了。

第三,制备感受态细胞的试剂的质量。

制备感受态细胞所用到的试剂的质量,包括配制试剂的水的纯度都会影响到感受态细胞的转化率。还有制备感受态细胞所用到容器的清洁度是很容易被忽略的,三角瓶和离心管等用品残留的痕量洗涤剂成分都会降低感受态细胞的转化率,所以容器最好用纯净水浸泡过夜,洗干净再用。试剂(如 $CaCl_2$ 等)均需是最高纯度的(GR 或 AR),并用超纯水配制,最好分装保存于干燥的冷暗处。

第四,防止杂菌和杂 DNA 的污染。

整个操作过程均应在无菌条件下进行,所用器皿,如离心管、吸头等最好是新的,并经高压蒸汽灭菌处理,所有的试剂都要灭菌,且注意防止被其他试剂、DNase 或杂 DNA 污染,否则均会影响转化效率或引起杂 DNA 的转入,给以后的筛选、鉴定带来不必要的麻烦。

(4)转化基本步骤。

大肠杆菌转化的基本步骤:将连接产物加入感受态细胞液中,轻轻混匀;置于冰上 20 min;42℃ 热激 45～60s;再冰上放置 2 min;加 SOC 培养 45～60 min;取适量涂布到含有抗生素的 LB 平板上。如果转化产物是超螺旋的质粒 DNA,可以减少 SOC 培养 45～60 min 的时间,或者省略这一步骤。

2. 大肠杆菌的电穿孔转化

电穿孔转化也称电转化，是受体细胞在脉冲电场作用下，细胞壁上形成一些微孔通道，使得 DNA 分子直接与裸露的细胞膜脂双层结构接触，并引发吸收的过程。该方法可以转化相对分子质量较大的质粒，适用于所有的细菌，也可用于真核生物的转染。

电转化也适用于大肠杆菌，其基本原理是把细胞放在一种带有电极的杯子（称为电击杯）中，然后利用电脉冲仪的高压脉冲电场的作用，使大肠杆菌细胞产生瞬间的穿孔，这个穿孔足够大并可维持足够的时间，使外源 DNA 进入细胞。电转化法的转化效率比钙转化法高 2～3 个数量级，可以很容易达到 10^9 转化子/μg 质粒 DNA。转化率受到脉冲电场强度、脉冲时间和 DNA 浓度的影响。在做电转化应注意以下事项：

① 制备电转化用的感受态细胞必须用离子强度低的缓冲液，如培养至对数期的细胞用甘油或者山梨醇的 10％溶液洗涤两次就可以用于电转化，也可以分装保存于－80℃。

② 连接产物的反应体系是含有离子的缓冲液，因此添加太多的连接产物，会使转化产物的离子强度增加，引起电转化电流过大，从而导致发热量瞬间增大，使细胞致死率增大，从而导致转化率降低或者失败，转化产物的离子强度较大也容易导致电击杯被击穿。

③ 电转化感受态细胞浓度太高、太黏稠，或者加样不均匀，容易导致电击过程产生一声砰的"爆炸"；感受态浓度太稀则会导致无电转效果。

电击杯为塑料制成，上铸有嵌入式铝电极，一般商品化的电击杯采用伽马射线照射无菌处理过的无菌包装，一般建议一次性使用，如果要重复使用只能用 75％酒精来消毒，避免损坏铝电极，但是被电击击穿的电击杯不能重复使用。电击杯一般有 1、2、4 mm 三种电极间距的规格，大肠杆菌转化一般采用 1 、2 mm 规格。

电击前将电击杯放入－20℃冰箱内待用，所有操作过程都要尽量在冰上进行，并放置足够的时间。由于电击杯电极间小，电击后的转化液无法用移液器吸出，也不能直接倒出，需用毛细管轻吸出来的。

3. 大肠杆菌的转染和转导

转染（transfection）是指转化感染（transformation 与 infection），凡是以噬菌体（如 λ 噬菌体和 M13 等）或病毒为载体，以转化的方法将 DNA 导入细胞的方法均称为转染，因此转染就方法来说与转化是一样的。但是在基因工程实验中，采用 λ 噬菌体直接转染大肠杆菌细胞的转化率很低，无法满足对转化率要求很高的基因操作（如基因文库构建）的要求。而转导是通过 λ 噬菌体颗粒感染细胞的途径把载体导入受体细胞的过程。基因工程的转导（transduction）是指在体外模拟 λ 噬菌体 DNA 分子在受体细胞内的包装反应，将重组的 λ 噬菌体 DNA 或重组的柯斯载体 DNA 在体外包装成成熟的具有感染能力的 λ 噬菌体颗粒，然后通过感染大肠杆菌的方式导入大肠杆菌细胞的技术。

在操作过程中将重组的 λ 噬菌体 DNA 与 λ 噬菌体包装蛋白抽提物混合一段时间，即可进行平板涂布，混合物还可以保存一段时间。λ 噬菌体包装蛋白抽提物可以自行制备，也可以购买商品的，它的效价是决定转化率的关键因素。商品化的 λ 噬菌体包装蛋白抽提物使用简便，效价高，但要注意运输和保藏过程中可能导致其效价下降。

第四节 重组子的筛选方法

将转化后的预培养物涂布到含有质粒载体选择标记对应的抗生素的平板上,这样在平板形成的菌落都是含有一定质粒载体 DNA 的,这种菌落就称为转化子。虽然转化子都是含有载体 DNA 分子的,但是它们有些含有的不是重组的载体 DNA 分子,而是没有外源 DNA 的自身载体 DNA 分子,所以转化之后,还得利用一定的方法将连接上外源片段的转化子挑选出来,通常就把含有外源 DNA 重组载体的转化子称为重组子。在基因文库中,不是所有的重组子都含有所需要的目的 DNA 片段,经过一定的筛选方法,从大量的重组子筛选得到含有目的 DNA 序列的重组子,这个重组子称为阳性克隆子或者期望重组子。

基因工程实验中筛选通常包括重组子和阳性克隆子的筛选。λ 噬菌体载体或柯斯质粒载体采用转导的方式进行转化,由于没有插入外源的载体是不能被包装成有活力的颗粒的,所以它们的转化子具有很高的重组率,这两类载体多用于文库的构建,而这类文库的筛选也就是阳性克隆子的筛选。对于质粒载体来说,转化子包含无插入片段的非重组子和有插入片段的重组子,因此对其来说,筛选就是重组子的筛选。

一、重组子的筛选

重组子筛选主要是通过表型的改变或者采用琼脂糖对重组子相对分子质量的鉴定来筛选,常见的筛选方法有以下:

1. 抗药性筛选法

抗药性筛选法也称为插入失活法,一些质粒载体带有两个或两个以上的抗生素抗性基因,由此可以把其中一个抗性标记作为转化子的选择标记,另一个作为重组子的筛选标记。当外源 DNA 插入质粒其中一个抗性基因序列内部时,由于基因编码序列受到破坏,使得相应的抗生素抗性消失,这一现象即为插入失活,而非重组的质粒还具有这种抗性,这样就可以把重组子区分出来。

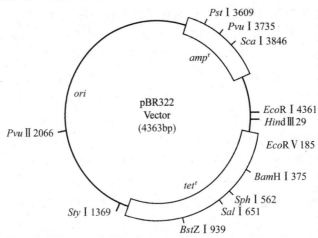

图 8-14 pBR322 质粒的结构图

例如,pBR322质粒(图8-14),当外源基因插入*Bam*HⅠ位点后,破坏了Tet抗性基因的编码序列,导致质粒失去Tet的抗性。当把转化产物涂布到含有Amp的LB平板培养基上,就可以把含有质粒的转化子筛选出来。在含有Amp的LB平板培养长出来的菌落一部分是含有重组质粒的,一部分是含有自身环化的质粒。再把这些菌落按相同顺序分别点样接种含有Amp和Tet的平板培养基上。在Amp培养基上生长但在Tet培养基上不能生长的单抗性菌落是含有重组质粒的,在两种抗生素培养基上都能生长的双抗性菌落是不含有重组质粒的。

2. 插入表达筛选法

插入表达筛选法是指外源基因片段插入载体后,基因得到表达,使菌落出现表型的改变,进而把重组子区分出来。此法常用于构建的表达载体的筛选。例如在构建的淀粉酶基因表达载体的筛选中,可以在Amp的LB平板培养基添加淀粉和锥虫蓝,淀粉能和锥虫蓝发生反应,产生蓝色的物质,使平板呈蓝色。如果载体上插入淀粉酶基因,表达后产生的淀粉酶会降解培养基中的淀粉,使得菌落位置产生水解透明圈;反之蓝色菌落所含有的载体没有插入淀粉酶基因。

3. α-互补筛选法

α-互补筛选法是基于两个不同的β-半乳糖苷酶基因(*lac*Z)缺失突变体之间可实现功能互补而建立的,其原理是缺失了第11~41个氨基酸的*lac*Z突变体(称为*lac*Z△M15)没有β-半乳糖苷酶活性,而只包含N端140氨基酸的*lac*Z突变体(称为*lac*Z′)也没有β-半乳糖苷酶活性,但是两个突变混合在一起能实现功能互补,可恢复β-半乳糖苷酶的活性。

现在使用的许多质粒载体(如PUC系列)包含有β-半乳糖苷酶基因(*lac*Z)的调控序列和编码*lac*Z的N端146个氨基酸的DNA序列,并在编码区序列插入一个多克隆位点用于外源片段的插入。插入的多克隆位点并不破坏阅读框架,相当于在β-半乳糖苷酶的N端插入了几个氨基酸,但对β-半乳糖苷酶活性没有影响。

基因组含有*lac*Z△M15基因的大肠杆菌菌株(如XL1-Blue和JM101等)表达的*lac*Z突变体*lac*Z△M15是没有β-半乳糖苷酶活性的,当把带有突变体*lac*Z′基因的载体转化到受体细胞内,经IPTG诱导后,两个基因表达的产物能融为一体,实现功能互补,恢复β-半乳糖苷酶的活性,在含有X-gal(5-溴-4-氯-3-吲哚-β-D-半乳糖苷)的平板上形成蓝色的菌落,这是因为β-半乳糖苷酶能分解无色的X-gal变成蓝色的不溶性物质。

当有外源DNA片段插入到*lac*Z′基因的多克隆位点上,可造成插入失活,其表达产物无法和*lac*Z△M15进行功能互补,β-半乳糖苷酶的活性无法恢复,X-gal不能分解,其菌落呈现白色。通过颜色不同而区分重组子和非重组子,也称蓝白筛选。

α-互补筛选也可以在麦康凯培养基上进行,α-互补产生有活性的β-半乳糖苷酶,能分解麦康凯培养基中的乳糖,产生乳酸,使pH下降,因而菌落呈红色。当外源片段插入质粒后,失去α-互补能力,无法产生有活性的β-半乳糖苷酶,无法分解培养基中的乳糖,菌落呈白色,也称红白筛选。

4. 形成噬菌斑筛选法

对于λ噬菌体为基础的载体,当外源DNA片段插入载体后形成重组λDNA,只有其

分子大小在野生型 λ DNA 的 78%～105% 范围内时,才能在体外包装成具有成熟感染能力的噬菌体颗粒,转化受体菌后,转化子能在平板上裂解形成噬菌斑,而非转化子能正常生长形成菌落,两者有明显的差别,很容易区分。

5. 琼脂糖电泳筛选法

提取质粒 DNA 进行琼脂糖电泳,可观察质粒相对分子质量的大小。由于插入外源片段的质粒相对分子质量变大,通过和对照比较可区分出插入外源片段的重组子。也可以进一步通过酶切,或者利用 PCR 扩增插入片段,再进行电泳分析以确定阳性克隆子。提取质粒 DNA 进行琼脂糖电泳分析,其鉴定成本高,工作量也大,筛选效率低。为了提高电泳的筛选效率,可以将菌体裂解后直接电泳分析。

菌体裂解电泳分析的原理是利用碱裂解法对菌体进行裂解,然后将裂解的混合物进行电泳,通过对照比较质粒的相对分子质量大小来确定重组质粒,此法无须提取质粒 DNA,可以大大提高筛选的效率。

菌体裂解电泳分析的步骤是:在血清板微孔中依次添加溶液Ⅰ 5 μL、培养过夜的菌液 20 μL、溶液Ⅱ 10 μL,并用吸头吸打一次以混匀溶液,静置片刻再加入 10×琼脂糖电泳上样缓冲液 3 μL,然后上样;把上样的凝胶小心放入电泳槽,小心加入电泳液,使其刚好没过胶面,电泳后观察。需要注意的是,加完溶液Ⅱ后,裂解菌体的溶液比较黏稠,加样较困难,所以先加样再加缓冲液。此外在溶液Ⅰ中,RNase 可以减少 RNA 对观察电泳结果的影响。

菌液裂解电泳法,具有快速、简单等优点,但是需要重组质粒和空白质粒的相对分子质量有一定的差异,才能达到很好的鉴别效果,但也还需要进行进一步的质粒提取并酶切电泳分析验证。

6. 菌落或菌体 PCR 筛选法

菌落或菌体 PCR 筛选法的原理是菌落或微量菌体在高温下会裂解把质粒释放出来,以质粒作为 PCR 的模板,根据插入片段序列设计引物来进行目的片段的扩增,然后用电泳分析 PCR 产物,若有目的条带出现,则可初步判断为重组子。

菌落或菌体 PCR 筛选法操作上是取平板上的菌落或微量培养孔上的少量菌体加到 PCR 反应体系中,并做好对应序号的标记,然后进行 PCR 反应和电泳分析。菌落 PCR 的特点是快速、简单,但成本较高,容易产生假阳性,初步筛选判断为重组子的菌落需要进一步放大培养以提取质粒进行酶切验证。

二、阳性克隆子的筛选

阳性克隆子的筛选一般是指基因文库的筛选,需要从成千上万的转化子中筛选出含有目标序列的转化子,其筛选过程的难度较大,因此要求有很高的筛选效率。

阳性克隆子的筛选过程的难易程度,主要取决于所采用基因的克隆方案、载体类型以及目的基因的性质和来源。从文库中筛选目的基因的方法主要有以下几种:表观筛选法、核酸杂交筛选法和免疫学检测法。

1. 表观筛选法

表观筛选法通过含有目的基因的转化子能在平板培养基上产生特殊的表型变化来筛

选阳性克隆子,其依据就是目的基因插入一定的载体后可以在大肠杆菌中表达,使平板上的菌落产生新的功能或性状,这样很容易通过形态学特征或者在平板培养基添加一定的功能检测底物来区分出阳性克隆子。表观筛选法适合表达性的基因文库筛选,如原核生物的基因文库和 cDNA 文库等,表型特征一般要求是直接的或比较容易检测的生化酶学的特征,比如营养缺陷型相关的基因、抗性基因和能在平板上呈现显色反应的基因等。对于表型筛选法来说,其对所使用的宿主有相应的要求,宿主为不携带该种基因或是该基因的缺失突变体。

2. 核酸杂交筛选法

当目标基因是未知功能的基因或一些不能在原核生物中表达的真核生物的基因时,可以利用的可能只是该基因的部分序列,这样就只能以这段序列作为核酸探针,用核酸杂交筛选法从基因文库筛选目的克隆。首先将平板上的菌落或者噬菌斑转移到硝酸纤维素滤膜上,经过裂解、变性、固定和封闭等一系列的前处理,再利用分子探针对文库进行原位杂交筛选,找到阳性信号点对应的克隆后进行再次验证。核酸杂交筛选法虽然操作较复杂,但其筛选效率高,通用性强,只要知道一段序列就可以采用,是应用最为广泛的阳性克隆子筛选方法。

3. 免疫学检测法

免疫学检测法和核酸杂交的方法类似,只是其使用的探针不是核酸,而是特异性的抗体。免疫学检测法适用的前提条件是目的基因能在宿主细胞中表达且具有目的蛋白的抗体。该方法只能用于表达型的基因文库,通常是原核生物的基因组 DNA 文库和真核生物的 cDNA 表达文库,而且,所检测的对象为宿主中不编码的基因或宿主中缺失表达的基因。

总的来说,阳性克隆子的筛选没有固定万能的实验方案,必须根据载体文库的种类、基因的性质、实验目的和技术平台等综合因素来确定筛选方案,如 BAC 或 YAC 等大片段的基因文库可以采用混合池 PCR 筛选法,因此在制订实验方案前,需要更多地参考他人的经验。

第九章　大肠杆菌表达系统

外源的基因只有导入一定的宿主细胞进行表达才能进一步探索和研究基因的功能以及基因表达调控的机理，才能进行蛋白质结构与功能的研究。对具有特定生物活性的蛋白质在医学上，以致在工业上都是很有应用价值的，可以通过克隆其基因，进行人工控制其表达，实现大量低成本获得。

一般来说，基因表达可以分成两类，即：分析型和功能型。分析型基因表达是指检测和定量基因的表达，目的是研究基因的功能和相关性。功能型基因表达是指获得一定数量蛋白质的基因过量表达，其目的是获得有生物活性的蛋白质来进行功能研究，或用于医学上、工业上用途。正是基因功能的研究以及人们对特定基因表达产物蛋白质的需求促进了基因表达技术的发展，并成为生物学、医学和药物开发研究中的主流技术，而大规模的功能型基因过量表达更是酶工程的工业化应用的核心技术。

本章主要涉及的是功能型基因表达技术原理。

第一节　基因表达系统概述

基因工程中的基因高效表达是指将外源基因导入到某种宿主细胞，使其能获得具有生物活性，又可高产的表达产物的活动。其主要过程包括获得和制备外源基因片段、表达载体的构建、导入一定的宿主细胞中表达等，这种表达外源基因的宿主细胞及其相应的表达载体就称为表达系统。

对于功能性基因表达，理想的表达系统一般具备几个特征：目的基因的表达产量高、表达产物稳定、生物活性高和表达产物容易分离纯化。

一般来说，基因表达系统由基因表达控制系统（也简称表达载体）和宿主系统共同组成，大肠杆菌、枯草杆菌、酵母、昆虫细胞、培养的哺乳类动物细胞、甚至整体动物都可以用于表达系统的宿主系统，不同的宿主系统，需要构建不同的表达载体。外源基因可以通过特定的表达载体导入一定的宿主细胞中进行表达，要实现基因的高效表达，这两个系统是相互配合的，虽然表达载体是基因表达系统的核心部分，但是一定表达载体必须依赖一定的宿主系统才能实现高效表达。

克隆外源基因在不同的表达系统中表达成功的把握性，取决于我们对这些系统中宿主的基因表达调控规律的认识程度，对于功能性基因表达的理想宿主细胞应最大限度地满足以下要求：容易获得较高浓度的细胞；能利用易得、廉价的培养原料；无致病性、不产生内毒素；发热量低、需氧低、适当的发酵温度和细胞形态；容易进行细胞的代谢调控；外源基因的表达产物产量、产率高，容易提取纯化；有良好的遗传操作系统或者转化系统进行 DNA 重组技术操作等。

用于基因工程表达系统的宿主细胞可以分为原核细胞和真核细胞两大类，常用原核细有大肠杆菌、芽孢杆菌属的细菌和链霉菌等；常用的真核细胞有酵母、丝状真菌、昆虫、植物细胞和哺乳动物细胞等。

大肠杆菌的基因组 DNA 中有 470 万个碱基对，内含 4288 个基因。基因组中还包含有许多插入序列，如 λ 噬菌体片段和一些其他特殊组分的片段，这些插入片段都是由基因的水平转移和基因重组形成的，由此表明基因组具有可塑性。正是由于大肠杆菌有高效的遗传转化体系，分子遗传学研究深入，遗传背景清楚，技术操作简单，培养条件简单，大规模发酵经济，使得它成为应用最广泛、最成功的表达体系，常作为高效表达的首选体系。特别是经过遗传改造之后，大肠杆菌已发展为一种安全的基因工程实验系统，拥有丰富的载体系列和不同菌株。基因工程中，经常使用的大肠杆菌几乎都来自于 K-12 菌株，也使用由 B 株和 C 株来源的大肠杆菌。出于生物安全考虑，生物工程用的菌株是在不断筛选后被挑选出的菌株，这些菌株由于失去了细胞壁的重要组分，所以在自然条件下已无法生长，甚至普通的清洁剂都可以轻易地杀灭这类菌株，这样，即便由于操作不慎导致活菌从实验室流出，也不易导致生化危机。此外，生物工程用的菌株基因组都被优化过，使之带有不同基因型（例如 β-半乳糖苷酶缺陷型），可以更好地用于分子克隆实验，是用于科研目的的功能型基因表达的首选表达体系。

大肠杆菌作为表达宿主的不足包括以下几个方面：表达基因产物形式多样，包括细胞内不溶性表达（包涵体）、细胞内可溶性表达、细胞周质表达等；大肠杆菌中的表达不存在信号肽，产品多为胞内产物，提取困难；因分泌能力不足，来自真核生物特别哺乳动物的基因表达产物的蛋白质常形成不溶性的包涵体，表达产物需经变性、复性才恢复活性；表达的蛋白质不能糖基化，通常产物蛋白质 N 端多余一个蛋氨酸残基；此外还存在表达产物中的内毒素很难除去等缺陷。

1978 年人胰岛素基因在大肠杆菌中获得成功表达，1982 年美国 FDA 批准重组人胰岛素（insulin Humulin）上市，标志着全球首个基因工程药物诞生，同时大肠杆菌也被 FDA 批准为安全的基因工程受体生物。随着对生物制品安全的要求不断提高，2006 年以来全世界越来越多的国家都不再允许把大肠杆菌用于生产食品和药用蛋白。

芽孢杆菌属（Bacillus）属于革兰氏阳性菌，具有分泌能力强、蛋白质不形成包涵体的特点，产物蛋白质不能糖基化，属于非致病性微生物，安全性高，可用于食品和药物等的工业生产，被美国食品药物管理局（FDA）和中国农业部等部门批准为食品级安全生物。

芽孢杆菌属作为表达宿主的缺点是：有很强的胞外蛋白酶，可降解产物，能自发形成感受态的菌株少，内在的限制和修饰系统会导致质粒的不稳定性。相对于大肠杆菌表达系统，芽孢杆菌表达系统的研究还较少，存在的问题也还很多，但是随着研究的深入，其优势会逐步显现，会成为最具潜力的表达系统。

链霉菌（Streptomycetaceae）是一类好氧、丝状的革兰氏阳性菌，是非常重要的工业微生物，是大规模工业生产抗生素的主要微生物，此外还用于生产一些重要的工业用酶，例如纤维素酶、半纤维素酶、蛋白酶、木质素酶、木聚糖酶、淀粉酶、胰蛋白酶等。链霉菌作为外源基因的表达宿主受到重视是因为其具有不致病、使用安全、分泌能力强、表达产物可糖基化等特点。此外,相对于真核生物来说,链霉菌的遗传背景较清楚;相对于大肠杆菌来说,它具有高效分泌机制,同时具有成熟的大规模发酵工艺。

虽然已有多种外源基因在链霉菌中成功表达,但链霉菌表达系统也有缺点,主要是能进行遗传操作的菌株很少,遗传操作较困难,和其他原核生物细胞一样,链霉菌表达系统不具有真核生物的蛋白质糖基化功能,这些都需要进一步研究和改进。

酵母(yeast)是一种单细胞真菌,酿酒酵母是研究基因表达最有效的单细胞真核微生物,其基因组小,世代时间短,有单倍体、双倍体两种形式,繁殖迅速,无毒性,能外分泌,产物可糖基化,已有不少真核基因在酵母中成功表达。

丝状真菌即霉菌,是一类形成分枝菌丝真菌的统称,其作为表达宿主具有分泌能力强、能正确进行翻译后加工(肽剪切糖基化)等优点,也有成熟的发酵和后处理工艺。

哺乳动物细胞作为表达宿主,表达产物可由重组转化细胞分泌到培养液中,纯化容易,产物糖基化,接近天然产物。缺点是生长慢,生产率低,培养条件苛刻,费用高,培养液浓度低等。

第二节　大肠杆菌表达系统的主要表达元件

生物体内基因表达的调控存在着转录前、转录、翻译和翻译后等多水平的调控方式,但是对于原核生物来说,基因的转录调控是最主要的调控方式,操纵子模式就是原核生物的基因转录调控方式。基因的表达都是在一定的调控元件的调控之下进行的,外源基因在宿主细胞中的表达也需要在一定的表达元件控制之下进行。外源基因在大肠杆菌中表达需要两个基本条件,第一,基因必须受控于大肠杆菌的基因表达元件或来自其他细菌但能被大肠杆菌转录和翻译系统识别的基因表达元件;第二,基因必须能够稳定地传代,使基因能稳定完整(不发生缺失和重组)地传递给子代细胞。要满足上面两个条件,就要根据操纵子的原理在克隆载体的基础上把基因表达的控制元件和外源基因按一定顺序连接起来构建表达载体。

构建表达载体需要多种元件进行合理的组合,以保证最高水平的蛋白质合成。理想的大肠杆菌表达载体具有以下的特征:稳定的遗传复制、传代能力,在无选择压力的条件下能保存于宿主中;具有明显的转化筛选标记;启动子的转录是可以调控的,抑制能使转录的本底水平较低;启动子转录生成的 mRNA 能在适当位置终止,转录过程不影响表达载体的复制;具备适用于外源基因插入的酶切位点。

大肠杆菌表达载体通常包含复制起点、启动子、筛选标记、终止子和核糖体结合位点等最基本元件,这些元件可能来源不同,但都执行相同的功能。

一、复制起点

复制起点(ori)的作用是让质粒载体能在宿主细胞中稳定存在并能传递到子代细胞,它影响着表达载体的稳定性和拷贝数。根据复制起点的复制特性,复制子可以分为松弛型和严紧型,pMB1 类、p15A 类、ColE1 类属于松弛型复制子,每个细胞的拷贝数为10~20个;pSC101 类属于严紧型复制子,每个细胞的拷贝数小于 5 个。

二、启动子

启动子(promoter)是指 RNA 聚合酶特异性识别和结合的一段 DNA 序列,控制基因的转录,决定基因的活动。启动子位于核糖体结合位点(RBS)上游 10~100 bp 处,由调节基因(R)控制,调节基因可以是载体自身携带,也可以整合到宿主染色体上。有许多外源的启动子可用于在大肠杆菌中控制基因的表达,包括来源于革兰氏阳性菌和噬菌体的启动子。大肠杆菌启动子主要包括−35 区和−10 区两个保守区域,−10 区包括一个共同的序列 TATAAT,也叫 Pribnow box,虽然不是所有的启动子都有一致的 Pribnow box,但其最后一个碱基都是 T。−35 区包括一个 TGTTGACA 序列,是大多数细菌 RNA 聚合酶精确快速转录起始的关键。作为大肠杆菌外源基因表达系统的组成部分,理想的启动子应具有以下特性:作用强;可以严格调控;容易转导入其他大肠杆菌菌株以便筛选大量的用于生产蛋白的菌株,而且对其诱导是简便和廉价的。能在大肠杆菌中发挥作用的启动子很多,这些启动子必须具有适合高水平蛋白质合成的某些特性,第一,启动子的作用要强,基因表达的蛋白要占或超过菌体总蛋白的 10%~30%;第二,它必须表现最低水平的基础转录活性。

大肠杆菌表达系统常用的强启动子有来自乳糖操纵子的启动子 lacp、来自色氨酸操纵子的启动子 trpp、lac 启动子和 trp 启动子的杂合启动子 tacp、λ 噬菌体转录 PL 和 PR 启动子、噬菌体的 T5 启动子、受控于 T7 RNA 聚合酶的 T7 启动子。

Lac 乳糖操纵子由启动子 lacp、操纵基因 laco 和结构基因组成,是最早用于构建大肠杆菌表达系统的基因控制系统。lacⅠ产物是一种阻遏蛋白,能结合在操纵基因 laco 上,阻遏转录起始,乳糖的类似物 IPTG 可以和阻遏蛋白结合,使其构象发生改变而离开 laco,从而转录开启。由于 lac 乳糖操纵子的启动子不仅受 lacⅠ负调控还受到 CAP 的正调控,在诱导表达上受到葡萄糖效应的影响,给使用带来不便。lacUV5 是一种突变体,在转录水平上只受 lacⅠ的调控,在没有 CAP 的存在下能有效地起始转录,使用更方便,因而得到了更广泛的应用。

tac 启动子是 trp 启动子和 lacUV5p 拼接成的杂合启动子,转录水平更高,比 lacUV5 更优越,不受 CAP 的正调控。trc 启动子是 trp 启动子和 lac 启动子拼接成的杂合启动子,同样具有比 trp 更高的转录效率和受 lacⅠ阻遏蛋白调控的强启动子特性,但其受到 CAP 的正调控。

PL/PR 是 λ 噬菌体早期转录的启动子,受控于 λ 噬菌体 cⅠ基因产物。来源于温度敏感的菌株 cⅠ857ts 的 cⅠ基因编码的阻遏蛋白,在 30℃时以活性形式存在并抑制转录,而 42℃时阻遏蛋白失活转录起始。在普通的大肠杆菌中,表达质粒相当不稳定,因为普通的大肠杆菌没有 cⅠ基因编码的阻遏蛋白,导致 PL/PR 启动子高强度表达。为了解决质粒不稳定的问题,通常是在表达载体上携带 cⅠ857ts 的 cⅠ基因,这样带有表达载体的菌株使用范围就更广了。另外,还可以通过其他启动子如 trp 严谨调控 cⅠ的表达来实现对 PL/PR 启动子的控制,如 Invitrogen 公司的 PL 表达系统,就是将受 trp 启动子严谨调控的 cⅠ基因溶源化到宿主菌染色体上,通过加入酪氨酸来抑制 trp 启动子达到抑制 cⅠ基因的表达的目的,从而解除强大的 PL 启动子的抑制。

T7 启动子是目前发现的最强的大肠杆菌表达系统启动子,具有很高的专一性,这是因为 T7 启动子完全专一受控于 T7 RNA 聚合酶，而高活性的 T7 RNA 聚合酶合成 mR-NA 的速度比大肠杆菌 RNA 聚合酶快 5 倍，当二者同时存在时，宿主本身基因的转录竞争不过 T7 启动子，导致几乎所有的细胞资源都用于表达目的蛋白。

T5 启动子能被大肠杆菌的 RNA 聚合酶识别，因而能用于控制外源基因在大肠杆菌中的表达。T5 启动子通常连接两个 *lac* 的 *laco* 序列来构建表达载体，这样可以提高阻遏蛋白对 T5 启动子的阻遏作用。

Trp 启动子受阻遏蛋白 *trp*R-色氨酸复合物的衰减作用调控，当有高浓度的色氨酸存在时，阻遏蛋白 *trp*R-色氨酸复合物形成一个同源二聚体，能够和色氨酸操纵子基因紧密结合，阻止 *trp* 启动子的转录；当培养基的色氨酸浓度降低或者添加 3-吲哚丙烯酸（IAA）时，阻遏蛋白 *trp*R 不能形成有活性的结构，这时 *trp* 启动子的转录开启。在普通的完全培养基中很难去除色氨酸，因此在基因工程中通常采用添加 IAA 来诱导 *trp* 启动子的表达。

三、筛选标记

筛选标记是一种已知功能或已知序列的基因序列，连接到载体上作为特异性标记以方便质粒的筛选和传代。微生物常用的筛选标记可以分为显性标记和营养缺陷型标记，由于大肠杆菌对大多数的抗生素敏感，因此大肠杆菌多采用抗生素作为显性筛选标记。常用的抗生素筛选标记有氨苄青霉素、四环素、卡那霉素、氯霉素，使用这些标记时要注意抗性基因编码的酶是否和代谢产物发生作用，如在生产人用治疗性蛋白时，就要注意选择抗性标记（如 *tet*）以避免可能发生的过敏反应。

四、终止子

终止子是位于基因的 3′端给予 RNA 聚合酶转录终止信号的 DNA 序列，在一个操纵元件中，至少在结构基因群最后一个基因的后面都有一个终止子。虽然转录终止子在表达质粒的构建过程中容易被忽略，但有效的转录终止子是表达载体必不可少的元件，因为它们具有极其重要的作用。转录终止子对外源基因在大肠杆菌的高效表达中，对控制转录的 RNA 长度、提高稳定性和避免质粒上异常表达而导致质粒稳定性下降有着重要的作用。贯穿启动子的转录将抑制启动子的功能，造成所谓的启动子封堵，这种效应可以通过在编码序列下游的适当位置放置一个转录终止子，阻止转录贯穿别的启动子来避免。同样地，在启动目的基因的启动子上游放置一个转录终止子，将最大限度地减小背景转录。转录终止子有两类：① Rho 因子作用下使转录终止 mRNA，② 根据模版上的对称序列形成发夹结构终止 mRNA。通常采用 rrnB 和 rRNA 操纵子的 T1T2 串联转录终止子来进行表达载体的构建。

五、核糖体结合位点

核糖体结合位点（RBS）是指基因的起始密码子上游约 8～13 核苷酸处的一段 DNA 序列，其转录对应的 SD 序列（Shine-Dalgarno sequence）是 mRNA 与原核生物核糖体 16s 亚基间的识别与结合序列。SD 序列在结构上是一个富嘌呤区，AAGGAGG 和 AAG-GAA 是最常见的典型序列，它位于翻译起始密码子上游的 5～13 个碱基。SD 序列对于形成翻译起始复合物有效地进行蛋白质翻译是必需的,虽然缺乏 SD 序列的 mRNA 的翻译能够进行,但效率明显降低。在很多情况下 SD 序列位于 ATG 之前大约 7 个碱基处,在此间隔中少一个碱基或多一个碱基,均会导致翻译起始效率不同程度的降低。很多大肠杆菌表达载体在启动子下游都设计了包含 SD 序列在内的核糖体结合位点,外源基因插入 SD 序列的下游就可以进行表达,但也有一些表达载体可以使用基因自身的 SD 序列,使用时要注意。

外源基因在大肠杆菌等原核表达系统中表达除了要具备上述的表达原件,所表达的基因还要满足以下必要条件:要删除内含子和 5′非编码区并置于强启动子和 SD 顺序控制下;基因序列要维持正确开放阅读框架(ORF);mRNA 稳定且可有效转译,形成的蛋白质不被降解。

第三节　常见的大肠杆菌表达系统

一个完整的大肠杆菌表达系统是由表达载体和表达宿主两部分组成,并通过两者的相互配合实现外源基因表达。目前采用不同的启动子构建了包含不同表达载体和相应宿主的不同表达系统,大肠杆菌表达系统由于宿主的差异不大,一般根据其启动子的不同可以分为几种不同的表达系统,常见的商品化大肠杆菌表达系统有:lac 和 tac 表达系统,T7 表达系统,PL/PR 表达系统,T5 表达系统。

一、lac 和 tac 表达系统

Lac 和 tac 表达系统是最早建立并得到广泛应用的基因表达系统,是以 lac 操纵子的调控机理为基础设计构建的。

Lac 操纵子受到 CAP 的正调控和 lac I 的负调控,cAMP 激活 CAP,CAP 与 lac 操纵子专一位点结合后,才能使 RNA 聚合酶和启动子结合,从而使转录开始;而 lac I 编码的阻遏蛋白和 laco 结合使转录关闭。lac UV5 操纵子是一种突变体,-10 区的 TAT-GTT 突变成 TATAAT,它在没有 CAP 的情况下能开始转录,只受 lac I 编码的阻遏蛋白控制。由于 lac UV5 操纵子的启动子比野生型的 lac 更容易操作,因此在基因工程的表达载体构建中都是采用来自 lac UV5 的启动子。

Lac 表达系统在无诱导物的条件下,lac I 编码的阻遏蛋白是一种有活力的四聚体结构,能够和 laco 序列紧密结合,从而阻止启动子的转录进行。当存在乳糖或者乳糖类似物异丙基-β-D-硫代吡喃半乳糖苷(IPTG)等诱导物的条件下,诱导物能够和 lac I 编码的阻遏蛋白结合,使阻遏蛋白变成为失活状态并离开操纵基因,从而使启动子开始转录。

乳糖是 lac 操纵子的底物诱导物,IPTG 乳糖类似物也能起到诱导物的作用。乳糖有双效作用,既作为诱导物,又可以做细胞的碳源,因此在诱导过程中,受到细胞代谢的影响,诱导效果不稳定。与乳糖相比,IPTG 不被菌体代谢,一旦进入细胞就会在胞内专一诱导外源蛋白的表达,诱导效果持续稳定,不受细胞代谢的影响,所以 IPTG 的诱导效率高,往往只需要很少量(1 mmol/L)即可达到理想诱导效果,但其价格高,且有毒性,限制了它在工业化大生产中的使用,更多是在实验研究中使用。

Tac 表达系统在 lac 表达系统基础上利用 tac 启动子代替 lacp 启动子构建而成,利

用 tac 启动子构建的表达系统称为 tac 表达系统。tac 启动子是由 trp 启动子的－35 区和 $lac\,UV5$ 启动子的－10 区拼接而成的杂合启动子(表 9-1),其调控的模式与 $lac\,UV5$ 的调控模式一样,但转录效率高于 trp 启动子或 $lac\,UV5$ 启动子。tac 启动子的转录效率是 trp 启动子的 3 倍,是 $lac\,UV5$ 启动子的 10 倍,因此要求更高的表达水平时,选用 tac 的启动子比 $lac\,UV5$ 启动子更有优势,使用范围更广。

一般在普通的大肠杆菌一个细胞中,lac Ⅰ阻遏蛋白只有 10 个拷贝左右,只能满足宿主用于阻止染色体上 lac 启动子的表达,当带有 lac 或 tac 启动子的表达质粒转化到大肠杆菌并以高拷贝的形式存在时,lac Ⅰ阻遏蛋白就会显得缺乏而无法抑制全部的 lac 或 tac 启动子的表达,表现为 lac 或 tac 表达系统有较高的本底表达,为了避免过高的本底表达,所以表达质粒上都携带有一个 lac Ⅰ基因。

表 9-1　不同启动子的－35 区序列和－10 区序列

启动子	－35 区序列	－10 区序列
$lac\,UV5\,p$	TTTACA	TATAAT
$trc\,p$	TTGACA	TTAACT
$tac\,p$	TTGACA	TATAAT

二、T7 表达系统

大肠杆菌 T7 噬菌体有一套专一性非常强的 RNA 聚合酶转录体系,利用这一体系中的元件为基础构建的表达系统称为 T7 表达系统。从 20 世纪 80 年代中期开始,有了以 T7 噬菌体基因元件构建的表达载体,启动子选用 T7 噬菌体主要外壳蛋白 φ10 基因的启动子,pET 系列载体是这类表达载体的典型代表,以后出现的载体都是在它的基础上发展起来的。

T7 噬菌体启动子的转录能被 T7 噬菌体基因 1 编码的 T7 RNA 聚合酶选择性地激活。T7 RNA 聚合酶是一种高活性的 RNA 聚合酶,合成 mRNA 的速度比大肠杆菌 RNA 聚合酶快 5 倍,并可以转录某些不能被大肠杆菌 RNA 聚合酶有效转录的序列。在细胞中存在 T7 RNA 聚合酶和 T7 噬菌体启动子的情况下,大肠杆菌宿主本身基因的转录竞争不过 T7 噬菌体转录体系,最终受 T7 噬菌体启动子控制的基因的转录能达到很高的水平。

T7 启动子是目前发现的最强的大肠杆菌表达系统启动子,且具有很高的专一性,这是因为 T7 启动子完全专一受控于 T7 RNA 聚合酶,由于大肠杆菌本身不含 T7 RNA 聚合酶,需要将外源的 T7 RNA 聚合酶引入宿主菌,因而对 T7 RNA 聚合酶合成的调控模式就决定了 T7 表达系统的调控模式。

DE3 菌株 * 是 T7 表达系统最常用的调控模式,其原理是利用 $lac\,UV5$ 启动子来控制 T7 RNA 聚合酶的合成。与其他菌株相比,DE3 菌株是大肠杆菌的 λ 噬菌体衍生株,它的染色体上整合了一段包含有 lac Ⅰ、$Lac\,UV5$ 启动子和 T7 RNA 聚合酶基因的 DNA 片段,这段 DNA 实质就是利用 lac 表达系统来控制 T7 RNA 聚合酶基因的表达,因此 DE3

＊ 为了将衍生菌株与原生菌株相区分,在衍生菌株的名称加上 DE3,如 JM109 菌株的 DE3 衍生菌株就命名为 JM109(DE3)。

菌株表达外源基因的调控方式类似于 *lac* 表达系统。构建好的 T7 启动子表达载体可以转入 DE3 菌株中诱导表达,诱导调控方式和 *lac* 表达系统一样都是 IPTG 诱导。当没有诱导物存在时,阻遏蛋白阻止 *Lac UV5* 启动子转录 T7 RNA 聚合酶基因,这时没有 T7 RNA 聚合酶生成,T7 启动子不能启动外源基因的转录;当诱导物存在时,使阻遏蛋白失活,*Lac UV5* 启动子启动 T7 RNA 聚合酶基因的转录,生成的 T7 RNA 聚合酶使外源基因的转录得以启动。

T7 表达系统的另一种调控方式是外源供应 T7 RNA 聚合酶,如将构建好的 T7 启动子表达载体导入不含 T7 RNA 聚合酶的菌株中,然后再用 λCE6 噬菌体侵染宿主细胞。CE6 噬菌体是含有温度敏感的突变 *c* Ⅰ *857ts* 基因和 *PL*、*PR* 启动子控制 T7 RNA 聚合酶基因的 λ 噬菌体衍生株。其诱导方式是:低温条件下阻遏蛋白 *c* Ⅰ *857ts* 保持活性构型,并阻止 *PL* 和 *PR* 启动子的转录,这时无 T7 RNA 聚合酶生成,T7 启动子不能转录;温度提高后,阻遏蛋白 *c* Ⅰ *857ts* 失活,*PL* 和 *PR* 启动子的转录被打开,其控制的 T7 RNA 聚合酶基因被转录,生成的 T7 RNA 聚合酶使 T7 启动子启动外源基因的转录。由于 T7 RNA 聚合酶的调控方式仍有可能有痕量的本底表达,所以 T7 表达系统也会产生较强的本地表达。采用构建表达载体同时携带阻遏蛋白基因和在培养基外加葡萄糖都能有助于抑制表达系统的本底表达水平,但是都无法实现更严谨的抑制。

T7 溶菌酶除了作用于大肠杆菌细胞壁上的肽聚糖外,还是 T7 RNA 聚合酶天然抑制物,与 T7 RNA 聚合酶结合后抑制其转录活性。在宿主细胞中导入带有溶菌酶基因的质粒能够明显降低 T7 表达系统的本底表达,但不影响诱导时 T7 启动子对目标基因的转录,从而使 T7 表达系统调控更严紧。常见的 T7 溶菌酶基因质粒有 pLysS 和 pLysE,为了避免和目的基因表达质粒产生质粒不相容性,构建 pLysS 和 pLysE 的复制子(*ori*)来自质粒 p15A,属于大肠杆菌的一种低拷贝复制子,它能与 pUC 系列载体的 *ori* 兼容,不会影响后继的表达质粒转化。pLysS 和 pLysE 的区别只是 T7 溶菌酶基因的连接方向不同,pLysS 上的 T7 溶菌酶基因是以反义链方向连接到四环素抗性基因 *tet* 的启动子下游,因而只能表达产生少量 T7 溶菌酶;pLysE 上的 T7 溶菌酶基因是以正义链连接到四环素抗性基因 *tet* 启动子的下游,因而能产生较多的 T7 溶菌酶。在选择菌株时还要注意:pLysS 菌株表达溶菌酶的水平要比 pLysE 低得多,但其对宿主细胞的生长影响小;pLysE 能表达的溶菌酶更多,所以会明显降低宿主菌的生长水平,并容易出现过度调节,增加目的基因表达的滞后时间而降低表达水平;使用这类菌株是双质粒和双抗性的,如果目的基因表达载体的相对分子质量和 pLysS 和 pLysE 相近,则无法通过电泳法来回收目的基因。

三、*PL/PR* 表达系统

噬菌体早期转录的 *PL/PR* 启动子具有很强的启动转录能力,以其为核心的表达系统称为 *PL/PR* 表达系统,它依赖一种温度敏感的 λ 噬菌体阻遏蛋白基因(*c* Ⅰ *857ts*)来调控 *PL/PR* 启动子的转录。在较低温度(30℃)时,*c* Ⅰ *857ts* 基因编码的阻遏蛋白以活性形式存在,这时它能和 *laco* 基因紧密结合,阻止 *PL/PR* 启动子的转录;当在较高温度(42℃)时阻遏蛋白失活离开 *laco* 基因,这时转录被开启。带有 *PL/PR* 启动子的表达载体在普通大肠杆菌中相当不稳定,这是因为菌体中没有 λ 噬菌体阻遏蛋白 *c* Ⅰ 基因产物,*PL/PR* 启动子高强度转录所导致。解决这个问题的办法之一,就是采用溶源化 λ 噬菌体

的大肠杆菌作为 PL/PR 启动子表达载体的宿主菌,但是这样会限制了表达菌株的应用范围或者增加使用难度;另外一种方法,把 $cI\ 857ts$ 基因连接到在表达载体上,这样 PL/PR 启动子表达载体就可以有更大的菌株选择范围。

PL/PR 表达系统在诱导中不用加入化学诱导剂,降低了生产成本,而且避免在药物蛋白的表达中加入有毒的 IPTG 诱导剂,因此很快开发成一种成熟的表达系统。但是这种表达系统也存在一定的缺陷,首先在热诱导时,大肠杆菌热休克蛋白也被激活,其中一些水解蛋白酶有可能降解所表达的重组蛋白,其次是当大体积发酵时,把培养温度从 30℃ 提高到 42℃ 需要较长的时间,过长的升温过程会影响诱导效果,对重组蛋白的表达量有一定的影响。

四、T5 表达系统

来自 T5 噬菌体的 T5 启动子能被大肠杆菌的 RNA 聚合酶所识别,因而能用于控制外源基因在大肠杆菌中的表达。以 T5 启动子为基础构建的表达系统就称为 T5 表达系统,pQE 系列载体是这类表达系统的代表。T5 启动子能被大肠杆菌细胞内的 RNA 聚合酶所识别并高效的转录,不需要专门的表达菌株,因而比 T7 启动子有更灵活的菌株选择范围。只带有 T5 启动子的表达质粒导入大肠杆菌细胞中会十分不稳定,这是由于 T5 启动子没有阻遏蛋白的阻遏作用而持续高效表达所导致的。为了很好地解决这一问题,通常在 T5 启动子的下游连接两个 lac 操纵子的 $laco$ 基因序列来构建表达载体,这样 T5 启动子就能被宿主细胞 cI 基因编码的阻遏蛋白所阻遏,当诱导物存在时,阻遏蛋白失活,启动子的阻遏作用被解除,表达开启,其诱导调控方式和 lac 表达系统一样,都是利用 IPTG 进行诱导。

T5 表达系统和 lac、tac 表达系统一样都具有一定水平的本底表达,特别是利用普通大肠杆菌菌株,其本底表达会更显著,这是因为宿主细胞内缺少足够的阻遏蛋白来阻遏 T5 启动子的转录。为了使 T5 表达系统能获得更严谨控制,可以在表达菌株中同时导入表达阻遏蛋白的质粒。与 T7 的严谨表达系统相似,通过共转化外源质粒来增加表达菌株细胞内阻遏蛋白的数量,以实现对 T5 启动子更强阻遏,带有阻遏蛋白基因的表达质粒一般是低拷贝的质粒,可兼容目的基因表达载体,不会影响其后面的转化。T5 表达系统的代表 pQE 系列的表达载体可以使用大多数的大肠杆菌进行表达,但是采用带有阻遏蛋白基因表达质粒的 M15[pREP4]和 SG13009[pREP4]菌株就更容易获得高水平的表达,特别是表达对宿主细胞有毒害作用的基因。

第四节　外源基因在大肠杆菌中表达的主要影响因素

原核表达系统相对于真核表达系统来说还是比较简单,准备进行原核表达的时候需要考虑的因素很多,市面上存在各种不同的表达系统、载体和菌株类型可以选择,但是要实现目的基因表达产量高、表达产物稳定、生物活性高或者表达产物容易分离纯化的目的,选择适合的表达系统和正确的策略是表达成功的关键。

一、表达载体元件对表达的影响

同样的表达系统、同样的表达载体,很可能对一个基因的表达量很高,而另外一个基因则表达不出来,所以没有万能的载体,只有正确的策略。当然,如果研究的基因曾经在原核系统中成功表达,那么选择相同的表达载体和菌株,成功率会高很多;如果没有相同的表达载体和菌株,最好选择相似的表达系统。

虽然表达载体是表达系统的核心部分,但一个完整的表达系统通常包括配套的表达载体和表达菌株。有些表达载体利用诱导剂进行特殊的诱导表达,有些带有融合基因和目的基因进行融合表达,有些表达载体还包括纯化系统或者 Tag 检测等。

表达系统的选择通常要根据实验目的来考虑,比如表达量、目标蛋白活性、表达产物的纯化方法等。因此要充分了解表达载体的复制子、启动子、多克隆位点、终止密码、融合Tag 标签、筛选标记和报告基因等元件的特性和使用特点,经过交换得到的载体更要了解这些元件是否有缺失和发生过改造。

提高目的基因拷贝数是提高表达量的有效方法,所以大多数的表达载体都会选用高拷贝的载体来提高表达载体在细胞中的拷贝数。质粒载体的拷贝数是由复制子决定的,高拷贝表达载体常用的复制子有 pMBI 类 pUC 系列的复制子,一个细胞的拷贝数可高达500 以上,属于松弛型复制子。低拷贝载体常用 pSC101 复制子,通常在一个细胞的拷贝数小于 20 个拷贝,属于严谨型复制子。pCoE1 和 p15A 属于中等拷贝数的复制子,每个细胞的拷贝数为 10～20 个。

一般情况下,质粒的拷贝数和表达量呈非线性的正相关,当然也不是越高越好,如果超过细胞的承受范围,反而会损害细胞的生长,从而影响表达量。拷贝数的增加不一定能提高表达量,高拷贝的质粒和强启动子的存在会导致过量的启动子转录,干扰到细胞的正常代谢需要,此外表达产物的过量积累有时严重影响细胞生长和细胞的活性,反而会降低表达量。因此,根据表达产物的特性不同,选择合适类型的复制子用于表达载体的构建是非常重要的,对细胞生长无害的基因可以选用高拷贝的表达载体,而低拷贝的表达载体在表达那些产物对宿主的生长不利的基因时尤其有用,如果需要 2 个质粒进行共转化,就要考虑两个质粒的复制子是否相容的问题。

氨苄青霉素抗性基因是大多数质粒载体使用的筛选标记,常用的抗性基因还有卡那霉素、氯霉素、四环素等。抗性基因的选择要注意是否会对研究对象产生干扰,比如代谢研究中要留意抗性基因编码的酶是否会和表达产物发生相互作用。

启动子的强弱是对表达量有决定性影响的因素之一,*lac* 和 *Tac*、T7 、*PL/PR* 和 T5等强启动子常用于希望获得高表达量的表达载体的构建,色氨酸启动子 Trp 和阿拉伯糖启动子 pBAD 通常用于辅助功能的表达载体构建,特别是 pBAD 启动子具有非常严谨的调控,适合在对表达控制要求非常严格的条件下使用(表 9-2)。

表 9-2　不同启动子的来源和诱导方法

启动子	来源	表达载体的诱导方法	强度
lac UV5	乳糖操纵子	乳糖/IPTG	强
Tac	Trp 的 −35 区和 Lac UV5 的 −10 区	乳糖/IPTG	强
PL/PR	λ 噬菌体	温度	强
T7	T7 RNA 聚合酶	乳糖/IPTG	最强
T5	T5 噬菌体	乳糖/IPTG	强
Trp	色氨酸操纵子	色氨酸/3-吲哚丙烯酸	强
pBAD	阿拉伯糖操纵子	阿拉伯糖	最严谨

能在大肠杆菌中发挥作用的启动子有很多,T7 启动子公认是大肠杆菌中最强的启动子,它可以将大肠杆菌的资源最大限度地调用过来表达外源基因,因此一些在其他表达系统中不能表达的基因都可以在 T7 表达系统里表达出来。但是基因表达不一定是启动子越强就越好,过强的启动子容易使表达的蛋白形成不可溶的包涵体,选择中等强度的启动子,其转录速度较慢,这样对于表达可溶、稳定、完整的蛋白比较有利。如果所表达的蛋白对宿主细胞具有毒性或限制宿主细胞的生长,选用可抑制的启动子就至关重要,例如,轮状病毒的 VP7 蛋白能有效地杀死细胞,因此必须在严格控制的条件下表达。不仅限于外源基因,某些自身蛋白的过量表达也能造成对宿主细胞的毒性,如一些外膜磷脂蛋白基因的过量表达会使宿主细胞膜的通透性增大,进而给宿主细胞带来伤害。此外,启动子的不完全抑制而过早转录会造成质粒的不稳定、细胞生长速度的下降和表达蛋白产量的降低。因此,根据表达的要求和表达蛋白的特性选择适合的启动子是非常重要的。

二、调控方式对表达的影响

根据调控方式的不同,基因表达可以分为组成型和诱导型表达两种类型,两者的区别在于是否需要特定的物理或化学信号来诱导表达的启动。

用于构建组成型表达的启动子属于组成型启动子,其调控不受外界条件的影响,所启动基因的表达具有持续性,也就是一开始就不停地表达目的蛋白。通常持续性表达的表达量比较高,无须额外的诱导剂,生产成本低,但是它不适用于表达一些对宿主细胞生长有害的蛋白,因为过量或者有害的表达产物会影响细胞的生长,反过来影响表达量的积累。

诱导型表达是指只有在特定诱导条件存在时基因的表达才会开始,它可以避免强启动子过早转录带来质粒的不稳定性和前期外源基因的高表达对菌体生长的影响,又可减少菌体蛋白酶对目标产物的降解,对于一些对宿主有毒的蛋白,诱导型表达就显得更重要。

诱导型表达系统可以是诱导型的启动子,有些启动子是组成型的,但是启动子所依赖的转录酶是诱导调控的,也属于诱导表达系统,如 T7 和 T5 表达系统就是通过其依赖的转录酶的调控来实现诱导调控的。

选择哪种表达要根据表达的目的要求和所表达蛋白的特性来决定,对于科研目的基因表达可以优先选择诱导型的表达,对于要考虑诱导成本的商业化表达可以考虑组成型表达。如果要求大规模发酵的基因表达,可以选用高密度培养细胞和表现最低活性的可诱导和非抑制启动子。

三、基因连接方式对表达的影响

根据表达载体上目的基因是否与其他 DNA 序列连接,可以把基因的表达分为非融合表达和融合表达两种主要方式。

1. 非融合表达

非融合表达是指外源蛋白的基因序列不与任何其他基因序列融合,使其自身单独表达,表达的产物就是非融合蛋白。非融合表达是将带有起始密码子 ATG 的基因序列单独连接到启动子和 SD 序列下游,经转录和翻译就可以表达出非融合蛋白。

真核生物基因通过非融合表达可直接表达获得和天然外源蛋白氨基酸序列一样的重组蛋白，但其易被细菌细胞内的蛋白降解，造成表达产量低下。为了保护表达的真核蛋白免受降解，一般可采用胞内蛋白酶含量很低的突变株作为表达外源蛋白的宿主菌，或利用胞内蛋白酶抑制剂使蛋白酶受到抑制，此外，也可设法将外源蛋白分泌到胞外或形成包涵体等方法。

包涵体（inclusion body）是指外源基因在原核细胞中表达，尤其在大肠杆菌中高效表达时，表达的蛋白在细胞内凝集，形成无活性的、水不溶性的固体蛋白颗粒，固体蛋白颗粒必须进行变性和复性处理，才能得到具有正确构象和生物活性的蛋白质产品。

（1）包涵体的组成。

包涵体的组成一般含有 50% 以上的重组蛋白，其余为核糖体元件、RNA 聚合酶、外膜蛋白（OMPC、ompF 和 ompA 等）、环状或缺口的质粒 DNA 以及脂体、脂多糖等。包涵体大小为 $0.5\sim1\ \mu m$，难溶与水，只溶于变性剂如尿素、盐酸胍等。

（2）影响包涵体形成的因素。

利用大肠杆菌表达真核生物基因的非融合蛋白，在高水平表达时，多数情况下以包涵体形式存在，特别是使用强的表达系统和高的诱导剂浓度都会容易形成包涵体。影响包涵体形成的主要因素有：过高的表达量、蛋白的氨基酸组成、重组蛋白所处的环境、表达宿主的特性等。研究发现，在低表达时很少形成包涵体，表达量越高越容易形成包涵体，原因可能是蛋白质合成速度太快，以至于没有足够的时间进行折叠，二硫键不能正确地配对，过多的蛋白间的非特异性结合，蛋白质无法达到足够的溶解度等。一般说，蛋白质含巯基氨基酸越多，越易形成包涵体，巯基氨基酸的含量明显与包涵体的形成呈正相关；发酵温度高或胞内 pH 接近生成蛋白的等电点时，容易形成包涵体；重组蛋白是大肠杆菌的异源蛋白，由于缺乏真核生物中翻译后修饰所需酶类，致使中间体大量积累，容易形成包涵体沉淀。

（3）减少包涵体形成的策略。

第一，使用中等强度或弱的启动子、有限的诱导、低温培养、选择突变的菌株或其他的原核表达系统、进行融合表达、与伴侣分子和折叠酶共表达、表达定位于不同的空间等。使用中等强度或弱的启动子，降低诱导物的浓度进行优先的诱导，降低重组菌的培养温度都是减少包涵体形成最常用的方法，它可以降低了无活性聚集体形成的速率和疏水相互作用，从而可减少包涵体的形成；改变表达菌株或更换不同的原核表达系统也可以有效地解决的包涵体问题。有证据表明，目的基因与一些能促进蛋白维持良好空间构象的蛋白编码序列（或基因）进行融合表达，如伴侣分子、折叠酶、谷胱甘肽转移酶（GST）等，以及将蛋白表达定位于不同的空间的方法都能有效增加可溶蛋白的比例。

第二，添加可促进重组蛋白质可溶性表达的生长添加剂。在诱导培养基中添加一些可促进重组蛋白质可溶性表达的添加剂，可以有效地降低包涵体的形成。甘油、L-精氨酸、甘氨酰甜菜碱、山梨糖醇、阿拉伯聚糖、木糖醇等物质能促进蛋白质的水合作用；乙醇和 DMSO 能调节蛋白的极性；Triton X-100、硫代甜菜碱类物质（NDSBs）、蔗糖和海藻糖能保护蛋白质的非极性表面；低浓度盐酸胍能促进蛋白质二级结构的形成，这些都能有效地减少包涵体的形成。

第三，优化重组菌的培养条件，供给丰富的培养基，创造最佳培养条件，如供氧、pH

等。提高重组菌株的代谢水平，降低外源基因表达对宿主细胞的代谢负荷及其应激反应，采用温和的表达方式，能有效地减少包涵体的形成。

这些措施可以单独使用，也可以综合使用，要根据基因表达的特性来选择合适的措施以达到最佳的效果。

包涵体要经过一系列的变性和复性处理，才能得到具有正确构象和生物活性的蛋白质，而影响复性效率和复性效果的因素很多，不容易获得稳定的理想的复性效果，因此大多情况下都是尽量避免包涵体的生成。但是包涵体在表达蛋白质中也有有利的方面，如当可溶性蛋白在细胞内容易受到蛋白酶的攻击，形成包涵体有利于外源蛋白的高水平表达和防止蛋白酶对其的降解；包涵体也可降低胞内外源蛋白的浓度，避免外源蛋白对宿主细胞的毒害，有利于表达量的提高；包涵体中杂蛋白含量较低，只需要简单的低速离心处理就可以与可溶性蛋白分离，有利于重组蛋白的分离纯化。

2. 融合表达

融合表达是指目的蛋白的基因序列与其他蛋白或者肽段的基因序列连接在一起，形成一个完整的开放阅读框（ORF）来共同表达，这种杂合基因表达产物只有 ORF 对应的一个蛋白，这个蛋白就称为融合蛋白。构建融合蛋白的基本原则是，将第一个蛋白基因的终止密码子删除，再接上带有终止密码子的第二个蛋白基因，以实现两个基因的共同表达。

（1）融合蛋白的组成。

融合蛋白含有两部分氨基酸序列，一部分是目的蛋白，也称供体蛋白，对应的基因序列也称供体基因；另一部分是其他蛋白或者肽段，也称受体蛋白，对应的基因序列也称受体基因。为了获得正确编码的外源蛋白，目的蛋白基因和受体蛋白基因的阅读框应保持一致，翻译时才不会产生移码突变。融合蛋白可以采用 N 端融合或者 C 端融合，N 端融合是融合基因在目的基因的 5′端，C 端融合是融合基因在目的基因的 3′端。

融合表达可以容易获得高的蛋白表达量，也可以方便表达产物的纯化或者检测。把高表达量的宿主蛋白质（或者部分肽段）融合到目的蛋白的 N 端，这样可以提高其 mRNA 的翻译能力，因而可以更容易获得高的蛋白表达量。外源目的蛋白，特别是相对分子质量较小的蛋白在宿主细胞内容易被胞内蛋白酶所清除，如果与宿主的一个蛋白构成融合蛋白，就可保护目的蛋白不受宿主细胞蛋白酶降解，提高胞内融合蛋白的稳定性。在目的蛋白上融合一段标签（Tag）蛋白或者肽段，可以方便后继的蛋白纯化或者检测。对于相对分子质量较小的蛋白，用较大的 Tag（如谷胱甘肽巯基转移酶 GST）以获得稳定表达，而一般的蛋白多选择小 Tag（如 His6）以减少对目的蛋白的影响。

（2）融合蛋白标签类型。

His 6 是指六个组氨酸残基组成的一个肽段（His-His-His-His-His-His），它可融合在目的蛋白的 N 末端或者 C 末端。由于 His 6 的组氨酸残基侧链与镍有强烈的吸附力，因而可用镍柱亲和层析法对目的蛋白进行分离纯化。His-tag（His 标签）的特点还有：相对分子质量小，只有约 840；一般不影响目标蛋白的酶学性质等生物功能，可以不需要切除标签就可以进行蛋白质的功能研究；在 N 端融合 His 标签可以与细菌的转录翻译机制兼容，有利于提高蛋白的表达量；His 标签的免疫原性相对较低，可将纯化的蛋白直接注射动物进行免疫制备抗体；纯化方法简单；可以和其他的亲和标签一起构建双亲和标签。融合蛋白可以在非离子型表面活性剂存在的条件下或变性条件下纯化也是 His 标签的一个特点,可以利用这一特点来纯化疏水性强的蛋白或者是包涵体的纯化和复性;含有 His 标签的包涵体可以用高浓度的变性剂(如尿素)溶解后再用亲和层析去除杂蛋白,使复性不受其他蛋白的干扰,或可进行亲和层析复性。

His 标签由于相对分子质量较小、容易分离和纯化,是目前用于纯化的标签中使用最为广泛的一种。但是具有组氨酸的蛋白质氨基酸序列可能也会存在多个组氨酸相连一起的现象,或是在空间结构上相邻都可能形成类似 His 标签的结构,因而非融合蛋白会产生非特异性结合的现象,这会影响 His 标签的亲和纯化效果。

GST(谷胱甘肽巯基转移酶)标签是一个含有 211 个氨基酸的酶蛋白,是一种在解毒过程中起到重要作用的转移酶,相对分子质量约为 26 000,通常将该蛋白融合在重组蛋白的 C 末端以便对重组蛋白进行纯化或检测。GST 本身是一个高度可溶的蛋白,它能增加融合蛋白的可溶性。GST 能在大肠杆菌中大量存在,因而它可以有助于提高融合蛋白在大肠杆菌中的表达。

利用含有还原型谷胱甘肽琼脂糖凝胶亲和树脂,GST 融合蛋白可直接从细菌裂解液中进行纯化,结合的融合蛋白在非变性条件下用 10 mmol/L 还原型谷胱甘肽洗脱。在大多数情况下,融合蛋白在水溶液中是可溶的,并形成二体,可在温和、非变性条件下纯化,因此保留了蛋白的抗原性和生物活性。与 His 标签相比,GST 标签对谷胱甘肽树脂具有更高的特异性结合,所以可以获得更高纯度的融合蛋白。GST 在变性条件下会失去对谷胱甘肽树脂的结合能力,因此不能在纯化缓冲液中加入强变性剂(如盐酸胍或尿素等),所以 GST 标签只适合纯化可溶性的蛋白。

由于 GST 标签的相对分子质量较大,一般认为其对蛋白可能有积极或消极的影响,可以选择在标签和蛋白之间加入蛋白酶切位点,如果要切除 GST 可用位点特异性蛋白酶切除。

除了常用的 His 标签和 GST 标签外,还有 MBP(麦芽糖结合蛋白)、SAPA(金黄色葡萄球菌蛋白 A)、TrxA(硫氧化还原蛋白)、OmpF(外膜蛋白)、LacZ(β-半乳糖苷酶)、Ubi(泛素蛋白)、Flag、HA、c-Myc、荧光蛋白(eGFP、eCFP、eYFP、mCherry 等)、荧光素酶、Avi 标签、Halo 标签、T7 标签和 SUMO 等,在使用过程中要考虑这些标签各自的特点。目的蛋白的生物学特性不同,不同标签对蛋白的表达、纯化、检测和蛋白的性质都可能产生影响,不能简单地说标签的好或不好,标签的选择除了要考虑实验成本,更要基于文献经验和实验的基础做出选择。

(3) 融合蛋白构建的原则。

融合蛋白构建的原则是希望融合蛋白的杂合基因能高效表达,或者是表达产物可以通过亲和层析进行特异性简单纯化或者方便检测。在构建融合基因时,两个基因构建成一个 ORF,5′端的基因提供起始密码子,3′端的基因提供终止密码子,两个基因要保持一致的翻译阅读框架。如果要考虑方便后续的分离回收,两个结构基因拼接位点处的序列设计十分重要,它直接决定着融合蛋白后续的裂解工艺,还要尽量避免融合蛋白分子中两种蛋白的相对分子质量过于接近。

融合表达可以使目的蛋白的稳定性提高,特别对于提高相对分子质量较小的蛋白或者小肽段的稳定性,效果更明显;可以提高目的蛋白的溶解性和表达产量,由于受体蛋白在宿主细胞内是高水平表达的、可溶性的蛋白,因此融合蛋白往往能获得较高的表达量,并在胞内形成良好的空间构象,且大多具有水溶性;可以利用受体蛋白成熟的抗体、配体、底物进行亲和层析,快速获得纯度较高的融合蛋白;有些受体蛋白特别是相对分子质量较大的受体蛋白会对目的蛋白的特性产生影响,融合蛋白需要裂解和进一步分离,才能获目的蛋白。

(4)融合蛋白的裂解。

融合蛋白中受体蛋白部分的存在可能会影响目的蛋白的空间构象和生物活性,如果将之注入人体还会导致免疫反应,因此在制备和生产药用目的蛋白时,将融合蛋白中的受体蛋白部分完整除去是必不可少的工序。融合蛋白的位点专一性断裂方法有化学断裂法和酶促裂解法两种。

化学断裂法最常用的就是溴化氰(CNBr)法,溴化氰能与多肽链中的甲硫氨酸残基侧链的硫醚基反应生成溴化亚氨内酯,溴化亚氨内酯不稳定,在水的作用下肽键断裂形成两个多肽片段,上游的肽段的甲硫氨酸残基转变为高丝氨酸残基,下游的第一个氨基酸残基保持不变。化学断裂法专一性强,回收率高,可达到85%以上;产生的目的蛋白N端不含甲硫氨酸,与真核生物的成熟蛋白肽段的特点较为相似,但是如果目的蛋白含有甲硫氨酸残基则不能用此法。

酶促裂解法即利用蛋白内切酶专一性水解肽链内部的某一酰胺键,使肽链断开。酶促裂解法的特点是断裂效率高,每种蛋白酶均具有不同的专一性氨基酸断裂位点,因此专一性断裂位点范围较广(表9-3)。例如,猪胰蛋白酶能在Lys或Arg的C末端位置切开酰胺键,形成不含该残基的下游断裂肽段,与溴化氰化学断裂法相似。

表 9-3　常见的蛋白酶切割位点

蛋白内切酶	切割位点
梭菌蛋白酶	Arg-C
葡萄球菌蛋白酶	Glu-C
假单胞菌蛋白酶	Lys-C
猪胰蛋白酶	Lys-C,Arg-C

用上述蛋白酶裂解融合蛋白的前提条件是目的蛋白的氨基酸序列不能含有精氨酸、谷氨酸或赖氨酸残基,如果目的产物为小分子多肽,这一限制条件并不苛刻,但对相对分子质量较大的蛋白来说,要避免其氨基酸序列中不出现上述三种氨基酸残基是相当困难的。

为了克服蛋白酶仅切割单一氨基酸残基所带来的应用局限性,可以采用多残基位点酶促裂解法。具有蛋白酶活性的凝血因子Xa能识别寡肽序列Ile-Glu-Gly-Arg,并专一性从Arg的C末端切开酰胺键,得到不含该寡肽序列的下游断裂肽段。因此构建融合基因时,在受体蛋白编码序列与目的基因之间连接上一段编码寡肽序列Ile-Glu-Gly-Arg的DNA片段,表达、纯化得到融合蛋白后,用Xa处理就可以得到目的蛋白。由于Xa的识别作用序列由四个氨基酸残基组成,大多数蛋白质中出现这种寡肽序列的概率极少,因此这种方法可广泛用于从融合蛋白中回收各种不同大小的目的蛋白产物。

融合表达虽然有不少优点,但从融合蛋白回收目的蛋白会增加成本和困难,因此在多数情况下,特别在实际生产中人们还是愿意选择非融合表达。

3. 寡聚串联型表达

寡聚串联型表达就是将目的蛋白的编码基因以多拷贝的方式串联在一起,构建成一个独立的 ORF 进行表达的策略。构建寡聚串联型表达的基本原则是,将蛋白基因的终止密码子删除后连接起来,最后再接上一个带有终止密码子的蛋白基因,以实现多个基因的共同表达。和融合表达方式相似,寡聚串联型表达转录只生成一个含有串联多拷贝目的基因的 mRNA,表达生成一个含有多拷贝串联目的蛋白的融合蛋白,因此从这个意义上来说,寡聚串联型表达是一种特异的融合表达方式。

从理论上讲,外源基因的表达水平与受体细胞中可转录基因的拷贝数(即基因剂量)呈正相关。然而表达载体上除了含有目的基因外,还携带其他的可转录基因,如作为筛选标记的抗生素抗性基因等,随着重组质粒拷贝数的不断增加,受体细胞内的大部分能量和资源被用于合成所有的重组质粒编码蛋白,而细胞的正常生长代谢却因能量不济受到影响,因此通过无限制地增加质粒拷贝数来提高外源基因表达的产量往往不能获得满意的效果。

寡聚串联型表达不仅可以有效地提高目的蛋白的表达量,还可以起到稳定表达小分子短肽的作用。将外源基因以多拷贝的方式连接到一个表达载体上构建成寡聚串联型表达载体,这样就可以在不增加质粒拷贝数的前提下增加目的基因的拷贝数,从而在一定程度上提高目的基因的表达量。当表达的基因是编码一个短肽时,由于短肽缺乏有效的空间结构,在细菌细胞中容易受到蛋白水解酶的攻击,半衰期较短。而串联短肽具有与蛋白质相似的长度及空间结构,因而抗蛋白酶降解的能力大幅度提高,从而提高表达短肽的稳定性。

寡聚串联型表达面临目的产物回收困难的问题;表达获得的串联寡聚短肽产物,需要进一步裂解和分离纯化才能获得目的短肽分子,但串联的寡聚短肽很难被充分裂解成单一的短肽,导致裂解产物出现序列不均一性现象,这也是工业化生产面临的难题。

4. 分泌表达

分泌表达是在起始密码子和目的基因之间加入信号肽基因序列,表达的蛋白在信号肽的引导下可以穿越细胞膜,甚至穿过外膜分泌到培养基中,并且信号肽被切除。分泌表达可以避免过量表达产生的外源蛋白在细胞内的过度累积而影响细胞生长,或者形成包涵体。分泌表达不仅便于简化发酵后的纯化工艺,还可以减少重组蛋白受到蛋白水解酶降解的机会,提高蛋白回收率。

原核细菌胞质中含有多种分子伴侣可阻止分泌蛋白的随机折叠,分泌在细胞周质或培养基中的重组蛋白很少形成分子间的二硫键交联,与包涵体相比,分泌型蛋白更容易具有正确的天然一级结构和保持可溶的活性状态。在大肠杆菌中表达的外源蛋白按其在细胞的定位可以分成两种情况,一种是以可溶性或者不溶性的包涵体形式存在细胞质中;另一种是通过运输或者分泌方式把蛋白定位到细胞膜和细胞壁之间的周质空间,或者是穿过外膜分泌到培养基中。包括大肠杆菌在内的大多数革兰氏阴性菌不能将蛋白质直接分泌到胞外,通常是分泌到细胞膜和细胞壁之间的周质空间。有些革兰氏阴性菌能将细菌的抗菌蛋白(细菌素)分泌到培养基中,这一过程严格依赖于细菌素释放蛋白,它激活定位于内质网上的磷酸酯酶,导致细菌内外膜的通透性增大,从而使蛋白更容易穿过细胞膜。

因此只要将细菌素释放蛋白的基因克隆到质粒上,导入一个宿主就可以构建成一个可完全分泌表达的宿主细胞。当把连接信号肽序列的目的基因导入可完全分泌表达的宿主细胞,就可以实现目的基因在大肠杆菌的完全分泌表达。

相比于革兰氏阳性菌、丝状真菌等其他表达系统的分泌表达,大肠杆菌的分泌表达机制并不健全,外源基因特别是真核生物基因很难实现分泌到培养基中的完全分泌表达,即使有些基因能实现分泌表达,其分泌到培养基中的比率也不高,表达量也会低于包涵体。可见,在大肠杆菌中要实现完全分泌到培养基中的分泌表达还是一件十分困难的事情,用于大规模的产业化生产分泌表达的大肠杆菌重组菌株并不多见。

需要注意的是,分泌表达和融合表达在基因构建上非常相似,都需要把目的蛋白的基因编码序列和对应的受体基因或者信号肽基因序列构建成一个完整的 ORF 杂合基因,都要使两者读码框保持一致。分泌表达可以得到可溶的蛋白,也有部分融合表达能有助于提高表达蛋白的可溶性。

不同的是,分泌表达连接的是信号肽基因序列,而且只能连接在目的基因的 5′端;融合表达中受体基因来源不受限制,既可以连接到目的基因的 5′端,也可以连接到基因的 3′端。两者的表达产物也不同,分泌表达可以直接得到目的蛋白,这是因为带有信号肽的蛋白在分泌过程信号肽会自动被切除;而融合表达不能直接得到目的蛋白,得到的是一个由目的蛋白和受体蛋白融合一起的蛋白。

5. 多个基因共表达

对于多个基因在原核生物中共同表达的表达载体的构建,可以采用原核生物的多顺反子结构,也可以采用单顺反子结构。多顺反子结构即多个基因各自有自己的 RBS 序列,但共用一个启动子和终止子,转录只生成一条编码多个蛋白的多顺反子 mRNA。单顺反子结构就是每个基因都有独自的 RBS 序列、启动子和终止子,每个基因都转录生成只编码一个蛋白的单顺反子 mRNA。构建成的单顺反子可以连接到不同但在宿主细胞能相容的质粒上,然后共同导入宿主细胞进行共表达;也可以将多个单顺反子串联连接到一个质粒上,导入宿主细胞进行共表达。

采用多顺反子的结构来共同表达多个基因时会受到线性调控的影响,即靠近启动子的基因更容易获得高的表达量,因此,在构建代谢工程菌上要考虑基因的排列顺序。构建的单顺反子连接到不同质粒上会受到质粒兼容性的影响,给选择质粒带来困难,即使不同质粒相互能兼容,由于质粒的负载和复制子不同,它们的拷贝数差异会很大,造成基因表达水平差异也很大。将多个单顺反子串联连接到一个质粒进行共表达,每个基因都有各自的启动子和终止子,这样会增加表达载体的相对分子质量,给表达载体连接和转化等操作带来困难,同时也可能会造成启动子之间的相互竞争,给基因表达带来不利的影响。

四、表达菌株对表达的影响

在考虑基因表达策略时,菌株往往是最容易被忽视的一点。除了要考虑不同的表达载体需要对应不同的菌株,也要注意一些特别设计的菌株更有助于解决一些表达难题。如 T7 表达系统中用于严谨型调控的 pLysS 和 pLysE 菌株,携带稀有 tRNA 编码基因质粒的 Rosetta 和 BL21-CodonPlus 菌株,都能对一些外源基因的表达产生很大的影响。

1. 对重组外源蛋白稳定性的影响

表达后的重组外源蛋白都会面临被降解的命运,有些外源蛋白的稳定性甚至还不如半衰期较短的受体细胞内源性蛋白质。在大多数情况下,重组外源蛋白的不稳定性可归结为对受体细胞蛋白酶系统的敏感性。越来越多的实验表明,利用蛋白酶含量低的菌株来表达外源基因是提高外源蛋白稳定性的有效策略。

有研究表明,大多数不稳定的重组外源蛋白是被大肠杆菌中的 lon 和 clp 基因编码的蛋白酶 La 和 Ti 降解的,其蛋白水解活性依赖于 ATP。lon 基因由热休克等环境压力激活,细胞内异常蛋白或重组外源蛋白的过量表达也可作为一种环境压力诱导 lon 基因的表达。lon 基因缺失的大肠杆菌突变株可使原来半衰期较短的细菌调控蛋白(如 SulA、RscA、λN 等)稳定性大增,因此被广泛用作外源基因高效表达的菌株。此外,大肠杆菌中庞大的热休克蛋白家族对异常或异源蛋白的降解也有重要作用,其机理是它能胁迫异常或外源蛋白形成一种对蛋白酶识别和降解的有利空间构象,从而提高异常或外源蛋白对蛋白酶的敏感性。热休克基因 dnaK、dnaJ、groEL、grpE 以及环境压力特异性 σ 因子编码基因 htpR 缺失的突变株均呈现出对异源蛋白降解作用的严重缺陷,特别是 lon^- $htpR^-$ 的双缺陷株,非常适合高效表达各种不稳定的重组外源蛋白。

2. 基因工程菌的遗传稳定性

基因工程菌的遗传稳定性也是基因表达要考虑的因素,特别是用于大规模生产发酵的工程菌的遗传稳定性就更要考虑了。基因工程菌的遗传不稳定性主要表现在重组质粒的不稳定性,这种不稳定性可以分为重组质粒 DNA 分子结构的不稳定性和整个重组质粒分子从受体细胞中逃逸(curing)两种情况。

(1) 遗传不稳定性。

重组质粒 DNA 结构的不稳定性是指重组质粒 DNA 分子内的某一区域发生缺失、重排、修饰,导致其功能发生变异或者丧失。细胞中内源性的转座元件和内切酶系统能促进重组 DNA 分子发生缺失、重排和交换,此外,外源重组 DNA 也会被细胞内限制修饰系统降解,都是重组质粒 DNA 结构不稳定性的原因。

重组质粒在受体细胞分裂时不均匀分配到子细胞,是整个重组质粒分子从受体细胞中逃逸的基本原因。重组质粒在受体细胞分裂时不均匀分配,细胞所含重组质粒拷贝数的差异随着细胞分裂次数的增多而加剧,含质粒少或者不含质粒的细胞在非选择的条件下就会成为培养系统中的优势群体。当含有重组质粒的工程菌在非选择性条件下生长时,培养系统中一部分细胞不再携带重组质粒,这些没有载体的细胞数与总细胞数之比就称为重组质粒的宏观逃逸率。

重组质粒逃逸的原因有高温培养、表面活性剂(SDS)、药物(利福平)、染料(吖啶)促使重组质粒渗漏以及受体细胞中的核酸酶降解重组质粒等。外源基因的高效表达严重干扰受体细胞正常的生长代谢,如,能量、物质的匮乏和外源基因表达产物的毒性都会诱导受体细胞产生应激反应,包括关闭合成途径、启动降解程序等,都会造成工程菌的遗传不稳定性。

(2) 改善遗传不稳定性的方法。

改进载体系统、施加选择压力和调节细胞的代谢负荷都能有效地改善基因工程菌的不稳定性。将 pSC101 质粒上的 par 或 R1 质粒上的 parB 基因引入表达载体中,其表达产物可以选择性地杀死分配不均匀所产生的无质粒细胞。将受体细胞的致死性基因连接到载体上,同时构建条件致死性的相应受体系统,如大肠杆菌的 ssb 基因(DNA 单链结合蛋白编码基因),该基因编码的蛋白是复制和细胞生存所必需的,因此,丢失质粒的细胞均不再能在细菌培养过程中增殖。

根据载体上的抗药性标记,向培养系统中添加相应的抗生素药物,这样没有质粒的细胞不能生长,就可以避免质粒的丢失。但加入大量抗生素会使生产成本增加,对于重组蛋白药物生产来说,添加大量的抗生素会影响产品的质量和最终纯度。

分离或者构建获得营养缺陷型突变株,然后将能互补该营养缺陷的基因克隆到表达质粒上,从而建立起质粒与宿主之间的遗传互补关系,这样在工程菌的发酵过程中,丢失质粒的细胞同时也丧失了合成这种营养成分的能力,因而不能在普通培养基中生长和繁殖。

外源基因在细胞中高效表达,必然影响宿主的生长和代谢,而细胞代谢的损伤,又必然影响外源基因的表达。合理地调节好宿主细胞的代谢负荷与外源基因高效表达的关系,是提高外源基因表达水平不可缺少的一个环节。使用可控型启动子控制目的基因的定时表达及表达程度,使用可控型复制子控制质粒的定时增殖或降低质粒的拷贝数,优化基因工程菌的培养工艺,限制培养基比丰富培养基更有利于稳定,较低的培养温度有利于重组质粒的稳定。

五、基因和蛋白质特性对表达的影响

基因的密码子偏好性、$(G+C)\%$ 含量、目的蛋白的大小和特性都会对外源基因表达产生影响。密码子偏好性是指由密码子的简并性,一个氨基酸可有多个密码子,对于 tRNA 丰富的密码子称为偏好密码子(biased codons),而对应于 tRNA 稀少的密码子称为稀有密码子(rare codons)。由于密码子的偏好性,表达的外源基因需要竞争宿主细胞内的稀有 tRNA,从而可能会对宿主细胞的正常生理功能产生影响的现象称为基因毒害。基因毒害并不是基因表达的蛋白产物对细胞产生毒害作用,而是外源基因在宿主细胞内高水平表达过程中过量使用了细胞内部的稀有密码子,从而对细胞的正常生理功能产生影响。外源基因含有的稀有密码子越多,这种影响就越大,基因毒害越严重。

不同生物对各种密码子的使用频率不同,高等动、植物中使用频率高的密码子可能在原核细胞中被用得很少,因此在基因工程中必须根据宿主生物偏爱密码子改造基因的编码序列,才能得到高效表达。

稀有密码子对基因表达的影响,一般认为是宿主本身的翻译系统不能满足外源基因 mRNA 翻译的需要。当稀有密码子存在时,特别是稀有密码子多个相连在一起时,会影响到翻译过程核糖体在 mRNA 上的运动速度。有研究表明,核糖体在翻译由 9 个稀有密码子或部分为稀有密码子组成的 mRNA 时,其运动速度要比翻译不含稀有密码子的同样长的 mRNA 速度慢,如果稀有密码子位于 mRNA 的 5′ 端,其影响更大。

解决密码子偏好性对外源基因表达影响的方法有外源基因的密码子优化合成、同步表达稀有密码子的 tRNA 编码基因。按照宿主细胞的密码子的偏好性规律,采用定点突变来简并稀有密码子,如果稀有密码子数量太多,可以对密码子进行优化后进行全基因的人工合成,重组人胰岛素、干扰素以及生长激素在大肠杆菌中的高效表达均采用了这种方法。

对于那些稀有密码子种类单一、出现频率较高而本身相对分子质量又较大的外源基因而言,选择表达相关 tRNA 编码基因更为便利。例如,在人尿激酶原 cDNA 的 412 个密码子中,共含有 22 个精氨酸密码子,其中有 7 个 AGG、2 个 AGA,而大肠杆菌受体细胞中 AGG 的 tRNA 和 AGA 的 tRNA 的丰度较低。为了提高人尿激酶原 cDNA 在大肠杆菌中的高效表达,将大肠杆菌的这两个 tRNA 编码基因克隆在另一个表达质粒上,和外源基因的表达质粒一起转化到大肠杆菌中共同表达,这样就有效解除了受体细胞稀有密码子 tRNA 对外源基因高效表达的制约作用。大肠杆菌的 Rosetta 和 BL21-CodonPlus 菌株是携带有稀有 tRNA 编码基因质粒的商品化菌株的代表。

表达的基因序列中,(G+C)％含量超过 75％或者低于 25％的时候,可能会降低蛋白在大肠杆菌中的表达水平。mRNA 内部的二级结构也会降低外源蛋白的表达水平,特别是位于 5′端二级结构对表达的影响更大。在起始密码子附近的 mRNA 二级结构甚至可能会抑制翻译的起始,内部过多的二级结构再遇上连续的稀有密码子存在可能会造成翻译过程核糖体提前从 mRNA 上脱离,从而生成缺少 C 端的不完全目的蛋白。如果利用软件分析 DNA 或 RNA 的有柄(stem)结构,并且结合长度超过 8 个碱基,这种结构会因为位点专一突变等因素而变得不稳定,影响正常的翻译。

一般说来,蛋白相对分子质量小于 5000 或者大于 100 000 的基因都是较难表达的。相对分子质量小的蛋白难表达的原因是,蛋白相对分子质量越小,越容易被宿主的蛋白酶降解,而无法获得表达的蛋白。解决之道在于,短肽或多肽可以采取串联寡聚型表达,在每个肽段间设计蛋白水解或者是化学断裂位点,表达后水解,分离纯化得到目的肽段;分子较小的蛋白(1~10 000),可以融合标签 GST、Trx、MBP 或者其他较大的促进融合的蛋白标签就较有可能使蛋白正确折叠,并以融合形式表达。相对分子质量大的蛋白难表达的主要原因是,DNA 相对分子质量越大,其出现转录或翻译中断现象的风险就越大。因此,表达相对分子质量超过 100 000 的大蛋白基因时,要尽量避免基因稀有密码子和 mR-NA 二级结构的影响。

蛋白质的氨基酸组成特点也会对表达水平有影响。研究表明,在所有的极性氨基酸中,Asp 的存在对提高蛋白质稳定性的效应最显著,而且 Asp 残基离 C 末端越近,蛋白质的稳定性就越大。在多种结构和功能相互独立的蛋白质 C 末端引入 Asp 残基,都能显著地延长这些蛋白质的半衰期。如果肽链的 N 末端序列中含有较高比例的 Ala、Asn、Cys、Gln、His 等氨基酸残基,则蛋白质的稳定性显著提高。相反,N 末端含有 Pro、Glu、Ser、Thr 的真核生物蛋白质,在真核和原核细胞中的半衰期通常很短,尤其 Pro-Glu-Ser-Thr 序列是胞内蛋白酶的超敏感区。因此,对于一些对蛋白酶敏感的蛋白,可以通过蛋白序列的人工设计来提高外源蛋白的稳定性,从而提高的目的蛋白的表达水平。

蛋白质的疏水性或亲水性也是影响蛋白质表达的一个重要因素,虽然还没有明确的机理来解释这一现象,但是经常做基因表达的人都发现,表达的基因是编码亲水性强的蛋白或者亲水区域时,其表达量会比较高,而表达一些编码疏水性强蛋白的基因就会变得十分困难。如果一个外源蛋白含有较多的疏水性强的区域,尤其该区域位于 N 端,启动这个蛋白的表达就会十分困难;如果疏水区在蛋白中间部位或者 C 端,影响相对较小,因为只要 N 端启动表达,后半部基本能够表达。

　　要在大肠杆菌中表达由信号肽序列和成熟蛋白序列组成的真核生物蛋白,信号肽一般都含有较多疏水性较强的氨基酸,而且常常含有大肠杆菌的稀有密码子,所以启动这段基因的表达就相对比较困难,所以要表达有信号肽的真核生物蛋白遇到困难时,可以尝试表达去掉信号肽的蛋白基因。来自细菌的带有信号肽的蛋白在大肠杆菌中的表达,相对就容易多了。一些外源膜蛋白基因,即使是来源于细菌,要在大肠杆菌表达也会十分困难,可能是其表达产物能与宿主的细胞膜发生结合,并对细胞膜的代谢产生影响,从而使宿主细胞产生"清除反应"的降解程序。这类基因最好选用严谨型调控的表达系统,同时严格控制表达量。

　　蛋白表达水平受许多不同因素和过程影响,有些影响目前还不清楚,但是总的来说只有对外源基因和表达的影响因素有充分的了解,使载体、宿主菌和培养条件实现完美的组合,才能使基因表达达到理想的要求。

第十章　酵母表达系统

真核表达系统是指利用真核生物细胞作为外源基因表达宿主的一类基因表达系统，常用的真核系统包括酵母、丝状真菌、昆虫类、植物和哺乳动物细胞等表达系统，而酵母表达系统是使用最简便，也是应用最成功和最广泛的真核表达系统之一。

本章主要描述酵母表达系统的基本原理和构成要素，以及利用酵母表达系统表达外源基因的基本策略。

第一节　酵母表达系统的发展

真核基因和原核基因在结构上存在着很大的差别，原核生物的基因是连续的，真核生物的基因是间断的，即真核生物基因的编码区有内含子和外显子，翻译时要把内含子切除，形成只携带外显子遗传信息的成熟 mRNA。真核基因 mRNA 的分子结构同细菌的有所差异，转录信号不同于原核生物的，大肠杆菌的 RNA 聚合酶不能识别真核的启动子。细菌的蛋白酶能够识别外来的真核基因所表达的蛋白质分子，并把它们降解掉。由于真核基因在原核细胞中表达所产生蛋白的不足，而且没有真核转录后加工的功能，不能进行前体 mRNA 的剪接，所以在原核细胞中只能表达真核的 cDNA 而不能表达其基因组基因。由于原核细胞没有真核细胞翻译后加工的功能，蛋白不能进行糖基化、磷酸化等修饰，难以形成正确的二硫键配对和空间构象折叠，因而产生的蛋白质常没有足够的生物学活性。由于真核基因在原核生物中表达的蛋白质经常是不溶的，当表达量超过细菌体总蛋白量 10％时，就很容易形成包涵体。包涵体要经过复性，使其重新散开、重新折叠，才能成为具有天然蛋白构象和良好生物活性的蛋白质。复性是一件很困难的事情，也是蛋白质产业化的瓶颈，因此，采取的策略更多的是设计载体，使大肠杆菌分泌表达出可溶性目的蛋白，但表达量往往不高。

尽管大肠杆菌表达系统有众多的优点，但不是所有的基因，特别是真核生物基因都能在其中获得有效活性的表达，也没有一种表达系统能满足所有基因的表达要求。越来越多的真核基因被发现，其中多数基因功能不明，有些基因利用原核表达系统是无法获得具有天然生物活性的蛋白产物，特别是一些功能性膜蛋白、要翻译后修饰的蛋白、分泌蛋白、多蛋白复合体以及带有抗原性或免疫原性蛋白只能选择对应的真核表达系统，这都说明迫切需要发展新的真核表达系统。

真核生物基因表达和调控的复杂性远超出我们的了解，因此发展多种真核表达系统在理论研究和实际工业化应用都具有非常重要的意义。真核表达系统具有完整翻译后的蛋白加工修饰体系，表达获得的重组蛋白更接近于天然蛋白质，它在对真核生物基因的功能研究、真核生物的基因工程和基因治疗都起到重要的作用（表 10-1）。

酿酒酵母是单细胞真核生物，它与人的生活和生产密切相关，没有致病性，具有和大肠杆菌一样容易的培养方式，又具有真核生物翻译后的修饰功能，所以首先被用于构建真核表达系统。

自 20 世纪 70 年代开始，为了克服大肠杆菌表达系统表达真核基因的缺点，人们开始利用酵母作为表达系统的研究。1974 年研究发现在大多数酿酒酵母中存在一种 $2\mu m$ 质粒，这种质粒全长 6.3 kb，在二倍体的细胞中存在 $60\sim100$ 个拷贝，使得酵母构建一种类似于大肠杆菌表达质粒的酵母表达质粒成为可能。1978 年，酿酒酵母的 *leu2* 营养缺陷型菌株的成功构建，并用于酵母的转化和筛选，标志着酵母表达系统的成功建立。到 1981 年实现人的 α-干扰素在酵母中的成功表达，使酿酒酵母成为第一个成功表达外源基因的真核表达系统。1996 年完成了酿酒酵母的全基因组测序，更为人类深入研究酵母打下良好的基础。

酵母作为表达宿主的优势有：第一，酵母具有真核生物的特征，遗传背景清楚、稳定，生长迅速，培养简单，外源基因表达系统完善。第二，酵母是一类种类繁多的生物资源，已知有 80 多个属约 600 多个种，数千个分离株。第三，有些酵母如酿酒酵母（*Saccharomyces cerevisiae*）、乳酸克鲁维酵母（*Kluyveromyces lactis*）已经被人类用于食品生产并有几十年甚至上千年的历史，安全性高，有着成熟的发酵培养工艺。

与大肠杆菌相比，酵母作为外源蛋白表达宿主具有能高水平表达重组蛋白质、细胞能快速高密度生长、无须抗生素等优点。但是，并不是所有类型的酵母都适合做基因表达的宿主，作为基因表达宿主需要具备一定的条件，如安全无致病性；有较清楚的遗传背景，容易进行分子操作，容易进行载体的导入；培养条件简单，容易进行高密度培养；有良好的蛋白质分泌能力，有类似高等真核的翻译后修饰功能等。

表 10-1　不同表达系统的表达和翻译后修饰加工的比较

	大肠杆菌	酵母	昆虫细胞	哺乳动物细胞
表达产率/（％）	$0\sim70$	$0\sim30$	$0\sim30$	$0\sim5$
蛋白的分泌	$+/-$	$+$	$+$	$+$
蛋白的折叠	$+/-$	$+/-$	$+$	$+$
蛋白酶消化	$+/-$	$+/-$	$+$	$+$
蛋白的糖基化	$-$	$+$	$+$	$+$
蛋白的磷酸化	$-$	$+$	$+$	$+$
蛋白的酰基化	$-$	$+$	$+$	$+$
蛋白的酰胺化	$-$	$-$	$+$	$+$

注：＋表示具有能力，－表示没有能力，＋/－能力有选择性。

酵母细胞能够分泌表达多种蛋白质，那些能够被天然宿主分泌表达的蛋白质（如糖苷酶，血清白蛋白，细胞因子等）都容易在酵母中获得分泌表达。有实验表明，许多非分泌性蛋白能在不同类型的酵母细胞中实现分泌表达。因此，当不确定某种蛋白质的表达方式时，最好尝试分泌表达。

酵母表达系统是研究真核生物基因表达和分析的有力工具，拥有转录后加工修饰功能,适合于稳定表达有功能的外源蛋白质。与昆虫表达系统和哺乳动物表达系统相比,酵母表达系统还具有操作简单,成本低廉,可大规模进行发酵的优点,是最理想的重组真核蛋白质生产制备工具。

第二节　酵母的克隆载体类型

酵母克隆载体种类繁多,基本结构上有很大的差异,按复制方式可以分成自主复制型和整合型(integration);如果按复制子来源可以分成附加体型和染色体复制型。根据载体在酵母细胞中的复制特点,常见的酵母克隆有以下几种类型。

一、酵母附加体型质粒载体

酵母附加体型质粒载体(YEp)是以酿酒酵母内源性质粒为基础构建的一类质粒,类似于大肠杆菌中的质粒,能独立于染色体之外存在于酵母细胞中,每个细胞内有 50～100 个拷贝,能稳定存在并传递给下一代细胞。内源性质粒首先发现于酿酒酵母,后来发现广泛存在于酵母属的菌株中。

酿酒酵母内源 2 μm 质粒是一种双链环状的 DNA 分子,一般由 2 个长度各为 599bp 的反向重复序列(IRS)分隔成 2 个区域构成,含有一个独立自主复制起始位点(ARS),有 4 个基因 FLP、REP1、REP2 和 D,FLP 基因的编码产物催化两个 IRS 序列在某种条件下可发生同源重组,形成两种不同的质粒形态,REP1 和 REP2 编码的产物与细胞分裂时的质粒平均分配有关,STB 是 REP1、REP2 和 D 基因编码产物的结合位点(图 10-1)。

2 μm 质粒能在宿主细胞中保持稳定存在的原因是:第一,2 μm 质粒在细胞分裂时可以将质粒平均分给子细胞;第二,当细胞的质粒拷贝数因为某些原因减少时,2 μm 质粒可以通过自我扩增来自动调节其拷贝数。

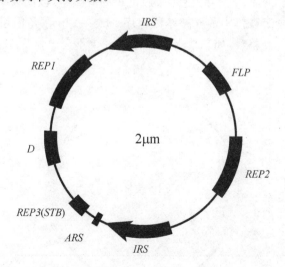

图 10-1　酵母 2 μm 质粒的结构示意图

YEp 表达载体由来源 2 μm 质粒的 REP3 位点和 ARS、酵母选择标记、大肠杆菌质粒三部分序列构成,如 pYES2 附加型质粒主要由 $2~\mu m$ 质粒、大肠杆菌 pUC 质粒和酵母选择标记 *ura3* 构成(图 10-2)。YEp 载体的稳定性比较好,转化率高,一般可达到 $10^3 \sim 10^5/\mu g$ DNA,拷贝数高(25~100 个/每个细胞),常用于酵母菌中的一般克隆和基因表达研究。

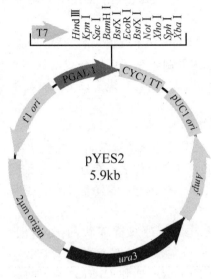

图 10-2 pYES2 结构图

二、酵母整合型载体

酵母整合型载体(YIp)是一种由酵母的 DNA 片段、酵母选择标记和大肠杆菌质粒构成的穿梭载体(图 10-3),不含酵母的 DNA 复制起始区,所以不能在酵母菌中自主复制,而是通过载体上酵母 DNA 片段和染色体的 DNA 同源重组,以低频率把载体整合到染色体上,整合位点数取决于载体中的互补基因组序列数。YIp 在基因组内通常以单拷贝存在,但也可能发生多位点整合,如果在 YIp 内插入一个不完全基因,则可用以进行基因破坏或突变。

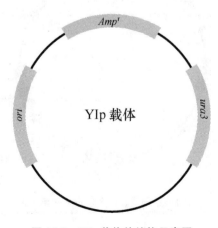

图 10-3 YIp 载体的结构示意图

YIp 质粒的转化率很低,只有 1~10 个转化子/μg DNA,把质粒线性化后转化率可明显提高 100 倍以上,可达 1000 个转化子/μg DNA。大部分 YIp 质粒含有酵母菌选择标记(如 *his3*、*leu3*、*lys2* 及 *ura3* 等),这种质粒的转化子很稳定,转化子在无选择条件下培养很多代不会发生质粒丢失。由于 YIp 质粒转化子具有较高的稳定性,多用于酵母的基因敲除、突变或遗传分析等工作。

三、酵母菌复制型载体

酵母菌复制型载体(YRp)由酵母独立自主复制序列(autonomously replication sequence,ARS)、选择标记和大肠杆菌质粒构成,由于其同时含有酵母和大肠杆菌的复制起始序列,因而和 YEp 载体一样能在酵母细胞和大肠杆菌细胞内独立存在。

YRp 载体可以独立于酵母染色体之外,转化酵母的频率很高,可达 $10^3 \sim 10^5$/μg DNA,且在细胞内拷贝数很高,但由于减数分裂和有丝分裂时的不稳定而使细胞内的拷贝数变化很大,平均拷贝数为 1~10 个/细胞,上述现象是由于细胞分裂时质粒的不对称分离造成的。YRp 可用作一般克隆目的,但因其不稳定性和不对称分离而不适用于基因调节机制的研究和应用。如果在 YRp 质粒中插入一些其他 DNA 序列,如着丝粒 DNA,染色体末端 DNA(常称端粒 DNA),这种载体常被用于构建人工染色体,称之为 YAC 载体。

四、酵母菌着丝粒载体

在 YRp 载体上插入一段着丝粒(CEN)序列,就构成了酵母菌着丝粒载体(YCp)。YCp 载体除了含复制起点外,还含有酵母菌染色体的着丝粒,因而能在染色体外自我复制,在细胞分裂时平均分配到子细胞,每一个子细胞得到 1~3 个质粒,故拷贝数很低,但很稳定。

由于 YCp 的高稳定和低拷贝数,因而适合作亚克隆载体和构建酵母菌基因组 DNA 文库,可用于检测有丝分裂中染色体倍性变化和分析鉴定酵母基因突变。

五、酵母菌线性载体

在 YCp 或 YRp 中增加一段酵母的端粒结构(TEL),这类质粒就称为酵母菌线性载体(YLp)。YLp 载体除含自主复制所必需的因子外,还含端粒和选择标记,因此这类载体能在酵母细胞中复制和保留下来,可转化并保留在不同属的酵母菌中,常用于一般的克隆目的。

不同的酵母克隆载体来源不同,构成也不尽相同,所以根据实验目的选择合适的克隆载体,在其基础上增加基因表达所需的元件就可以构成表达载体。一般来说,希望目的基因实现高水平的过量表达,特别是用于工业化的生产表达,可以选择 YIp 和 YEp 载体来构建表达载体;如果目的是研究基因表达调控,可以选用其他类型载体来构建(表 10-2)。

表 10-2　酵母各种载体的特点

载体类型	存在方式	拷贝数/个	特征序列	转化率	是否稳定传代
YIp	整合型	1~10	染色体片段	1~10	稳定
YEp	自主复制	1~10	2 μm 质粒	$10^3 \sim 10^5$	稳定
YRp	自主复制	1~100	ARS	$10^3 \sim 10^5$	不稳定
YCp	自主复制	1~3	ARS, CEN	$10^3 \sim 10^5$	稳定
YLp	自主复制	通常单拷贝	ARS, TEL	$10^3 \sim 10^5$	稳定

第三节　酵母表达系统主要构成要素

酵母表达载体和大肠杆菌的表达载体在结构是相似的,但是由于真核生物与原核生物存在很大的差异,在启动子等调控元件上会有一定的差别。不同的真核生物表达载体在结构上有所不同,即使是同一种真核生物的不同类型表达载体在结构上也有所不同。

一、酵母表达载体的基本结构

由于大肠杆菌质粒转化简单、高效,制备方便,因此为了操作上的简单,酵母表达载体一般都是构建成带有大肠杆菌质粒基本骨架的大肠杆菌—酵母穿梭载体。这样就可以在大肠杆菌中完成表达载体的构建,然后导入酵母细胞中表达。

总的来说,酵母表达载体至少要含两类序列:

第一类是原核质粒的序列,包括在大肠杆菌中起作用的复制起始位点、能用在细菌中筛选克隆的抗药性基因标志等,以便载体在插入真核基因后能很方便地在大肠杆菌系统中筛选获得目的重组 DNA 分子,并复制繁殖得到足够使用的数量。

第二类是在酵母细胞中控制基因表达所需的元件,包括启动子、增强子、转录终止和加 poly(A)信号序列、mRNA 剪接信号序列、能在宿主细胞中复制或增殖的序列、能用在宿主细胞中筛选的标志基因,以及供外源基因插入的单一限制性内切酶识别位点等。

酵母表达载体的基本构件包括 DNA 复制起始区、选择标记、整合介导区、有丝分裂稳定区、表达盒,即在酵母载体的基础上增加了基因表达盒。

1. DNA 复制起始区

这是一段具有 DNA 复制起始功能的 DNA 序列,它能使载体在酵母细胞中具有复制并分配到子代细胞的能力,使表达载体能在酵母细胞中稳定传递下去。这种序列通常来自酿酒酵母 2 μm 质粒的复制起始序列,或是酵母基因组中的自主复制序列。酵母整合型载体是整合到酵母染色体上,作为染色体的一部分随染色体的复制而复制的一类载体,这类表达载体的构建不需要 DNA 复制起始区,但是在非整合型载体中 DNA 复制起始区是必不可少的。

2. 选择标记

选择标记是载体转化酵母时筛选转化子所必需的元件,它能和宿主的基因型配合,或者能使宿主产生新的表型,从而筛选出重组子。酵母表达系统筛选标记一般可以分为两类,一类是营养缺陷型筛选标记,如 *ura3*、*his3*、*leu2*、*lys2* 等,它能互补宿主的营养缺陷型基因,使转化子在特定基本培养基上生长;另一类是显性筛选标记,主要是 G418、放线菌酮(CYH)、潮霉素等抗性标记。显性筛选标记的优点是它可以用于野生型酵母菌株的转化,也可以用于多倍体酵母,而营养缺陷型筛选标记几乎无法在多倍体酵母中使用。

3. 整合介导区

这是与宿主基因组序列高度同源的一段 DNA 序列,它可以介导载体和宿主染色体之间发生同源重组,使载体整合到染色体上,是整合性载体必不可少的。理论上染色体的任何序列都可以作为整合介导区,但是方便使用的是营养缺陷型的选择标记。如果需要获得多拷贝的重组菌可以采用基因组的重复序列(如 18S rDNA、Ty 序列)。18S rDNA 在生物中是最为保守的基因之一,多拷贝广泛分布于染色体上,一个酵母有超过 500 个 18S rDNA 基因。Ty 因子即酵母转座子因子(transponson yeast),是由分散的 DNA 重复序列家族组成,在不同品系的酵母中它们所处的位点不同。Ty 因子提供了一个较小的同源区,是由宿主系统介导的重组的靶子。

4. 有丝分裂区

有丝分裂区的作用就是当细胞处于有丝分裂时,能帮助游离型载体在母细胞和子细胞之间平均分配,它是决定转化子稳定性的重要因素。常用的有丝分裂区是来自酵母的着丝粒片段,此外来自酿酒酵母的 2 μm 质粒的 STB 片段也有助于提高游离载体的稳定性。有丝分裂区不是整合型载体所必需的,但缺少有丝分裂区的游离型载体很难稳定传代到子细胞。

5. 表达盒

表达盒是指由目的基因、启动子和转录终止子共同构成的一个单顺反子结构,它是酵母表达载体最重要的核心元件,其作用是控制基因的转录和终止。表达盒除了启动子和转录终止子之外,还有 Kozak 序列、poly(A)信号序列等,如果是要构建分泌表达还需要有信号肽序列。

启动子是控制基因的转录起始,酵母的启动子大小一般为 1～2 kb,不同的酵母会采用不同的启动子,也有组成型启动子等。一般来说外源基因在酵母中的表达水平与启动子的强弱密切相关,所以筛选高效的启动子来表达外源基因就显得更为重要了。常用于构建酵母表达载体的酵母启动子有与糖代谢相关的启动子,如三磷酸甘油醛脱氢酶(GAP)启动子和磷酸甘油酸激酶(PGK)启动子;与醇代谢相关的启动子,如甲醇氧化酶(AOX)启动子和甲醛脱氢酶(FLD)启动子;半乳糖调节的启动子,如 GAL1、GAL7 和 GAL10 等。

糖代谢相关的启动子如 PGK、GAP、乙醇脱氢酶 I(ADH I)和 α-烯醇化酶(ENO I)的启动子等,这些启动子在早期被看作是组成型启动子,能在酵母菌中高水平组成型表达,但后来发现它们能被葡萄糖诱导,例如用 PGK 启动子表达 α-干扰素时,在醋酸盐作碳源的培养基中加葡萄糖,表达可提高 20～30 倍。这类启动子已广泛应用于实验室,也有的用于工业。GAL1、GAL7 和 GAL10 属于强调节启动子,用作真核生物转录调节的关键模式系统,多用于科研目的的用途。

6. 转录终止子和加 poly(A)信号序列

终止子(terminator)是在一个基因的末端往往有一段特定序列,它具有转录终止的功能。终止子有一段 GC 富集区,随后又有一段 AT 富集区的反向重复序列,使转录生成的mRNA 在此序列形成一个发夹结构。发夹结构阻碍了 RNA 聚合酶的移动,同时发夹结构末尾的一串 U 与转录模板中的一串 A 之间形成的氢键结合力较弱,使得 mRNA 与DNA 杂交部分的结合变得不稳定,mRNA 从模板上脱落下来,同时 RNA 聚合酶也从DNA 上解离下来,转录即终止。

终止子是 RNA 聚合酶停止转录的信号。和启动子不同,启动子由 DNA 序列来提供信号,而真正起终止作用的不是 DNA 序列本身,是转录生成的 RNA。

真核生物的 mRNA 3'末端都有一段由 100～200 个 A 组成的 poly(A)尾巴,它不是由 DNA 编码的,而是转录后的前体 mRNA 以 ATP 为前体,由 RNA 末端腺苷酸转移酶,即 poly(A)聚合酶催化聚合到前体 mRNA 3'末端形成的。mRNA poly(A)尾的功能是:可能有助于 mRNA 从核向细胞质转运;避免在细胞中受到核酶降解,增强 mRNA 的稳定性。

poly(A)尾并不是直接加在转录终止的 mRNA 3'末端,而是在转录产物的 3'末端加尾识别信号 AAUAAA 和下游的保守顺序 GUGUGUG 之间,由一个特异性酶在加尾识别信号 AAUAAA 的下游的 10～35 个碱基处切断,然后再由 RNA 末端腺苷酸转移酶催化生成(图 10-4)。如果这一识别信号发生突变,则切除作用和多聚腺苷酸化作用均显著降低。

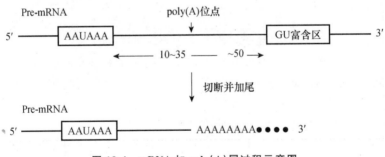

图 10-4 mRNA 加 poly(A)尾过程示意图

终止子决定 mRNA 3'末端的形成效率,酵母与高等真核生物相似,也需要进行前体mRNA 的加工和 poly(A)尾的添加,但是在酵母中,这些反应是紧密偶联的,而且是发生在 mRNA 3'末端的附近,所以酵母的终止子大小一般在 500 bp 左右。

7. Kozak 序列

Kozak 序列(Kozak consensus sequence, Kozak sequence)是位于真核生物 mRNA 5'端帽子结构后面的一段核酸序列,它能与翻译起始因子结合而介导含有 5'帽子结构的mRNA 翻译起始,在翻译的起始中有重要作用。类似于原核生物的 SD 序列,mRNA 上的 Kozak 序列能被核糖体识别,作为翻译起始位点,即,翻译起始过程中,前起始复合物先与 5'端的 7 meG 帽结构结合,并沿着 mRNA 扫描,借助 Kozak 序列搜寻第一个起始密码子。

Kozak 序列最早是在美国女科学家 Kozak 1989 年的一项关于起始密码子 ATG 周边碱基定点突变后对转录和翻译所造成的影响的研究报告中提出的。研究发现在真核生物中起始密码子两端序列为：—G/N-C/N-C/N-ANNATGG—，如 GCCACCATGG、GC-CATGATGG 时，转录和翻译效率最高，特别是—3 位的 A 对翻译效率非常重要。该序列被称为 Kozak 序列，并被应用于表达载体的构建中。

Kozak 序列遵循的是 Kozak 规则，即第一个 ATG 侧翼序列的碱基分布所满足的统计规律，若将第一个 ATG 中的碱基 A，T，G 分别标为 1，2，3 位，则 Kozak 规则可描述如下：

① 第 4 位的偏好碱基为 G；

② ATG 的 5′端约 15 bp 范围的侧翼序列内不含碱基 T；

③ 在—3，—6 和—9 位置，G 是偏好碱基；

④ 除—3，—6 和—9 位，在整个侧翼序列区，C 是偏好碱基。

Kozak 规则是基于已知数据的统计结果，Kozak 序列不一定必须全部满足规则所描述的，一般来说，满足前两项即可。如真核生物中的 Kozak 序列通常是 ACCACCATGG，但在酿酒酵母中 Kozak 序列一般是 AAAAAAATG。

在构建真核表达载体时，在 ATG 前加上 Kozak 序列 GCCACC，可以优化 ATG 的结构环境，避免核糖体出现漏读 mRNA 的现象，从而提高 mRNA 的翻译效率。不论全长还是部分基因在做真核表达时，一般都要带上 Kozak 序列，用部分 cDNA 时，还要加上 ATG。多加一些 mRNA 上游序列对表达有利，因为一些 mRNA 上游序列自带 Kozak 序列或其他促进表达的序列。添加 mRNA 上游序列同时有利于引物设计，因为从 ATG 开始设计引物，要考虑酶切识别位点和读码框一致性，就有可能要增加或改变 ATG 后的碱基。

8. 信号肽

信号肽是位于分泌蛋白质 N 端的特异氨基酸序列，一般由 10～40 个氨基酸残基组成，其作用是引导新生肽穿越真核生物的内质网膜，并使其转移到细胞的靶部位，该过程完成后，信号肽就被信号肽酶降解，因此成熟蛋白质的 N 端并无信号肽序列。

信号肽一般可以分为 3 个区段，N 端由带正电荷的氨基酸如赖氨酸和精氨酸组成，称为碱性氨基末端；中间段是由 20 个以上氨基酸形成的一个 L-螺旋结构的疏水核心区，以中性氨基酸如亮氨酸、异亮氨酸为主；C 端又称为加工区，由极性、小分子氨基酸如甘氨酸、丙氨酸和丝氨酸组成，为信号肽酶（signal peptidase）的裂解部位。一般认为，疏水区长度越长、疏水性越强的蛋白质，其分泌效率越高，因此疏水区的长度和疏水性对蛋白分泌十分重要。信号肽被信号肽酶正确识别和切割时，能有效提高重组蛋白质的分泌效率。

酵母表达系统中常用的信号肽序列主要有两类：来源于酵母的信号肽和外源蛋白自身的信号肽。来源于酵母的信号肽有 α 因子信号肽（mating factor α1，MFα1）、酸性磷酸酯酶（phosphatase 1，PHO1）、蔗糖酶（sucrase 2，SMC2）和 Killer 毒素等中的内源性信号肽，其中来自酿酒酵母的 α 因子信号肽应用最广。酵母一般能在一定程度上识别外源蛋白的信号肽，但是大多分泌效率很低，信号肽切除不完全也是酵母表达系统产物存在的一个问题。

以上这些构件可以构成不同表达载体，在不同的酵母中，这些构件的来源也不同，它们在酵母的基因表达中都发挥重要的作用。

二、酵母的遗传转化系统

酵母的遗传转化是指同源或异源的游离 DNA 分子(包括质粒和染色体 DNA),通过自然或人工感受态细胞摄取,或者是通过某种途径或技术导入酵母受体细胞或者整合的基因组中,并使之在受体细胞中得以表达,使重组酵母菌株获得新基因控制的性状。

DNA 转化系统是表达系统构建的先决条件,由于酵母具有复杂的细胞壁结构,最早用于酵母转化的方法是原生质体法,此外还有电穿孔法和离子法。

原生质体法是利用蜗牛酶和纤维素酶等降解酵母的细胞壁,保留完整的细胞膜,使之能够吸收外源的 DNA。原生质体转化法适合很多的酵母,但是蜗牛酶和纤维素酶酶解过度和不足都会影响到转化率,控制酵母细胞原生质体形成的程度比较困难,技术不容易掌握和重复。总体而言,原生质体法操作时间长,操作步骤多,容易污染杂菌。

电穿孔法是利用脉冲电场改变细胞膜的状态和通透性,以使 DNA 导入细胞。将待转化的质粒或 DNA 重组连接液加在电穿孔转化仪的样品池中,两极施加高压电场,在强大电场的作用下,细菌细胞壁和细胞膜产生缝隙,质粒或 DNA 重组分子便可进入细胞内。电穿孔转化法操作简单,而且几乎对所有含细胞壁结构的受体细胞均有效,但转化效率差别很大。同样的原理,电穿孔法也可用于质粒消除。

离子法的原理在于一价阳离子 Cs^+、Li^+ 等能增加酵母细胞对外源 DNA 的吸收,虽然转化效率没有原生质体转化法效率高,但是对于附加型质粒在一些酵母的转化,如附加型质粒在酿酒酵母中利用 LiCl 转化可以达到 10^3,对于一般的应用来说已经够用。

使用静止期的酵母细胞进行转化,方法简单,但是并不适用于所有的酵母,不同酵母转化率差异很大,线性 DNA 转化效率会降低。

第四节　常用的酵母表达系统

酵母作为宿主用于表达高等真核生物重组蛋白表现出很多的优点,有着巨大的发展潜力。丰富的酵母资源使得人们可以开发出多种以酵母为表达宿主的表达系统,不同种类酵母的表达系统在表达调控上存在着一定程度的差异。

一、酿酒酵母(*Saccharomyces cerevisiae*) 表达系统

酿酒酵母是第一个用于生产重组蛋白的真核生物,1981 年酿酒酵母表达了第一个外源基因人 α-干扰素基因,随后又有一系列外源基因在该系统中得到表达,其中干扰素和胰岛素已大量生产并已广泛应用于人类疾病的治疗。

酿酒酵母本身含有天然的 2 μm 质粒,其表达载体可以采用含有 ARS 或者 2 μm 质粒的自主复制型、整合型两种。自主复制型质粒通常有 20 个或更多的拷贝,能够独立于酵母染色体外进行复制,如果没有选择压力,这些质粒往往不稳定。虽然含有2 μm 质粒的 YEp 型载体,容易获得较高的拷贝数,常以 30 或更多拷贝存在,但不稳定,随着发酵时间的延长,拷贝数也会减少。为了克服这些载体的不稳定性,通常是以脆弱的 *srbl*-1 突变的宿主株为基础建立自然选择系统。这个菌株要求环境中渗透压稳定,否则细胞会裂解。

转化后,带野生型 SRB 的自主复制 YEp 型质粒与此菌株进行互补,可在培养基上保持选择性。

整合型载体不含 ARS,必需整合到染色体上随染色体复制而复制,因此其具有很高的稳定性,但是整合过程是高特异性的,因而拷贝数很低。为了提高酿酒酵母整合型载体的拷贝数,可以利用转座子产生多个插入拷贝,也可以利用染色体上无转录活性的重复 DNA 序列作为整合序列从而获得多拷贝。如在酿酒酵母的 Ⅱ 染色体上存在 150 个串联重复序列核糖体 DNA(rDNA)簇,利用这个位点作为整合位点可以得到 100 个以上的拷贝。

酿酒酵母可以分泌表达外源蛋白,通常可将重组蛋白的成熟蛋白与结合信息素的 prepro 序列融合,然后 pro 序列可用 Kex2 酶水解切去,这个方法广泛应用于真核生物表达系统中。

酿酒酵母表达外源蛋白时,分泌蛋白质的糖基化能在正确位点发生,但往往被过度糖基化,导致糖链上可以带有 40 个以上的甘露糖残基,核心寡聚糖链含有末端 α-1,3-甘露糖,使蛋白的抗原性明显增强。利用这一特性,酿酒酵母非常适于制备亚单位疫苗(如 HBV 疫苗、口蹄疫疫苗等)。但是酿酒酵母的糖基化与天然蛋白有所差异,形成的这种糖蛋白会有免疫性,限制了其用于人类疾病的治疗。

酿酒酵母表达系统除了可以安全高效地表达真核生物中的目的基因外,还可以开发酵母细胞表面展示表达系统,它是一种固定化表达异源蛋白质的真核展示系统,即把异源靶蛋白基因序列与特定的载体基因序列融合后导入宿主细胞,利用酿酒酵母细胞内蛋白转运到膜表面的机制(GPI 锚定)使靶蛋白表达并定位于酵母细胞表面。

酿酒酵母表达系统也是药物开发中常用的一种真核生物模型,2002 年酵母蛋白质组的功能图谱第一次被完整地描述出来。酵母蛋白质组的功能图谱将使研究人员更加全面地评价一个蛋白质在生物学上的功能,并且为药物开发选择靶点提供了一个更全面的方法。

虽然酿酒酵母成功表达很多基因,但很大部分表达在由实验室扩展到工业规模时,培养基中维持质粒高拷贝数的选择压力消失,质粒变得不稳定,拷贝数下降,因此引起产量下降。同时,实验室用的培养基复杂而且昂贵,采用工业规模能够接受的培养基时,往往导致产量的下降。酿酒酵母发酵时产生乙醇,而乙醇对细胞本身有一定毒性,因而不易进行高密度发酵。酿酒酵母分泌效率低,特别是大于 30 000 的蛋白质几乎不分泌,而且表达蛋白质容易出现 C 端被截短,导致分泌的蛋白产物发生不均一现象,这些不足促使人们发展了其他酵母表达系统。

二、甲醇酵母(甲基营养型酵母)表达系统

甲醇酵母(甲基营养型酵母)是指能利用甲醇作唯一碳源的一类酵母,其代谢甲醇的第一步是在醇氧化酶的作用下,将甲醇氧化成甲醛。调节这种酶的启动子是强启动子并严格受甲醇诱导,因此可用于调控外源蛋白表达。

甲醇酵母表达系统是指利用甲基营养型酵母,包括毕赤酵母(*Pichia*)、汉逊酵母(*Hansenula*)、假丝酵母(*Candida*)等来做宿主的表达系统。甲醇酵母在转化、基因替换、基因敲除等基因操作技术上与酿酒酵母相似,简单易行。和酿酒酵母相比,甲醇酵母外源

蛋白的表达量可增加 10～100 倍,同时甲醇酵母能在无机盐培养基中快速生长,进行工业化大生产,高密度培养干细胞量可达 100g/mL 以上。此外,甲醇酵母的糖基化也更接近于高等真核生物,甚至人类,这些特点使得甲醇酵母成为一种很有潜力的表达系统。其中以巴斯德毕赤酵母($Pichia\ pastoris$)、甲醇毕赤酵母($Pichia\ methanolica$)、多形汉逊酵母($Hansenula\ polymopha$)和博伊丁假丝酵母($Candida\ boidinii$)为宿主的酵母表达系统发展最为迅速,应用也最为广泛,有重要生物学活性的蛋白都已在此系统成功表达。

1. $Pichia\ pastoris$ 表达系统

$Pichia\ pastoris$ 曾用于高密度工业化生产单细胞蛋白,随着其乙醇氧化酶基因的分离和分子遗传操作技术的发展,经过表达载体构建和菌株的改造,$Pichia\ pastorise$ 发展成为一种有效的基因表达系统。在 $Pichia\ pastoris$ 中,有两个醇代谢的关键基因 $AOX1$ 和 $AOX2$,它们编码乙醇氧化酶。虽然 $AOX2$ 与 $AOX1$ 有 97% 的同源性,但 $AOX2$ 提供的乙醇氧化酶的活力很低,在细胞中,乙醇氧化酶的活力主要是由 $AOX1$ 提供。$AOX1$ 受甲醇专一诱导且能高水平表达,当培养基没有甲醇存在时,检测不到 $AOX1$ 活力,当以甲醇作唯一碳源时,$AOX1$ 基因能高水平转录,其 mRNA 可占总 mRNA 的 5% 以上,醇氧化酶可达到细胞可溶性蛋白的 30% 以上,因此,$AOX1$ 的启动子能够用于调控外源基因的表达。$Pichia\ pastoris$ 的 $AOX1$ 启动子严格受到葡萄糖和其他碳源的阻遏作用,葡萄糖对 $AOX1$ 启动子的阻遏,在转换到甲醇为唯一碳源的培养基时不能迅速解除葡萄糖的阻遏,因此在进行重组菌株的诱导培养时,不能用葡萄糖进行预培养,而是先用甘油作为碳源进行预培养,再转换到甲醇作唯一碳源的培养基进行诱导。

Invitrogen 公司的 $Pichia\ pastoris$ 表达系统,提供了 pPIC 3.5K、PIC 9K、pAO 815 三种表达载体,分别用于胞内表达、分泌表达和串联的多拷贝表达;同时提供 GS115 和 KM71 两个常用菌株,这两个菌株都为组氨酸缺陷型,即利用表达质粒上的 $his4$ 基因进行互补筛选转化重组子。其中,GS115 带有完整的 $AOX1$ 基因,在甲醇培养基上表型为正常野生型 Mut^+;KM71 的 $AOX1$ 基因被 $ARG4$ 基因替代,只有 $AOX2$ 基因,在以甲醇为唯一碳源的培养基上利用甲醇的能力减弱,则表现为生长缓慢型 Mut^s。

2. $Pichia\ methanolica$ 表达系统

$Pichia\ methanolica$ 有着与 $Pichia\ pastoris$ 相似甲醇代谢途径,含有两个乙醇氧化酶基因 $AUG1$ 和 $AUG2$,两者的同源性为 83%,但细胞中乙醇氧化酶的活性主要由 $AUG1$ 提供,在甲醇代谢中起主要作用。如果 $AUG1$ 缺损,仅有 $AUG2$ 提供乙醇氧化酶活性,在甲醇为唯一碳源培养基上表现为慢生型 Mut^s。$Pichia\ methanolica$ 表达系统就是利用 $AUG1$ 启动子受甲醇专一诱导,且具有高转录活性的特点来对调控外源基因的表达的。与 $Pichia\ pastoris\ AOX1$ 启动子不同的是,$AUG1$ 启动子转录也受到葡萄糖的阻遏,当甲作为唯一碳源诱导时,能迅速解除葡萄糖的阻遏作用,因此在重组菌的诱导培养过程中,可以先在葡萄糖培养基上良好生长,待葡萄糖消耗完后再用甲醇进行诱导。

Invitrogen 公司的 $Pichia\ methanolica$ 表达系统的使用和原理与 $Pichia\ pastoris$ 表达系统相似,不同的是 $Pichia\ methanolica$ 表达质粒没有用于筛选多拷贝重组子的卡那霉素基因。在转化子中仅可以产生 1%～10% 的多拷贝重组子,这需要从转化子中筛选高产表达的重组菌株。至于重组子的拷贝数可以通过 Southern 杂交来检测。$Pichia$

methanolica 系统提供两个菌株 PMAD11 和 PMAD16，它们都是 ADE2 缺陷型，原始菌株是粉红色菌落，而转化子为白色，可以通过颜色的改变来筛选转化子。MAD16 是由 PMAD11 进一步突变而来的，缺失了蛋白酶基因 A 和 B，因此 MAD16 适合于表达对蛋白酶敏感的外源蛋白。MAD16 菌株的蛋白酶活性降低了，在基本培养基上的生长速度慢于 PMAD11。

3. *Hansenula polymorpha* 表达系统

Hansenula polymorpha 是一种耐高温甲醇酵母，其最适生长温度为 37～43℃，只有一个编码甲醇氧化酶（MOX）的基因，其启动子的转录能被甲醇强烈诱导，被认为是最强的醇氧化酶启动子，其表达量高于其他的酵母表达系统。与其他甲醇酵母的醇氧化酶启动子不同，MOX 启动子对葡萄糖的阻遏不敏感，在葡萄糖限制或缺乏的条件下，能够被甲醇很好的诱导，因此从培养向诱导的转换非常容易，在实际应用中有很大的优越性，无须更换诱导培养基。与 *Pichia pastoris* 不同，*Hansenula polymorpha* 通过同源重组定点整合到染色体的固定位置，得到的重组子 90 ％以上是单拷贝的，虽然通过筛选可以得到多拷贝重组菌，但拷贝数也不是很高。利用宿主菌的 HARS 序列，通过自我复制引导外源基因非同源性整合到染色体，50％以上的重组子是多拷贝，可以获得拷贝数为 100 以上的重组菌株；也可以利用 rDNA 的重复序列引导外源基因整合到染色体上，从而获得高拷贝数的重组菌。

4. *Candida boidinii* 表达系统

Candida boidinii 是一种多倍体酵母，具有碳源同化能力强，能利用多种碳源的特点，但是由于其是多倍体酵母，很难获得营养缺陷型菌株来构建转化系统，因而限制了其作为表达宿主的应用。随着 ura3 营养缺陷型菌株的改造和乙醇氧化酶 AOD1 启动子的成功克隆，*Candida boidinii* 发展成一种很有潜力的表达系统。*Candida boidinii* 有两种自主复制序列 cars1 和 cars2，可以作为整合位点来构建多拷贝的重组子，但是由于其没有筛选多拷贝重组子的选择标记，需要多高产重组子的筛选。*Candida boidinii* 乙醇氧化酶 AOD1 启动子对外源基因的表达进行调控时，葡萄糖对 AOD1 启动子的转录有阻遏作用，但以甘油为唯一碳源时没有阻遏作用。

总的来说，甲基营养型酵母表达系统除了具有一般酵母所具有的特点外，还有以下几个优点：具有醇氧化酶 AOX1 基因启动子，是目前发现最强，调控机理最严格的启动子之一；表达质粒能在基因组的特定位点以单拷贝或多拷贝的形式稳定整合；容易进行高密度发酵，外源蛋白表达量高，采用毕赤酵母表达外源蛋白水平一般能达到 1～5 g/L，*Candida boidinii* 能到 2 g/L 以上；分泌效率强；更适当得糖基化；自身的分泌蛋白少，有利于表达分泌蛋白的分离纯化；毕赤酵母中存在过氧化物酶体，表达的蛋白贮存其中，可使重组外源蛋白免受细胞内蛋白酶降解，还可以减少其对细胞的毒害作用。

但是甲醇酵母没有酿酒酵母那样长的使用历史，因此使用甲醇酵母表达重组蛋白时要考虑安全性，此外甲醇有毒不适用于食品工业生产，本身也是一种火灾隐患。

三、乳酸克鲁维酵母(*Kluyveromyces lactis*)表达系统

乳酸克鲁维酵母作为非常规酵母的一种，曾被命名为乳酸酵母（ *Saccharomyces lac-*

tis),但乳酸克鲁维酵母不能与酿酒酵母(*S. cerevisiae*)进行杂交,其分类归属一直受到争论,虽然自 1984 年被归为马克思克鲁维酵母乳酸变种(*Kluyveromyces marxianus* var. *lactis*),但仍被简称为乳酸克鲁维酵母。

Kluyveromyces lactis 除了具有和毕赤酵母一样的优势外,它还是一种安全菌株,被美国食品与药品管理局(FDA)列为 GRAS(Generally Recognized as Safe,普遍视作安全的)原材料,尤其适合表达食品用酶和药用蛋白,FDA 确定由乳酸克鲁维酵母制备的乳糖酶和凝乳酶是安全的。目前,已经有上百种蛋白在乳酸克鲁维酵母中实现了成功表达,表达规模达到了 100 m^3。

乳酸克鲁维酵母能在以乳糖为唯一碳源的培养基上生长,乳糖被乳糖透过酶吸收到细胞内,然后被 β-半乳糖苷酶代谢成葡萄糖和半乳糖,这样 β-半乳糖苷酶就被乳糖强烈诱导,其启动子 LAC4 是最早用于乳酸克鲁维酵母异源基因表达的启动子之一。

虽然乳酸克鲁维酵母不能与酿酒酵母杂交,但是来自乳酸克鲁维酵母的启动子和来自酿酒酵母的启动子,都可以用于乳酸克鲁维酵母高水平表达外源基因,这是因为酿酒酵母的启动子能够被乳酸克鲁维酵母的转录系统识别。来自酿酒酵母的信号肽序列也能用于乳酸克鲁维酵母表达分泌蛋白,乳酸克鲁维酵母表达分泌型和非分泌型的重组蛋白,性能均优于酿酒酵母表达系统。

目前的乳酸克鲁维酵母表达系统常用的启动子除了 LAC4 启动子外,还有来自酿酒酵母的组成型启动子磷酸甘油酸酯激酶(PGK)启动子和诱导型启动子酸性磷酸酯酶(PHO5)启动子。这些启动子分别受到培养基中添加的磷酸盐、半乳糖或乳糖的强烈诱导,但是没有哪个启动子会因为缺少诱导物而受到完全的抑制。

乳酸克鲁维酵母与酿酒酵母一样具有能独立存在于染色体外的载体,即附加型载体,也具有能够整合于染色体的整合型载体。附加型载体操作简单,容易获得高拷贝的转化子,但是不够稳定,在无选择压力下,生长期延长,大规模发酵时,容易发生载体丢失现象。整合型载体的稳定性高,拷贝数却通常较低。例如,在丰富培养基中利用 pKD1 附加型载体分泌人溶菌酶的乳酸克鲁维酵母细胞,只有 17.3％ 的细胞保留有载体,而整合型载体中,保留载体的细胞高于 91.5％。

目前发现克鲁维酵母属中存在 3 种类型的附加型质粒,即细胞质线性双链 DNA 杀伤性质粒、具有乳酸克鲁维酵母自主复制序列(KARS)的质粒和环状质粒(如 1.6 μm 环状质粒 pKD1 和 pKW1)。

环状质粒 pKD1 非常类似于酿酒酵母的 2 μm 环状质粒,大小约为 4.8kb,最早是发现于果蝇克鲁维酵母(*Kluyveromyces drosophila*),随后发现它能被转入乳酸克鲁维酵母,并能稳定存在细胞内,拷贝数达 70～100 个/细胞。目前乳酸克鲁维酵母附加型质粒大多都是来源于 pKD1 的衍生质粒。pKW1 来源于克鲁维酵母(*Kluyveromyces waltii*),大小约为 5.6 kb,能在细胞内维持高拷贝稳定存在,将其转化耐热克鲁维酵母(*Kluyvero-myces thermotolerans*)也能获得稳定的高拷贝,但在乳酸克鲁维酵母细胞内不能稳定存在。

整合型载体附带有乳酸克鲁维酵母的某些染色体同源区域,通过同源重组将载体整合到染色体上。通常表达的方法是利用强 LAC4 启动子控制外源基因的表达,并能使载体插入染色体 LAC4 位点。整合型载体的优点是增加了它在酵母细胞中的遗传稳定性,但是它在转化子的拷贝数较低,90％的转化子都是单拷贝。采用 rDNA 基因作为整合位点,可以提高整合的拷贝数,如 pMIRK1 整合型质粒可获得 60 个以上的拷贝转化子。

不同酵母表达系统的宿主特性比较见表 10-3。

表 10-3　不同酵母表达系统的宿主特性比较

	S. cerevisiae	*K. lactis*	*P. pastoris*	*H. polymorpha*	*C. boidinii*
游离型载体	有	有	无	无	无
整合型载体	有	有	有	有	有
遗传转化	容易	容易	容易	容易	不易
糖基化	高度	一般	一般	一般	一般
分泌效果	不易	容易	容易	容易	容易
发酵密度	低	中	高	高	高
食品级别	高	高	中	中	中

第五节　外源基因在酵母中表达的基本策略

酵母表达系统是在酿酒酵母质粒的发现和酵母转化技术成熟基础上建立起来的真核表达系统,虽然许多有应用价值的外源基因成功地在其中表达,但是每一种酵母表达系统都会存在一定的局限性,因此,根据所要表达基因特性和对表达的要求来选择一定的策略,是实现外源基因成功表达的关键。

一、提高外源基因在酵母中的表达水平

外源基因表达水平的高低决定了它是否能成为产品,对于医用蛋白的表达水平相对要求较低,但对于工业用蛋白要求有较高的表达水平。

提高外源基因在酵母中的表达水平,有通过选择强的启动子来控制外源基因的转录水平、提高外源基因在宿主的拷贝数和提高外源基因表达的因素等措施。外源基因的表达量和转录水平有很大的关系,所以选择强的启动子提高和控制外源基因的转录水平就十分重要了。常用的酵母启动子主要是与糖代谢相关的启动子,如 3-磷酸甘油醛脱氢酶基因的启动子(*GAP*)、甘油激酶基因启动子(*PGK*)、酸性磷酸酶基因启动子(*POH5*);与醇代谢相关的启动子,如醇氧化酶基因启动子(*AOX*,*MOX*)。

提高外源基因在宿主细胞内的拷贝数对基因表达水平有明显的影响,一般来说,拷贝高的表达量也高。提高外源基因在细胞内拷贝的方法之一就是利用酵母天然的内源多拷贝质粒,如酿酒酵母的 2 μm 质粒和乳酸克鲁维酵母的 pKD1 质粒,在细胞中可以达到 60~100 个拷贝以上,但是这种内源质粒连上外源基因后,在非选择性培养基会存在不稳定的现象,随着培养代数的增加,拷贝数减少,有时拷贝数会低于 10 个以下。

不是所有的酵母都有天然的内源多拷贝质粒,但是所有的酵母都有多拷贝重复序列,因此,这类酵母想获得多拷贝的重组子,可以利用染色体中的多拷贝重复序列进行整合而得。如大多数酵母都可以利用 rDNA 序列作为整合位点,经过筛选可以获得拷贝数 60~100 个以上的重组子,而且在非选择性培养基上也十分稳定。

此外,一些载体以染色体上的单拷贝的序列作为整合位点介导区,也可以筛选到稳定

的多拷贝转化子。如在 *Pichia pastoris* 中以 pPIC9K 或 pPIC3.5K 作为载体,以 *his4* 或 *AOX1* 作为整合介导区,在 G418 的选择压力下,可以获得拷贝数超过 100 个的重组子。

外源基因在宿主中的表达是一个综合性的问题,为了提高外源基因在宿主的表达水平,还要考虑,如翻译起始区前后的 mRNA 二级结构、密码子的偏好性、发酵条件的控制等因素对基因表达的影响。外源基因存在的 A-T 富含区容易产生一些酵母转录中断序列,如含有 TTTTATA 和 ATTATTTTATAAA 序列的外源基因在 *Pichia pastoris* 中容易发生转录提前中止现象,无法获得完整的 mRNA;Kozak 序列不合理和 mRNA 5′端的二级结构会抑制翻译的起始;施加选择压力、优化发酵条件、提高培养细胞的密度和调节细胞的代谢负荷都能有效地提高酵母工程菌的表达量。

二、提高外源基因表达产物的质量

利用酵母表达外源基因,特别是表达药用蛋白时,要求表达的产物在分子结构上尽可能地和天然的蛋白保持一样,这就是表达产物的可靠性问题(authenticity),或是质量问题。随着现代化检测手段出现,可以检测到蛋白间更多细微的差异,此外人们对药物蛋白的安全性要求更高了,所以表达产物质量是基因表达必须要考虑的问题。

影响外源基因表达产物质量的因素有很多,主要的因素有:外源基因在表达系统中的遗传稳定性;细胞内产物的加工和修饰;分泌表达产物的加工和修饰。

由于大多酵母细胞都存在有会对外源基因进行限制和修饰的酶,以及一些转座子系统,因此外源基因在宿主细胞中的突变事件不可避免地会经常发生。如果外源基因在宿主细胞内是以多拷贝的形式存在,单个突变不会对表达产物的质量产生太大的影响,如果是以单拷贝的形式存在的,单个突变就可能会改变表达蛋白的性质。有时基因突变虽然不是发生在外源基因上,但是可能会使突变酵母具有生长优势,随后在高密度发酵中成为优势群体,导致延长发酵时间,这样不仅会影响表达量,还会反过来增加外源基因的突变频率。

酵母表达产物的加工和修饰包括:N 端的甲硫氨酸残基的去除,氨基端的乙酰化,羧端的甲基化等。酵母还具有比较强的亚基装配能力,很多人的基因表达产物都可以在酵母中得到正确的加工和修饰,但是酵母很难对人的膜蛋白进行正确的加工和修饰。

大多数药用蛋白的天然构象都是糖基化的,虽然酵母的糖基化的识别位点和很多高等真核生物一样,但是酵母容易形成过长的侧链,即所谓的过糖基化现象。

糖基化代谢工程对于重组蛋白生产和寻找新型药用糖蛋白有潜在的意义,糖链影响糖蛋白的药理活性(或引起过敏反应)、生理生化特性(溶解性、稳定性、折叠和分泌)及药代动力学(半衰期、靶向性、免疫原性和抗原性),如高甘露糖存在或碳水化合物末端唾液酸化缺乏时可提高糖蛋白对血浆的清除率。

三、酵母表达系统的缺陷和初步解决方法

1. 重组菌的稳定性

重组菌的稳定性包括酵母工程菌的稳定性和表达产物的可靠性两方面。工程菌稳定性是指工程菌在高效表达和遗传上都能保持一定的稳定性,这是工程菌发酵,特别是大规模工业发酵生产中获得稳定产量的关键因素。要保持工程菌的稳定性最重要的一点就是

尽量减少传代,工程菌种经常纯化,创造良好的培养条件,采用有效的菌种保藏方法。在发酵工程中要进行培养基和发酵条件的优化,尽量缩短发酵时间,都可以有效提高酵母工程菌的稳定性。表达产物的可靠性主要受到宿主内基因重组和突变的影响,如点突变就可能会改变表达蛋白的特性。使用一些限制修饰系统缺陷的菌株可以降低外源基因受到缺失和重排的影响,提高基因在细胞中的拷贝数也可以降低基因突变对表达产物的影响,因为一个基因的突变会被大量的正常基因覆盖掉。

2. 转录和翻译错误

在酵母中,许多基因特定的 A-T 富含区可作为多聚腺苷酸或转录终止信号,导致仅产生低水平或截短的 mRNA。如 TTTTATA 和 ATTATTTTATAAA 序列的基因在巴斯德毕赤酵母中,容易发生转录提前中止现象。稀有密码子,尤其是稀有密码子富集区往往也是制约翻译速率的因素,甚至造成翻译错误。翻译错误一般是由于使用酵母中稀有密码子而引起的翻译中断或移位,而导致蛋白发生改变。翻译错误不仅会影响表达蛋白的均一性和产量,也可能会导致蛋白质序列发生改变。翻译错误可通过对 DNA 序列修改来防止,通过定点突变去除成熟前终止结构域和替换稀有密码子,优化 mRNA 的二级结构,都可以提高正确的翻译产物产量。在基因中存在大量 A-T 富含区和稀有密码子密集区时,往往需要进行全基因的优化合成。

2. 表达的产物不稳定,容易被降解。

采用融合表达或者分泌表达,可以降低表达产物被降解的可能性。利用液泡蛋白酶缺陷型菌株也可以降低表达产物的降解,但是酵母菌一般都含有多个蛋白酶基因,蛋白酶基因缺失过多的酵母菌株会有生长缓慢的现象。

4. 分泌蛋白

酵母可以对很多表达蛋白进行分泌表达,分泌表达不仅可以提高表达水平,还可以简化表达产物的纯化步骤,同时分泌表达也是表达蛋白完成一系列加工和修饰的必需步骤,这对于保证表达产物的天然活性十分重要的。但是很多基因在酵母中表达还存在着分泌效率不高的问题,因此寻找更高效的分泌酵母菌株是酵母表达系统需要进一步解决的问题。

酵母能够对分泌蛋白进行翻译后的修饰,修饰程度一般很高,但其修饰模式与高等真核生物有很大的差别。因此,要得到有活性的成熟蛋白产物,选择具有翻译后修饰能力的酵母以及合适的载体就十分重要了。大多酵母生产分泌蛋白时,能够进行糖基化和形成二硫键,而且能在信号肽的引导下进行分泌,但用 KEX2 蛋白酶除去 α-因子的前导肽序列常不够完全,导致分泌蛋白有一个过长的氨基酸末端。这样的问题可采用氨基末端间隔序列解决,在 α-因子的前导肽序列和产物之间加 1 个间隔序列,这个间隔序列可在体外或体内用特异蛋白酶或酵母天冬氨酰蛋白酶切除。

5. 糖基化问题

酵母能进行 N-糖基化,但主要是甘露糖型,还会发生过糖基化,而这样的糖基化会导致潜在免疫性。改变表达宿主糖基化背景能使产生的糖蛋白符合要求,但由于每种糖蛋白糖基化都不同,因而要分别测试所要表达的各种临床中使用的糖蛋白。有些酵母突变体可以产生较短的糖基化链,但是这类突变体生长不好,不利于做表达宿主,糖基化还是酵母需要进一步解决的问题。

6. 蛋白折叠问题

有些蛋白在酵母中高水平表达,如人血清白蛋白在 *P. pastoris* 中可达 4 g/L,但有证据表明一些蛋白在酵母中分泌后是错误折叠的,并滞留在内质网(ER)腔内。许多重要的分泌蛋白和膜蛋白都是由 2 个或多个多肽或亚基组成的多聚体蛋白,它们都在内质网完成装配的。不能折叠或错误折叠的蛋白都滞留在内质网腔内,转至细胞基质,进而被蛋白酶体降解。目前,对蛋白在酵母内质网腔内折叠和分泌中的作用还不清楚,这将是阻碍发展酵母表达的一个难题。

主要参考文献

1. 黄留玉主编. PCR 最新技术原理方法及应用. 2 版. 北京:化学工业出版社,2011.

2. 李育阳. 基因表达技术. 北京:科学出版社,2001.

3. 卢圣栋主编. 现代分子生物学实验技术. 2 版. 北京:中国协和医科大学出版社,1999.

4. 萨姆布鲁克,等. 分子克隆实验指南. 2 版. 金冬雁,等,译. 北京:科学出版社,1999.

5. 萨姆布鲁克,等. 分子克隆实验指南. 3 版. 黄培堂,译. 北京:科学出版社,2005.

6. 吴乃虎编著. 基因工程原理(上册). 2 版. 北京:科学出版社,1999.

7. 吴乃虎编著. 基因工程原理(下册). 2 版. 北京:科学出版社,2001.

8. 张惟材主编. 实时荧光定量 PCR. 北京:化学工业出版社,2013.

9. C. W. 迪芬巴赫,G. S. 德弗克斯勒编著. PCR 技术实验指南. 2 版. 种康,瞿礼嘉,译. 北京:化学工业出版社,2006.

10. 闫其涛,逯慧,毛万霞,李建. 植物基因分离的图位克隆技术. 分子植物育种,2005,3(4):585—590.

11. 张晓晖,黄高. cDNA 代表性差异分析:方法及其应用. 国外医学·生理、病理科学与临床分册,2002,22(6):628—630.

12. 顾克余,翟虎渠. 抑制性扣除杂交技术(SSH)及其在基因克隆上的研究进展. 生物技术通报,1999,2:13—16.

13. 刘波,马清钧,吴军. 乳酸克鲁维酵母表达外源蛋白研究进展. 生物技术通讯,2007,18(6):1039—1042.

14. 彭黎明,李丽娟. 脉冲电场凝胶电泳及其应用. 国外医学临床生物化学与检验学分册,2000,21(6):304—306.

15. 唐香山,张学文. 酿酒酵母表达系统. 生命科学研究,2004,8(2):106—109.